개|정|판

조리과학

The Science of Cooking

유영상 • 노정미

수 학 사

머리말

기술의 발달은 아날로그 시대에서 디지털 시대로, 수작업에서 자동화로 바뀌었고 점점 더 빠르게 변화되고 있다. 또한 교통과 매스컴의 발달로 인하여 세계의 다양한 문화를 접하게 됨으로써 우리의 식생활은 많은 변화를 가져왔다.

그러나 사회현상이 아무리 바뀌어도 그리고 기술의 발달로 만들어진 과학적인 편리한 조리기구가 개발되어도 이를 사용하여 조리를 하는 주체는 인간이며 또한 그 음식을 먹는 이도 인간이라는 사실은 변하지 않는다.

현대인들은 바쁜 일상생활을 하며 외식을 하는 경향이 증가되었고, 또 가족과 가정의 형태도 다양해졌다. 그리하여 조리는 모든 이의 몫이 되었으므로 보다 이해하기 쉬운 조리법과 조리원리를 연구 개발하는 것이 절실히 요구된다.

조리는 인류의 역사와 더불어 경험을 토대로 발달하고 전해져 내려왔다.

식품을 조리하는 과정에서 일어나는 여러 현상들을 과학적으로 검토하고 영양면으로나 기호면으로, 그리고 능률면으로 과학적인 조리방법을 연구 모색하는 것이 조리과학의 목적이다.

조리과학의 연구를 위해서는 영양학, 식품학 외에 물리학, 화학, 미생물학, 위생학 그리고 통계학 등 여러 분야의 지식이 필요하다.

조리의 재료가 되는 식품재료에는 여러 가지 성분이 함유되어 있고, 이것으로 조리를 할 때 그 과정에서 일어나는 변화는 대단히 다양해서 하나의 조리현상을 다루는 데에도 매우 복잡하다.

이것이 조리과학을 연구하는 데 있어서의 어려운 점이라 하겠다. 그러나 이 어려운 점들을 좀 더 쉽게 이해하고 생활에 응용할 수 있는 방법을 모색하는 것도 또한 조리과학의 사명이다.

본서의 개정판을 내면서 조리분야에 많은 교육과 연구경력이 있는 차세대 교수와 함께 집필하였으며 보다 더 내용을 쇄신하고 새로운 학문적인 개념을 도입하였다. 본서가 조리과학을 공부하고자 하는 이들에게 다소나마 도움이 되고, 조리를 담당하고 있는 이들이 조리과학에 보다 관심을 갖고 식생활에 활용해 주기를 바란다. 끝으로 본서를 출판함에 있어 수고를 많이 하신 수학사 여러분께 감사를 드린다.

2006년 6월

차 례

제 1 장 총 론

제 1 절 조리과학의 의의

우리가 생명을 유지하고 건강하게 활동을 계속하려면 영양이 있는 물질, 즉 식품을 통하여 영양소(nutrient)를 섭취해야 한다. 영양소는 단백질, 당질, 지질, 무기질 및 비타민 등으로 나눌 수 있는데, 이러한 각 영양소를 균형 있게 섭취하는 것이 바른 영양이라고 한다.

우리들이 먹는 것으로는 농업에서 생산된 농산물을 비롯하여 목축업에 의한 축산물, 그리고 수산업에 의해 채취되거나 양식되는 여러 가지 수산물 등이 있다. 이와 같이 수확된 천연물과 이 천연물을 가공한 가공품으로서, 영양소를 한 종류 이상 함유하며 사람에게 유해한 물질이 포함되어 있지 않거나 쉽게 제거할 수 있는 천연물 내지 가공품을 식품(food material)이라고 한다. 그리고 식품을 적당히 처리하여 사람이 먹기에 알맞도록 한 것을 식물(食物, food)이라고 한다.

조리(cooking)란, 식품에 어떠한 처리를 가하여 사람이 먹기에 알맞은 식물(food)로 만드는 가공조작을 말한다. 조리의 목적은 우리가 섭취하고자 하는 식물이 식물로서 최고의 가치를 갖도록 하는 데 있다.

조리의 목적을 구체적으로 요약하면 다음과 같다.

① 맛있게 한다.

② 식품이 지닌 영양소가 파괴되지 않도록 한다.

③ 소화가 잘 되게 한다.

④ 위생적이고, 안심하고 먹을 수 있도록 한다.

⑤ 아름답게 하여 식욕이 나도록 한다.

⑥ 식품의 저장성을 높인다.

이러한 조리의 목적은 어느 것이나 다 구비되어야 함은 물론이거니와, 그 중에서 특히 식품의 기호성을 충분히 발휘해서 맛있게 먹을 수 있도록 하는 것이 가장 중요한데, 아무리 영양이 풍부한 식물이라 할지라도 맛이 없어서 먹지 않으면 무용지물이 되기 때문이다.

우리는 식품에서 유해한 부분이나 불가식 부분을 제거하고, 수세(水洗), 가열, 조미 등의 방법으로 조리를 하고 있다. 그런데 우리의 식생활을 보다 과학적으로 하기 위하여, 이와 같은 조리과정에서 일어나는 식품의 물리적, 화학적, 영양학적 변화를 검토하여 합리적인 조리방법을 연구하는 과학이 곧 조리과학(science of cooking)이다.

조리할 때에 일어나는 식품의 변화는 대단히 복잡하여 이것을 이론적으로 해명하고 체계를 세운다는 것은 상당히 어려운 일이다. 그러므로 조리과학을 연구하는 목적을 확실히 파악하고 보다 많은 노력을 기울여야 할 것이다.

제 2 절 조리과학의 목적

1 ■ 인류의 발전과 조리

인류의 문명 속에서 많은 문화들이 발생하고 발달하였다. 그리고 많은 동물들 중에서 인류만이 조리를 해서 먹고 있는데, 이것은 인류의 발전과 조리와는 깊은 관계가 있다는 것을 말해 주는 것이다. 여기에는 인류문명의 기원이 된 요소로서 조리와 관계있는 몇 가지 점을 들면 다음과 같다.

1) 불을 사용하는 일

인류도 처음에는 다른 동물들과 마찬가지로 불을 두려워하기만 하다가 점차로 불의 필요성과 이용하는 방법을 알게 되어, 오직 인류만이 불을 사용하며 살게 되었다. 그리하여 오늘날의 이와 같은 고도의 과학문명은 바로 열에너지(energy)의 이용으로 이루어진 것이다. 따라서, 인류가 불을 발견하고 사용할 수 있었다는 점이 곧 인류 문화 발전에 기초가 된 것이다.

그러면 인류가 불을 사용하기 시작하게 된 것은 무엇 때문일까? 그것은 두말할 것도 없이 추위를 막고 음식을 익혀 먹기 위해서였다. 불로 식품을 조리하면 맛이 좋아질 뿐만 아니라 먹기도 좋다는 사실 등을 알게 되었으며, 더 나아가 불로 음식을 건조하면 편리하게 저장할 수 있다는 사실도 알게 되어 더욱 불을 애용하였던 것이다. 다시 말하면, 옛날 사람들이 불을 사용한 주목적은 조리에 있었음을 알 수 있다.

2) 손을 사용하는 일

거의 모든 동물은 손이 없다. 간혹 앞발로 물건을 잡을 수는 있지만 물건을 만들지는 못한다. 그러나 인류만이 손을 사용해서 여러 가지 물건들과 연모들을 만들어 더욱 편리한 생활을 하게 되었다. 따라서, 이러한 물건을 만드는 기술은 인류 문화 발전의 근원이 되었다. 그런데 인간이 손을 사용하여 최초로 꾀한 것은 식품에 조리를 한 것이었다. 이로써, 우리는 기술의 시초는 조리이었음을 알 수 있다.

3) 뇌의 발달

인류가 현대 문명을 누릴 수 있는 또 하나의 특징은 대뇌의 발달로써 기억과 추리의 능력을 가지고 있는 것이다.

인간의 뇌만이 왜 이처럼 발달했느냐에 대하여, 인간은 씹는 힘이 약해도 되기 때문이라고 주장하는 학설도 있다. 거의 모든 동물은 씹는 힘이 상당히 세다. 그래서 상하악골(上下顎骨)도 강하고 이것을 움직이는 교근(咬筋)도 강하다. 우리 주변에서 흔히 보는 개, 고양이, 소, 말 등도 다 그런데, 단지 인간만은 악골의 발달도 나쁘고 교근도 약하다. 그러므로 인간은 교근의 역점이 되는 두개골도 강할 필요가 없어서 얇으므로 대뇌의 발달을 초래한 것이라고 생각된다.

그렇다면, 인류에게는 왜 강한 씹는 힘이 필요하지 않았던가? 그것은 조리를 해서 먹었기 때문이다. 딱딱한 뼈를 제거하고 질긴 근육을 잘게 썰고 또 굽고 끓여서, 씹기 쉽게 해서 먹었기 때문이다. 이와 같은 의미에서 조리는 현대 과학 문명을 낳은 모체라고 할 수 있다.

2 ■ 조리과학의 목적

조리과학의 목적은 한마디로 말해서 우리 식생활의 과학화에 있다. 앞에서 말한 바와 같이, 조리는 현대 과학 문명의 기원이었으나 그 후 경험과 인습에 따라 전해지고 행하여져 왔기 때문에 재래의 조리법 가운데에는 비과학적인 면도 있어서 영양적으로나 능률적으로 손실을 보게 된다. 그러므로 이와 같은 문제를 해결하는 것이 조리과학의 사명이다.

이러한 문제 해결을 위한 방법으로서 다음 몇 가지를 들 수 있다.

① 조리할 때에 일어나는 식품성분의 화학적인 변화를 검토해서 영양소의 손실이 없는(또는 최소로 줄이는) 조리법을 연구한다.

② 조리할 때의 화학적, 물리적인 변화가 식품의 기호성에 미치는 영향을 검토해서 기호성을 저해하는 요소를 배제하고, 보다 맛있게 먹을 수 있는 조리법을 연구한다.

③ 현재까지의 식습관으로 부족되기 쉬운 영양분을 보충할 수 있는 조리법을 탐구한다.

④ 조리시간을 단축하기 위하여 동일한 조리내용이라도 단시간 내에 할 수 있는 조리법을 개발한다.

⑤ 식단작성에서부터 조리, 뒤처리까지 과학적으로 함으로써 능률적인 식생활 관리를 할 수 있게 한다.

⑥ 식품의 안전성을 높인다. 즉, 식품에 붙은 병원성 세균류와 해충을 제거하고 독성을 가졌거나 오염된 식품의 먹지 못하는 부위를 쉽게 제거하여 식품의 부패를 막고, 가식부를 최대한 안전하게 이용할 수 있게 한다.

⑦ 매스컴과 교통의 발달로 외국 식문화와 수입식품의 유입으로 외국음식의 조리법이 다양하게 전수되었다. 이로 인하여 외국과 우리나라 조리법이 접목되어 새로운 조리법들이 연구되고 개발되었다. 이러한 다양한 새로운 음식들이 퓨전이라는 이름 아래에서 조리되고 있다.

3 ■ 현대의 조리 문제

오늘날의 과학은 디지털이라는 개념하에서 매우 빠르게 발달한다. 특히 휴대전화와 인터넷을 통한 빠른 정보 전달이 오늘날 문화의 특징이다. 조리과정에도 다양한 매체를 통해 많은 정보를 얻고 또한 많은 지식과 기술이 필요하게 되었다.

조리를 통해 현대인의 생활을 보면 조리는 끊임없이 발전하였다. 특히 매스컴과 인터넷을 통해 맛을 중심으로 한 조리법들이 범람하고, 그에 따른 유행이 형성되어 외식산업도 그에 동참하는 형태를 초래했다.

특히 가공식품 및 외식산업의 발달과 함께 음식에 대한 사람의 생각들의 변화들이 조리에도 많은 변화를 초래했다. 그 결과들을 다음과 같이 볼 수 있다.

① 외식산업 발달로 인한 대량조리 발달

② 미각 위주의 음식조리법 발달

③ 수입식품과 다양한 조리법의 범람

④ 가공식품 및 가정기기의 발달로 가정에서의 조리 축소

4 조리과학의 연구 방법

조리의 재료가 되는 식품은 대부분 복합성분으로 되어 있어서 조리과정에서 식품 성분의 변화도 복잡하고, 조리된 음식은 기호나 습관, 건강 상태가 다른 개인이 평가하며 먹게 되므로 조리과학의 연구 방법에는 다음과 같은 여러 측면이 있는데, 실제로 복잡한 조리현상을 해명하는 데에는 몇 가지의 방법을 병행하게 된다.

1) 조리조작으로부터의 접근

조리조작을 대상으로 한 연구는 조리과학의 가장 중요한 부분이다. 특히 식생활에의 실천을 위해서는 일상에서 흔히 접하는 음식으로부터 도입하는 것이 중요하며, 조리법의 체계화, 규칙성 등의 연구가 기대된다.

2) 식품 성분의 화학적 변화로부터의 접근

조리 재료인 식품이 어떤 성질을 갖고 있으며 조리과정에서 어떻게 변화하는가를 화학적 방법으로 연구하는 것이다. 식품의 성분은 영양성분과 기호성분으로 대별하는데, 각각의 성분의 정성(定性) 및 정량(定量) 분석을 행함과 동시에 조리과정에서 식품 성분간의 상호작용을 알아본다. 그리고 조리과정에서 효소활성의 변화와 인공소화의 모델 실험을 행하여 조리로 인한 소화율의 향상 등을 밝힌다.

3) 식품의 조직학적 접근

조리 재료로서의 식품이나 조리가공품, 그리고 조리과정의 식품의 조직 구조를 형태학적, 조직학적으로 해석한다.

4) 식품 물성으로부터의 접근

식품의 물성(物性)은 품질 특성 및 식미(食味) 특성의 중요한 인자이다. 조리 재료로서의 식품, 조리가공품의 물성 및 조리과정에서의 물성 변화를 측정하여 바람직한 물성으로 발전시키고자 하는 것이다.

5) 음식에 대한 심리학적 접근

음식물의 연구에는 그것을 먹는 인간이 어떻게 느끼는가에 주안을 둔 연구도 중요하다. 식품의 화학 또는 물리학적 자극과 감각 간의 관계 또는 기호의 측정 등에 관계되는 것을 심리학적으로 측정하여 인간의 반응을 연구하는 전문 분야인데, 이것을 실제로 적용한 것이 관능 검사이다.

6) 건강으로의 접근

인간의 수명이 늘어나고, 경제가 발달하여 식품 수급이 늘어나면서 영양섭취가 늘어났다. 특히 미각 위주의 식사로 인한 과열량의 섭취로 건강의 문제가 발생되기 시작하자, 기존의 조리법보다 건강을 생각하는 조리법을 연구하고 개발하는 접근이 중요하게 부각되고 있다.

7) 식문화로부터의 접근

식문화의 원점인 조리를 학문적으로 연구하는 방법으로는 주로 다른 문화간의 비교론적 방법, 사회학적 방법이 있다. 특히 오늘날처럼 여러 식문화가 함께 존재하는 때에는 다양한 접근과 연구가 필요하다.

8) 친환경으로의 접근

음식물의 재료인 식품에서부터, 조리가 끝나고 버리는 음식물 쓰레기까지 모든 것이 환경과 관련이 깊다. 특히 환경이 오염되지 않고 깨끗해야 바른 식품을 생산할 수 있고, 이것을 먹은 인간이 건강하게 살 수가 있다. 그러므로 조리과정에서 발생되는 모든 일들을 친환경적으로 접근할 수 있도록 연구할 필요가 있다.

제 2 장 맛의 과학

제 1 절 맛과 기호

조리의 제1의 목적은 음식을 '맛있게' 하는 것이다. 그러면 과연 맛이란 무엇인가, 그리고 맛있게 조리하기 위하여 고려되어야 할 요소는 무엇인가를 생각해 보아야 할 것이다.

음식에 영양성분이 많이 함유되어 있다는 것과 깨끗하고 위생적이라는 것은 음식의 기본적인 조건인 것이다. 그런데 '맛이 있고 기호에 맞는다'는 것 또한 빼놓을 수 없는 중요한 조건이며, 이것이 결여되면 사람이 먹는 음식이라고 할 수가 없으며, 이것이 동물의 먹이와 다른 점이다.

그러므로 인간은 불이나 기구를 사용하여 조리를 해서 식품의 기호적 가치를 증가시키는 것이다.

1 기 호

음식에 대한 기호란, 음식의 종합적인 맛에 대해 '좋다' 또는 '싫다'는 마음의 움직임이다. 기호는 음식을 먹으면서 얻은 경험이 쌓여서 형성되는 것으로 20세 전후에 그 경향이 고정된다고 한다.

음식의 기호는 연령과 경험, 그리고 생리적, 심리적 변화의 영향을 받는데 특히 유아기의 음식에 대한 인상이 일생을 통해 식품 기호 형성에 기반이 되는 경우가 많다.

유아기의 음식을 접하면서 얻는 음식 체험의 중요성은 미각의 형성뿐만 아니라, 좀더 넓게 전인형성이라는 시점에서 생활 습관의 형성이라는 교육적인 관점에서 접근하지 않으면 안된다. 인간성의 기본적인 것이 대부분 이 시기에 형성된다. 식습관의 제2차 정착기는 12세부터 20세까지인데, 어릴수록 효과는 크다. 이 세대는 판단 능력이 부족하지만, 무엇이든지 흥미를 가지며, 여론이나 언론 매체에 영향을 많이 받는다. 성인이 되면 식습관, 식기호는 '제2의 천성'이라고 할 만큼 자라온 환경 속에서 기본적으로 형성된다. 인간의 음식 선택 요인에는 건강 문제라고 하는 생리적인 이유뿐만 아니라 자라온 환경 속에서 형성된 식습관, 식기호 외에 개인의 행복감, 유행, 신앙심, 사회적 지위, 자존심, 교제, 동료 의식, 수용 등의 정신적 · 심리적인 측면도 관계가 깊다.

2 음식의 맛

'맛이 있다'고 하는 맛은 어떠한 특성으로 나누어 생각할 수 있을까? 우리는 음식을 먹을 때 우선 시각으로 음식 외관의 색깔이나 모양 등을 보고, 후각으로 냄새를 맡음으로써 식욕이 유발된다. 그리고 음식을 수저로 뜨고 집을 때 촉감을 느낀다. 입 안에 넣고 씹으면서 미각, 후각, 청각, 촉각 등이 동원되어 맛이 있다, 없다라는 판단을 하게 된다. 이와 같이 음식의 맛은 여러 가지 감각에 의해서 종합적으로 느끼게 되는 것이다.

음식을 먹는 기본적인 목적은 영양 섭취 이외에도 음식의 맛을 즐기는 것이며 심리적 만족감을 얻는 것이다. 조리의 목적은 음식의 소화 흡수를 좋게 하며 또한 음식의 맛을 좋게 하는 데에 있다. 음식의 맛이 좋으면 식욕이 증진되고, 소화력이 강화되어서 식생활이 즐거울 뿐 아니라 건강 유지에도 좋은 영향을 미치게 된다.

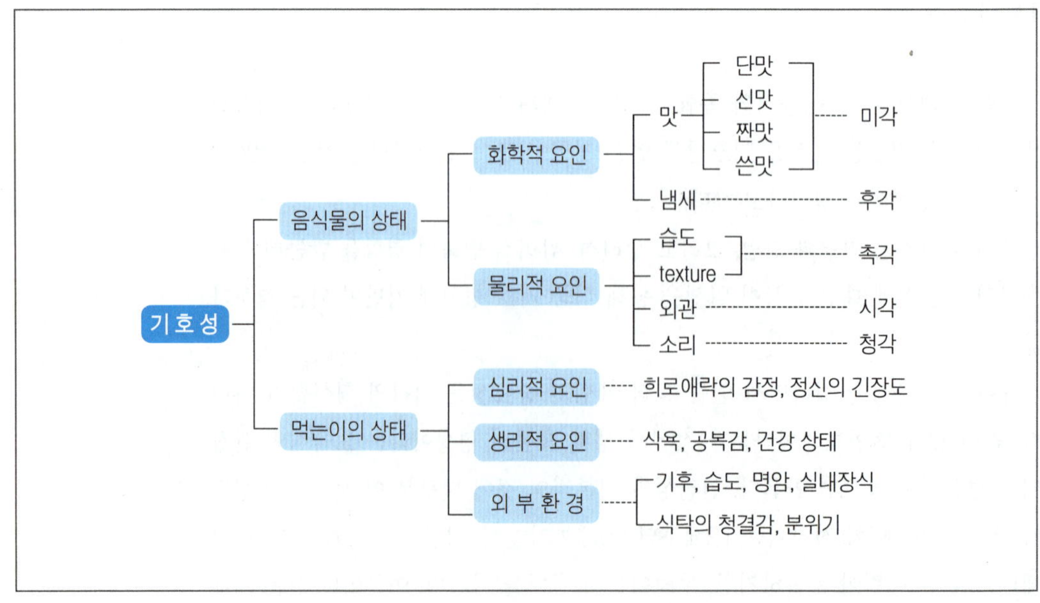

〈그림 2-1〉 기호성에 관여하는 요인의 분류

인간은 일반적으로 생리적으로 유익한 맛을 맛있게 느끼고, 유해한 맛은 본능적으로 불쾌하게 느끼는 경우가 많다. 그러나 맛에 대한 평가는 음식을 먹는 장소의 분위기와 먹는 사람의 식습관이나 건강 상태, 생리적 조건 · 환경 등에 따라 다양하다. 그러므로 조리할 때에 식품의 여러 조건을 고려해서 최고의 맛을 낼 수 있도록 조리방법을 연구해야 할 것이다.

제 2절 맛

1 미각의 생리

맛을 내는 물질은 수용성이며, 맛과 냄새는 분자 자체의 고유 특성이라기 보다는 화학분자와 인간의 뇌 사이에 일어나는 고유한 상호작용으로 보아야 할 것이다.

맛을 느끼는 곳은 입 안인데, 입 전체에서 느끼는 것이 아니라 특정한 장소, 즉 혀의 표면이다. 혀의 표면에는 유두(乳頭)라고 하는 돌기가 있으며, 이 유두에는 홈이 있고, 그 곳에 미뢰가 있다. 또 혀 이외의 장소에는 점막 안에 미뢰가 산재해 있다.

미뢰의 상단에는 미공이라고 하는 작은 구멍이 있으며, 이것은 혀의 외표면과 이어져 있다. 미뢰의 내부에는 방추상인 미세포가 있으며, 이 주위에는 미각신경이 분포되어 있다.

맛을 내는 물질이 용액 상태로 혀 표면에 닿으면 유두에서 미공을 통하여 미세

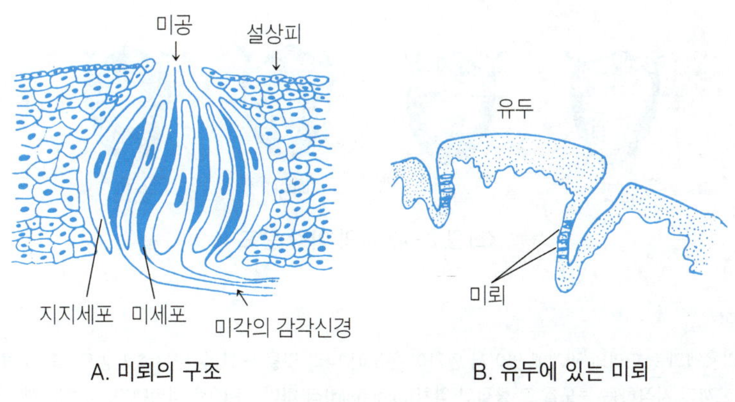

A. 미뢰의 구조

B. 유두에 있는 미뢰

<그림 2-2> 미뢰의 구조

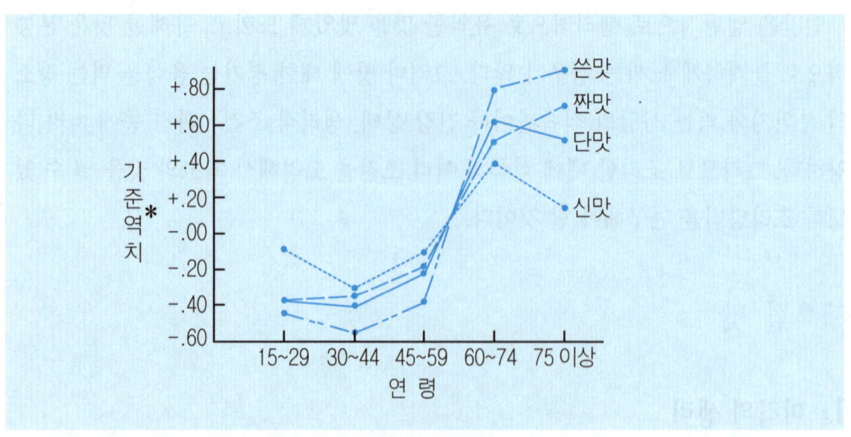

〈그림 2-3〉 연령에 따른 미각의 변화

포에 닿아 미세포막에서 전위변화(電位變化)가 일어난다. 이 전위변화가 뇌의 미각중추로 전달되어 맛을 느끼게 되는 것이다.

달다, 쓰다 등의 향미물질의 질적인 차이와 진하다, 흐리다 등의 양적인 차이는 신경계에 있는 충동(impulse)에 의해 식별되는 것이다.

미각에서 흥미 있는 것은 미세포도 노년이 되면 노화현상을 일으켜 차차 위축한다는 사실이다. 그리하여 노년이 되면 미각작용도 저하되어 젊어서 맛있었던 것이 맛없이 느껴지고, 더 짜거나 자극적인 맛을 좋아하게 된다(그림 2-3).

맛의 종류에 따라 맛을 느끼는 장소가 다르다. 〈그림 2-4〉에 표시된 바와 같이 혀의 말단 가장자리 부분에서는 단맛을 가장 예민하게 느끼고, 혀의 주변부에서는 신맛을 느끼고, 혀 안의 뒤쪽 부분에서는 쓴맛을 가장 예민하게 느낀다. 짠맛은 거의 어느 곳에서나 고르게 느낀다.

〈그림 2-4〉 혀의 미각 분포

*역 치

향미용액의 농도와의 관계에 있어서 인간이 온도에 따라 맛을 느낄 수 있는 최저농도, 즉 그 물질의 맛을 느끼기 시작하는 농도를 그 물질의 역치(threshold)라 하며, 'RL'로 나타낸다. 역치는 개인과 또 향미물질의 종류에 따라 다르다.

사람들은 같은 맛을 지속적으로 맛보게 되면 그 맛에 대하여 둔해지거나 맛을 느끼지 못한다. 이것을 맛의 피로(fatigue) 또는 순응(adaptation)이라 하는데, 맛이 약할 때는 거의 느껴지지 않으나 맛이 진할 때는 금방 싫증을 낸다. 그래서 사람들이 맛이 약한 음식물들은 계속 먹고 있으면서도 특별하게 맛을 느끼지 않아 질리지 않는다. 즉, 밥이나 빵, 냉수 등을 싫증 내지 않고 계속 먹는 것은 이 때문이다.

이외에도 사람들의 맛에 대한 생리적인 차이가 있을 수 있다. 즉, 대부분의 사람들은 쓴맛을 느끼는데 일부의 사람들은 쓴맛을 인식하지 못하고 아무 맛이 없다고 느끼는 경우가 있다. 이러한 현상을 가진 사람을 미맹(味盲)이라 한다. 미맹은 유전적인 요인에 의해 나타나는 것으로 유전하며, 백인이 약 30%, 황색인이 15%, 흑인은 2~3%이며, 여자는 22.2%이고, 남자는 25.9%가 미맹이다.

2 ■ 맛의 분류와 향미물질

우리가 느끼는 미각에는 대단히 복잡한 여러 가지의 맛이 있다. 그리하여 여러 학자들은 이것을 몇 개의 기본맛으로 분류하였는데, 동양의 노자(老子)는 5미, 불교에서는 6미로 분류하였는가 하면, 서양의 Bain Wundt는 역시 6미로, Henning은 4미로 분류하였다.

현재는 Henning의 4원미(four primary taste)가 널리 쓰이고 있는데, 이들의 내용은 <표 2-1>과 같다.

〈표 2-1〉 맛의 분류

동 양		서 양	
5 미	6 미	6 미	4 미
노 자	불 교	Bain Wundt	Henning
단 맛	단 맛	단 맛	단 맛(sweet)
쓴 맛	쓴 맛	쓴 맛	쓴 맛(bitter)
신 맛	신 맛	신 맛	신 맛(sour)
짠 맛	짠 맛	짠 맛	짠 맛(salty)
매 운 맛	매 운 맛	떫 은 맛	
	심 심 한 맛	알칼리성맛	

(1) 단 맛

단맛(sweet taste)은 모든 사람이 대단히 즐기는 맛으로서, 영양소인 당질을 대표하는 맛이다. 특히 단당류와 이당류는 거의 단맛을 지니고 있다. 그래서 우리가 보통 조리에 사용하고 있는 단맛 식품으로서는 거의 이들에 속하는 물질이 많으며, 그 중에서 자당(설탕)은 가장 많이 사용된다. 또, 단맛의 기준으로서 순수한 자당의 맛을 1.00으로 하여 사용한다. 대표적인 식품으로는 설탕, 당밀, 벌꿀, 엿, 인공 감미료 등이 있다.

당류 외에도 아미노산(amino acid), 펩티드(peptide) 중에 단맛을 가지는 것이 있다. 당의 감미도는 같은 농도에서는 과당이 가장 높으며 다음이 설탕, 맥아당, 갈락토오스, 젖당의 순으로 되어 있다. 당알코올은 단맛을 내면서도 다양한 기능성이 있어 다음과 같이 사용된다. 즉 자일리톨(xylitol)과 소르비톨(sorbitol), 만니톨(mannitol) 등은 저칼로리 음식의 감미료로 사용되고 특히 자일리톨은 충치 예방에도 이용되고 있다.

영양과는 관계가 없는 인공 감미료인 사카린(saccharin), 둘신(dulcin), 아스파탐(aspartame) 그리고 소듐 사이클로헥실 술파미네이트(sodium cyclohexyl sulfaminate) 등도 단맛이 있어서, 가공식품이나 조리에 사용되어 왔다. 사카린은 1987년 발견된 합성 감미물질로 쓴맛을 가지고 있기 때문에 대부분 단독으로 사용하지 않고 다른 감미료와 병용한다. 각 당류 및 인공 감미료의 감도는 <표 2-2>와 같다.

단맛은 어른보다 어린이 특히 유아들이 좋아하는데, 이것은 단맛에 대한 감각이 어른에 비하여 어린이에게 보다 더 발달되어 있기 때문이다. 즉, 어린이의 미각세포는 구강 내에 넓게 분포되어 있는 데 반하여, 어른들은 혀의 표면에만 있다.

〈표 2-2〉 각종 감미료의 감미도

측정자 / 종 류	Watson	Baul	Biester
자 당 (sucrose)	1.00	1.00	1.00
포도당 (glucose)	0.49	0.52	0.74
과 당 (fructose)	1.03~1.50	1.03	1.73
젖 당 (lactose)	0.27	0.28	0.16
맥아당 (maltose)	0.60	0.35	0.33
둘 신 (dulcin)	70~350		
사카린 (saccharin)	200~700		

단맛은 여러 가지 성질을 가지고 있다. 첫째 4원미 중에서 단맛은 미각의 순응 작용이 가장 강하다. 미국의 Mayer는 다음과 같은 실험을 하였다. 즉, 식후 1시간 이상 지나서 양치질을 하고 설탕물을 2분간 입에 물었다가 설탕물을 뱉어 버린 다음 1분간 깨끗한 물로 양치질을 한 후 또 설탕물을 입에 문다. 두 번째에 입에 문 설탕물이 처음에 문 설탕물과 같은 단맛으로 느껴지는 농도를 조사했더니 약 10배의 농도인 것을 알았다. 이와 같이 맛에 익숙해져서 그 맛을 느낄 수 없게 되는 작용을 순응이라고 한다. 순응력은 단맛, 쓴맛, 짠맛, 신맛의 순서로 강한데, 이 순응은 그 시간이 일정하면 용액의 농도가 클수록 빨리 일어난다.

단맛은 폭넓은 농도에서 쾌감을 느낀다. 아주 낮은 농도인 설탕물은 미각으로 맛있게 느끼지 않지만, 어느 정도 이상이 되면 농도에 관계없이 맛있게 느낀다. 그러므로 설탕 덩어리인 사탕을 빨아먹어도 맛이 있다. 그러나 짠맛, 신맛, 쓴맛은 너무 묽어도 맛이 없고, 너무 진해도 나쁘다. 즉, 맛있다고 느끼는 농도로 조절하기가 어려운데, 단맛은 약간 진한 듯하게 하면 미각은 거의 만족된다.

단맛은 또 다른 미각을 부드럽게 하는 작용이 있다. 다시 말하면, 신맛이나 쓴맛 등이 강한 경우 단맛을 가하면 그 맛이 부드러워지는데, 이와 같은 현상을 맛의 억제라고 한다.

이상과 같은 단맛의 성질을 이용하면 식품에 단맛을 가함으로써 미각에 만족을 주게 될 것이다. 예를 들면, 조금 맛이 없는 재료를 가지고 조리를 할 때, 가령 조금 신선도가 낮은 생선을 달게 졸인다든지 맛이 없는 가공식품을 달게 조미하든지 하면 재료식품의 맛의 결점을 감추게 된다. 그러나 재료식품이 지닌 맛을 살리려고 하는 경우에는, 단맛을 가하면 식품의 그 맛이 약해지므로 설탕은 단맛을 낼 때 외에는 되도록 쓰지 말아야 한다.

(2) 짠 맛

소금이 대표하는 맛으로서 생리적으로 가장 중요한 맛이다. 즉 식염을 비롯해서 짠맛(salty taste)을 지닌 염은, 우리 체액의 삼투압을 조절하는 중요한 역할을 맡고 있다.

식염은 식품 중에 함유되든지 또는 첨가함으로써 다른 맛과 조화하여 더욱 좋은 맛을 낸다. 일반적으로 1% 전후의 식염이 조리에 가장 많이 이용되는 농도로서, 이 농도는 단맛이나 신맛과 혼합하면 맛난맛을 낸다. 또, 이 식염 농도는 인간의 혈액의 삼투압과 거의 같으므로 인간이 이것을 맛있게 느끼는 것은 생리적으로도 긍정이 된다.

김치는 2~3%의 염도가 가장 맛이 있다. 그러나 염도가 높은 짠김치는 숙성되면서 신맛이 나게 되어 짠맛이 약해지기도 한다. 또 당분이 가미되어도 짠맛은 약해진다.

짠맛은 식염에 의하여 대표되는 맛인데, 그 밖에도 짠맛을 가진 물질이 있다. 그러나 순수한 짠맛은 식염뿐이고, 다른 염류는 쓴맛과 떫은맛 등의 맛을 띠고 있다. Kionka, Statz들은 0.1mol 농도인 각 염류의 용액을 만들어 그 맛을 검사하였다. 그 결과는 다음과 같다.

① 짠맛이 두드러진 것 … $NaCl$, KCl, NH_4Cl

② 짠맛과 단맛이 같은 정도인 것 … KBr, NH_4I

③ 쓴맛이 두드러진 것 … KI, $CaCl_2$

또, 같은 식염도 그 농도의 차에 따라 맛이 다르게 느껴진다(표 2-3).

짠맛은 음이온에 의한 것이라는 설과 양이온에 의한 것이라는 설이 있다. 그러나 실제는 음양 두 ion의 염이 비로소 짠맛을 내는 것이라는 주장도 있다.

$NaCl$과 KCl의 경우는 Cl^-이 공통의 이온이므로 이들 맛의 차이는 Na^+와 K^+에 의한다. 또 많은 염류는 짠맛 이외에 쓴맛, 단맛도 지니고 있는데, 이들의 맛은 분자량에도 관계가 있다. 염소 이온(Cl^-) 외에 요오드 이온(I^-)도 정도는 약하나 같은 짠맛의 원인이 된다. (−)이온들의 짠맛의 강도는 $Cl^- > Br^- > I^- > HCO_3^- > NO_3^-$ 의 순이다.

짠맛에 당분이 가미되면 짠맛이 약해지나, 소량의 유기산이 첨가되면 짠맛은 더욱 강화된다. 짠맛을 내는 식품으로 식염, 간장, 된장, 고추장 등이 있다. 사과산의 나트륨염은 식염과 같은 짠맛을 가지고 있어서 식염 섭취를 제한하는 환자의 식사에 사용하였으나 이후에 환자들에게 나트륨염이 해롭다는 것을 알게 되어 현재는 이용하지 않는다.

〈표 2-3〉 식염의 농도에 따른 맛

농도(mol 농도)	식염의 맛	농도(mol 농도)	식염의 맛
0.009	맛이 없음	0.05	짠 맛
0.010	약한 단맛	0.1	짠 맛
0.02	단 맛	0.2	순수한 짠맛
0.03	단 맛	1.0	순수한 짠맛
0.04	단맛을 띤 짠맛		

<표 2-4> 음식에 알맞은 짠맛

음식물	소금농도(%)	음식물	소금농도(%)
간 장	18~20	단 무 지	8.0~10
된 장	10~15	식 빵	0.7
염 장 물	15~30	버 터	1.0~1.7
식 염	85~99	찌 개 류	0.5~2.0
국 류	0.8~1.2		

일반 성인의 하루 소금의 필요량은 평균 10g이나 육체 노동자는 더 많은 식염이 필요하다. 현대인의 식사 중에서 소금 섭취량이 너무 많아 소금 섭취량을 1일 필요량보다 더 낮게 섭취하는 것을 권장하고 있다.

(3) 신 맛

신맛(sour taste)은 식욕을 지배하는 맛이라고도 불리며, 물질 중에 있는 전해질이 수용액 중에서 전리되어 수소 이온(H^+ ion)을 가지고, 이 H^+ ion에 의해 신맛을 낸다. 신맛을 내는 모든 물질은 화학적으로 볼 때 거의 모두 산이다. 그러나 모든 산이 반드시 신맛을 내는 것은 아니다.

신맛 성분에는 유기산과 무기산이 있으며, 신맛의 정도는 같은 pH라 할지라도 유기산은 무기산보다 신맛이 더 강하게 느껴진다. 식품의 산미는 향기를 동반하는 경우가 많고, 미각의 자극이나 식욕 증진의 역할을 한다. 산미를 나타내는 것은 산류에 의한 것인데 이 중 식용이 되는 산은 대부분 유기산이며 탄산은 예외적인 산이다.

신맛은 H^+ ion에 의해서 느끼므로, 실제로 신맛이 있는 것을 입에 넣고 느끼는 맛은 타액에 의해서 희석되든지 중화되므로, 그 산이 가진 그대로의 신맛을 느끼지 못하는 경우가 많다.

그러므로 산이 강한 완충작용*을 가지고 있으면 신맛을 잘 느끼고, 완충작용이 적은 것은 덜 느끼게 된다. 또, 이것은 조리시에 사용하는 조미료인 경우에도 마찬가지로 완충작용이 강한 식초(주성분 CH_3COOH 3~5%)를 사용하면 요리에서 신맛을 강하게 느끼는데, 완충작용이 약한 것을 쓰면 요리의 신맛이 많이 감소한다. 또 산류는 H^+ ion과 더불어 음이온도 존재하므로, 이들의 맛을 동시에 느끼게 된다. 일반적으로 무기산의 음이온이 공존하면 불쾌한 맛이지만 유기산의 음이온은 맛이 좋다.

> *완충작용(buffer action)
>
> 어떤 용액에 산 또는 알칼리를 가했을 경우에 일어나는 수소 이온 농도의 변화가 순수한 물에 이들을 가했을 경우에 일어나는 수소 이온 농도의 변화에 비하여 작을 때 그 용액은 완충작용이 있다고 한다. 예를 들면, pH 7.0의 순수한 물 1L에 0.01*N* 염산 1mL를 가하면 pH는 5.0까지 내려간다. 그러나 쇠고기의 침출액 1L에 동량의 염산을 가하면 pH는 거의 변하지 않는다. 쇠고기의 침출액은 강한 완충작용이 있기 때문이다. 일반적으로 식품류에는 산이나 알칼리를 가해도 그의 pH가 변하지 않는 경우가 있다. 이것은 완충력이 강한 각종의 전해질이 함유되어 있기 때문이다. 이와 같은 성질을 가지고 있는 중요한 물질들은 인산염, 유기산류, 아미노산류 등이다. 완충력이 강한 것일수록 산 등을 가하여도 그 pH는 변하지 않는다.
>
> 반대로 조미료 등은 조리시 이것을 가했을 경우 그 조미료의 pH가 변하지 않는 것일수록 완충작용이 강한 조미료라고 할 수 있다. 조미료는 이것으로 맛을 좌우시키므로, 일반적으로 완충작용이 강한 것이 좋다. 예컨대, 식초를 사용하는 경우 묽게 했을 때 pH가 변한다면 식초의 효과가 별로 없다. 묽게 해도 식초의 원래의 pH를 유지하고 있는 것은 조리시 그 맛을 내므로 조미의 목적을 다하게 된다.

유기산은 대개 카르복실기(-COOH)를 가지며, 이것은 파괴되어 COO^-와 H^+로 되어 신맛을 낸다. 음식의 신맛을 내기 위해 사용되는 식초는 당질에 초산균이 작용하여 생성된 식초산의 4~5% 용액이다. 쓴맛 성분을 소량 가하면 신맛은 강해지고, 소량의 단맛이나 짠맛 성분이 가해지면 신맛은 약해진다.

조리시 사용되는 식초와 빙초산, 젖산 등은 인체 내에서 글리코겐(glycogen) 합성재료, 또는 단백질 분해산물인 유독성 프토마인(ptomaine) 생성물을 해제하

〈표 2-5〉 각종 산과 그의 소재

(mg%)

종 류	소 재	함 량	종 류	소 재	함 량
초 산	식 초	4	구연산	감귤류	1~4
젖 산	요구르트	0.5	사과산	사과, 배	0.5~0.7
	젖산음료	0.9	주석산	포 도	0.5~1.0
	김치류	0.1~0.5	호박산	청주, 조개국	0.18
				채소, 과일	20~100

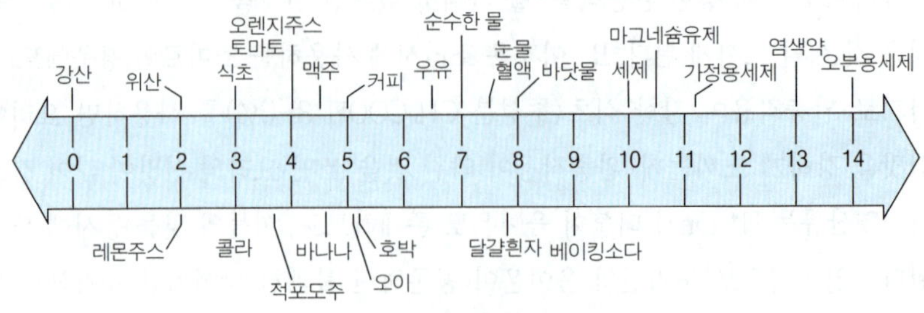

〈그림 2-5〉 식품의 pH

고 두드러기, 기침, 혈압 강하 등의 방지작용을 한다. 특히 식초는 콜레스테롤의 합성에 관여하고, 여성호르몬인 부신피질호르몬 합성에 CH_3기가 이용된다고 한다.

음식의 신맛은 초산, 젖산, 구연산, 주석산, 사과산 등이 내고 있다. 이 중에서 조미료로서 사용되는 것은 주로 초산이고, 주스 제조 등 식품 가공에는 젖산, 구연산 등이 식품첨가제로 사용되고 있다.

(4) 쓴 맛

쓴맛(bitter taste)은 진하면 대단히 불쾌한 맛인데, 극히 미량인 경우에는 오히려 미뢰를 자극하고 긴장시켜 주고 맛난맛을 내게 하는 작용이 있다.

일반적으로 식물 알칼로이드류, 배당체, 케톤류, 일부 아미노산 및 무기염류 등은 거의 쓴맛이다. 차나 커피의 쓴맛인 테인(theine), 카페인(caffeine), 타닌(tannin) 등은 알칼로이드류이고, 맥주의 쓴맛은 호프(hop) 중에 있는 휴물론(humulon), 루풀론(lupulon) 등의 케톤류 때문이다.

식물의 배당체도 채소나 과일의 쓴맛을 내고, 대표적인 것에는 자몽(grapefruit)이나 밀감류의 쓴맛을 내는 나린진(naringin), 오이꼭지의 쓴맛을 내는 큐커비타신(cucurvitacin) 등이 있다. 쓴맛은 신맛, 단맛, 짠맛 등과 비교하면 감도가 가장 높고 그 맛이 비교적 오래 지속한다. 쓴맛을 느끼게 되는 최소한도의 농도는 4원미 중 제일 적으나 다른 맛에 적당히 배합하면 식품에 긴장감을 주므로 음식 맛에 감칠맛을 내는 효과가 있다(표 2-6).

〈표 2-6〉 향미물질의 역치

향미의 종류	향 미 물 질	역 치(%)
단 맛	자 당	0.3
	포 도 당	0.5
	사 카 린	0.001
신 맛	초 산	0.004
	구 연 산	0.0025
짠 맛	식 염	0.08
쓴 맛	염 산 키 니 네	0.00005
	카 페 인	0.03
맛 난 맛	글루타민산소다	0.03
	이 노 신 산 소 다	0.012
	구 아 닌 산 소 다	0.0035

그리고 생리적으로는 흥분, 각성, 이뇨의 작용이 있으나 개인차가 있다. 특히 귤껍질에 있는 쓴맛인 헤스페리딘(hesperidin)은 비타민 P의 성분으로서 혈압 강하에 효과가 있다.

(5) 기타의 맛

4원미 외의 기타의 맛은 맛난맛, 떫은맛, 매운맛, 알칼리맛, 금속맛, 아린맛 등을 들 수 있다.

1) 맛난맛

글루탐산(glutamic acid)을 발견한 이케다(池田)가 제창한 맛으로, 맛난맛(旨味)을 주장하는 사람도 많다. 그러나 맛난맛(palatable taste)은 단맛, 짠맛, 쓴맛, 신맛의 혼합이 조화되어 이루어지는 맛이라고 주장하는 이도 있다. 맛난맛은 일반적으로 설탕, 주석산, 카페인, 식염 등을 적당히 혼합하면 얻을 수가 있다.

맛난맛을 가진 것은 여러 종류의 맛이 적당히 조성된 맛으로, 식품성분 조성과 정미성분의 상승작용 또는 완충작용 등이 복합되어 감칠맛을 나타내며, 화학조미료에 쓰이고 있는 화합물과 일부의 아미노산이다. 즉, 모노소듐 글루타메이트(monosodium glutamate), 이노신산(inosinic acid), 구아닐산(guanylic acid), 숙신산(succinic acid) 등이다. 이 맛은 고기 추출액, 된장, 간장, 젓갈류, 조개류, 해조류, 버섯, 죽순 등의 천연식품 중에 미량이 함유되어 있어서, 각 식품의 맛난맛의 주체를 이루고 있다.

〈표 2-7〉 맛난맛의 종류

종 류	소 재
asparagine, glutamine	어류, 육류, 야채류
carnosine, methylcarnosine	어류, 육류
glutathione	동물성 식품
inosinic acid	육류, 어류, 멸치, 가다랑어포
guanylic acid	표고버섯
taurine	오징어, 문어
succinic acid	청주, 조개류
sodium glutamate	다시마, 간장

2) 떫은 맛

떫은맛(astringent taste)은 미각으로 느낌과 동시에 미각기관 이외로써도 느끼는 맛의 하나로서, 넓은 의미의 맛이다.

식품 중에 존재하는 알데히드류, 페놀성 물질인 타닌류, 그리고 철이나 구리 같은 금속 등이 떫은맛을 내는 원인이 된다.

떫은맛은 타닌 등이 주성분으로 혀 점막의 단백질을 응고하려고 하는 일종의 수렴작용에 의한 것으로 생각된다. 식물의 맛으로서의 떫은맛은 흔히 불쾌한 맛이지만, 이것이 극히 소량 존재할 때에는 쓴맛에 가깝게 느껴지고 특히 차의 타닌 등과 같이 맛난맛을 강조하는 역할을 한다. 포도주에서의 약한 떫은맛은 다른 맛과 조화되어 독특한 풍미를 나타낸다.

떫은 감의 시불(shibuol), 밤 속껍질의 엘라지산(ellagic acid) 등은 타닌류의 떫은맛 성분의 대표적인 것이다.

3) 매운맛

매운맛(hot taste)은 혀, 입속, 콧속 점막의 통각이라 할 수 있는 광의의 맛이다. 그러나 매운맛은 향기를 동반하므로 향신료로도 사용되고, 미각신경을 자극해서 식욕을 증진하는 뜻에서 대단히 중요한 역할을 하고 있다.

매운맛은 미각을 자극함으로써 타액의 분비를 촉진시키고 혈액순환 등을 잘 시키기 때문에, 미각이 피로했을 경우 이것을 갱신시키는 효과가 강하다. 그러므로 요리를 끝까지 맛있게 먹게 하는 데 큰 효과가 있다. 그러나 너무 지나치면 도리어 미각이 쇠퇴하므로, 적당한 양을 사용하도록 해야 한다. 매운맛은 식품의 식미에 긴장감을 주고 식욕을 증진시키며, 건위, 살균, 살충작용을 돕는다.

매운맛 성분은 고추에 함유된 캅사이신(capsaicin)을 비롯하여 진저론(zingerone), 쇼골(shogaol), 피페린(piperine), 차비신(chavicine) 등이 있다. 마늘의 디술파이드(disulfide)는 고기류의 냄새인 아민류와 결합하여 새로운 화합물을 만들어 비린 냄새를 없애고 고기 특유의 향을 내게 한다.

4) 금속맛

금속맛(metallic taste)은 가공식품 중에서 많이 느끼는 맛이다. 특히 통조림 등 금속을 사용한 용기 등에 보존되었던 식품에 많다. 철, 은, 주석 등은 독특한 금속맛을 가지고 있는데, 철분 등을 많이 함유한 천연수에서 금속맛을 느낀다.

이들 성분은 결코 음식의 맛을 좋게 하지 않으므로, 이들이 식품 중에 가해지지

<표 2-8> 식품 중의 매운맛 성분

화합물군	종 류	중요식품
방향족 aldehydes & ketones	• cinnamic aldehyde, zingerone, shogaol • gingerol • curcumin	• 계피, 육계 • 생강 • 울금(curry분)
방향족 amide	• capsaicine • chavicine • sanshool	• 고추 • 후추 • 산초
겨자유(mustard oil)	• allylisothocyante • p-hydroxybenzyliocyanate	• 겨자, 백겨자 • 흑겨자, 고추냉이, 무
황화 allyl 류	• dimethylsulfide • divinysulfide • dialkylsulfide • propylallylsulfide • diallyldisulfide • diallytrisulfide • diallyltetrasulfide • allicine	• 고사리, 양배추, 아스파라거스, 파래 • 부추, 파, 양파 • 부추, 파, 양파 • 마늘, 양파
아민류	• histamine • tyramine	• 부패 생선, 변패 간장

않도록 하는 것이 중요하다.

5) 아린맛

아린맛(acrid taste)은 주로 채소류에서 많이 느끼는 맛으로, 주식품은 고사리, 토란, 우엉, 생가지, 죽순, 도라지 및 들 · 산나물류 등이다.

아린맛의 성분은 무기염류, 배당체, 알칼로이드, 타닌, 알데히드류 등이라고 하나 대부분이 수용성이므로 채소들을 물에 담가두면 아린맛을 거의 제거할 수 있다. 죽순, 토란, 우엉의 아린맛 성분은 호모젠티스산(homogentisic acid)이라고 한다.

6) 콜로이드맛 (교질맛)

콜로이드맛(colloidal taste)은 식품 중에서 콜로이드 상태를 형성하는 다당류나 단백질이 혀의 표면과 입속의 점막, 잇몸 등에 물리적으로 접촉될 때 감각적으로 느끼는 맛이다. 즉, 식품의 질감에 속한다.

밥이나 떡의 전분 호화도, 찹쌀의 아밀로펙틴, 잼류의 펙틴, 해조류의 알긴산과 한천, 각종 전분의 교질상태, 밀가루의 글루텐, 고깃국의 젤라틴 등의 맛이 모두 콜로이드맛에 속한다.

3 맛의 변화

(1) 맛 성분의 혼합에 의한 변화

1) 맛의 상승효과

각각 맛이 다른 두 가지 물질을 용해시킨 용액의 맛은 단독 용액의 맛보다 강하거나 약하거나, 또는 아주 새로운 맛을 내거나 한다. 예를 들면, 화학구조는 다르지만 맛의 계통이 같은 물질인 설탕과 사카린의 저농도 용액을 혼합하면, 단독액의 단맛보다 훨씬 강한 단맛을 나타내며, 소듐 글루타메이트(sodium glutamate)의 저농도액에 소듐 이노시네이트(sodium inosinate)의 저농도 용액을 가하면 비약적으로 맛이 강해진다. 즉, 이들은 같은 맛을 가진 2종 이상의 향미물질이 혼합됨으로써 그 맛의 강도가 계산치보다 더 상승적으로 작용하기 때문이며, 이와 같은 현상을 맛의 상승효과(taste synergistic effect)라고 한다.

상승효과가 있는 것은 맛난맛, 신맛, 단맛 등이다. 신맛이 있는 두 물질을 가하면 일반적 신맛이 더욱 증가하고, 감미물질을 2종 혼합하면 단맛이 증대한다.

<그림 2-6>은 모노소듐 글루타메이트(monosodium glutamate)와 이노신산(inosinic acid)을 배합했을 경우, 맛의 강도의 변화를 실험한 도표이다.

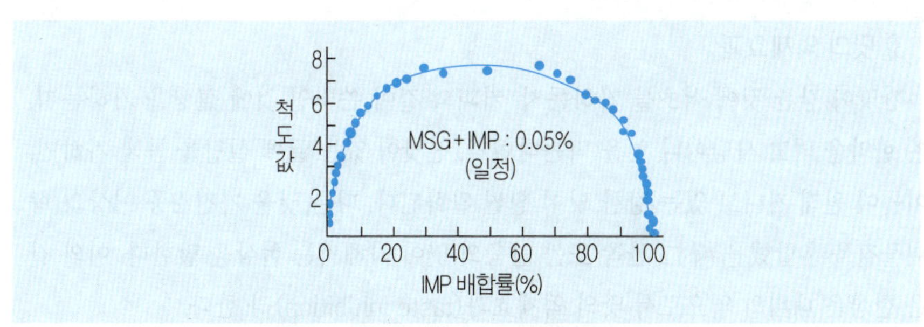

<그림 2-6> MSG와 IMP 배합량과 맛의 강도

2) 맛의 대비효과

설탕물에 소량의 식염을 첨가하면 단맛이 훨씬 증가하는데, 이와 같이 동일한 강도이어야 할 단맛이 식염을 가함으로써 강해진다. 또 화학조미료를 물에 용해했을 경우 그 맛이 별로 강하지 않아도 여기에 식염을 가하면 화학조미료의 맛난 맛이 훨씬 강하게 느껴짐을 알 수 있다. 검은 설탕이 흰설탕보다 단맛이 세게 느껴지는 것은 검은 설탕 속의 불순물이 단맛 성분을 강하게 하기 때문이다.

또한 단팥죽을 만들 때 설탕에 소량의 소금을 넣어 주면 단맛이 더욱 강하게 느껴지는 것과 사탕 제조 과정에 소금을 넣는 것도 같은 원리이다. 이것은 2종류의 이질의 맛을 혼합했을 때 한편이 다른 맛을 증가시키거나 양편 모두 증가되는 현상이다. 이와 같이 제1의 맛이 제2의 맛을 강하게 하는 현상을 맛의 대비효과(taste contrast)라고 하는데, 이러한 대비효과는 언제나 음식의 맛을 좋게만 하는 것이 아니라, 때로는 맛을 저하시키기도 한다. 설탕과 식염의 대비효과는 <표 2-9>와 같다.

〈표 2-9〉 설탕과 식염의 대비효과
(20% 설탕 용액 중의 설탕에 대한 식염의 양)

식염첨가물	단 맛 순 위
0 %	5
0.1	4
0.3	3
0.5	1
0.7	2
1.0	5
1.2	6 (단맛은 무첨가보다 약하다)
1.5	7 (약간 짠맛을 느낀다)

3) 맛의 억제효과

짠맛이 강한 것에 식초를 가하든지, 커피와 같이 쓴맛인 것에 설탕을 가하든지, 쓴 한약을 먹고 사탕이나 엿을 먹는다던지, 신맛이 있는 귤에 설탕을 듬뿍 가하면, 이들이 원래 지니고 있는 강한 맛이 훨씬 완화된다. 다른 맛을 가진 2종 이상의 향미물질을 혼합했을 때 그 한쪽 또는 양쪽의 맛이 약해지는 현상을 말한다. 이와 같은 현상은 대비의 역으로서 맛의 억제효과(taste inhibition)라 한다.

4) 맛의 상쇄효과

두 가지 맛을 내는 물질을 혼합함으로써 각각의 고유한 맛을 느끼지 않고 약해지거나 없어지면서 조화된 맛으로 느껴지는 것을 맛의 상쇄효과(taste compensation effect)라 한다.

즉, 김치를 담갔을 때 좀 짠 듯하던 맛이 김치가 익어감에 따라 맛이 알맞게 되는 것을 흔히 경험하는데, 이것은 김치가 익어가면서 생긴 유기산의 신맛이 짠맛을 상쇄하기 때문이다. 청량음료의 단맛과 신맛도 서로 상쇄되어 조화로운 음료수의 맛이 되는 것이다.

5) 맛의 변조효과

음식의 종류에 따라서는 먼저 먹은 맛의 영향으로 후에 먹은 것의 맛이 다르게 느껴지는 경우가 있는데, 이와 같은 현상을 맛의 변조효과(taste successiveness effect)라 한다. 커피나 약을 먹은 직후 마신 물이 달게 느껴지는 것이 그 예이다. 맛의 변조효과는 좋지 못한 경우도 많다.

- 진한 식염수──→물 ………단 맛
- 황산마그네슘──→물………단 맛
- 신 귤──→사과 ……………단 맛
- 신 레몬──→소금 …………단 맛
- 칫솔질 후──→과일 ………쓴 맛
- 오징어──→귤………………쓴 맛
- 아주 단맛의 과자 ──→과일 ……무맛(싱거운 맛)

이상과 같은 맛의 상승, 대비, 억제, 상쇄 등의 관계를 간추리면 <표 2-10>과 같다.

(2) 숙성에 의한 변화

위스키나 브랜디와 같은 증류주는 좋은 조건하에서 저장하면 향미가 좋아지고, 알코올의 자극적인 맛과 향이 감소해서 맛이 좋아진다. 즉, 30~40년 묵은 위스키나 진(gin)은 그 알코올량이 40% 이상인 데도 불구하고 미각상으로는 알코올량 10~15% 정도인 다른 알코올 음료의 자극밖에는 느껴지지 않는다. 이것은 알코올 수용액이나 증류주가 저장 · 숙성됨에 따라 유전율(誘電率)*이 감소하기 때문인데, 장기간 저장 중 액체의 구조가 변화해서 보다 안정한 분자 화합이 일어나서 분자간 에너지가 증가하기 때문에 유전율이 감소하는 것으로 추정된다.

<표 2-10> 맛 성분의 혼합 효과

맛이 강한 것 + 약한 것	맛의 변화	효 과	조리의 예
설탕액 + 식염액	단맛이 강해진다	대 비	팥고물
설탕액 + saccharin액	단맛이 강해진다	상 승	분말주스
glutamin산액 + inosin산액	맛난맛이 강해진다	상 승	멸치국
식염액 + 산액	짠맛이 약해진다	상 쇄	익은 김치
식염액 + inosin산액	짠맛이 약해진다	억 제	찌개
식염액 + 설탕액	복합맛이 난다	-	고기전골
glutamin산액 + 식염액	맛난맛이 강해진다	대 비	멸치국
산액 + 설탕액	신맛이 약해진다	억 제	마멀레이드
산액 + 식염액	신맛이 약해진다	억 제	초밥
설탕액 + alcohol액	단맛이 강해진다	상 승	칵테일
alcohol액 + 산액	알코올맛이 약해진다	억 제	칵테일
쓴맛액 + 설탕액	쓴맛이 약해진다	억 제	커피

이와 같은 물질 구조의 변화는 맛의 변화도 동반하여 숙성에 의하여 맛이 좋아지는 것이다. 그러므로 술을 몇 년씩 저장하는 것은 의미 있는 일이다.

＊유전율

유전체(誘電體)의 성질을 나타내는 수치로서, 유전율은 유전체가 전계(電界) 중에 놓였을 때 생기는 전기분극의 강도와 직접 관련이 있으며, 분극현상이 큰 유전체일수록 유전율이 크다.

간장은 메주를 소금물에 담가 볕이 잘 드는 곳에서 일정 기간 두면 숙성되어 특유한 맛과 향기가 형성되는데 이 국물을 걸러 달인 것이다. 간장은 그해에 담근 것을 묽은 간장 또는 청장이라 하고, 진간장은 묽은 간장을 오랫동안 묵힌 것을 말한다. 진간장은 묵힌 기간이 수십 년 된 것도 있고 기간이 짧은 것도 있으나, 오랫동안 묵힐수록 간장이 숙성되어 더욱 진한 색과 단맛을 가지게 된다. 이 맛은 시판되고 있는 공장에서 만들어진 진간장과는 다르다.

(3) pH와 맛의 변화

미각은 pH*의 변화와 더불어 변화한다. 즉, 일반적으로 인간의 미각은 산성인 것은 맛있게, 알칼리성인 것은 맛이 덜하게 느끼는 경향이 있다.

보통 맛있다고 느끼는 pH는 4~6 정도이고, 6 이상이 되면 점점 맛이 떨어진다. 또 pH 8 이상이 되면 소위 알칼리 맛을 나타내어 맛이 없어서 먹을 수 없게 된다.

조리시에 식초나 간장을 가하여 맛을 내는 경우가 있는데, 이것은 pH의 저하를 꾀하는 방법인 것 같다. 예를 들면, 생선 등의 단백질성 식품은 조금만 놓아두면 효소나 세균의 작용으로 단백질이 분해되어 암모니아(ammonia)나 아민(amine) 등 알칼리성 물질이 생성되어 식품이 알칼리성이 되기 때문에 식초를 가하면 pH를 내려서 맛을 좋게 하는 것이다.

일반적으로 발효생산물은 산성이고, 더욱이 완충력도 강하므로 양조한 조미료, 이를테면 식초나 간장 등은 요리의 pH를 내려서 맛을 좋게 하는 중요한 역할도 한다.

* pH

수소 이온 농도를 나타내는 기호인데, 다음과 같은 것을 뜻한다. 염산(HCl)을 물에 용해하여 희석액을 만들면 H^+와 Cl^-이온으로 하전된다. 용액 중에서 물질이 이온화하면 용액은 전류를 통하게 된다.

한편 물도 약간은 이온화해서 H^+이온과 OH^-이온의 양자가 생긴다. 물의 이온화량은 순수한 물일 때 22℃에서 1L당 g분자량(mol)의 10,000,000의 1의 H^+이온과 OH^-이온을 생성한다. 이 숫자는 10^{-7}로도 표시하는데 pH 7로 표시하기로 했다. H^+이온 농도가 OH^-이온의 농도와 같을 때가 중성이며, 용액 중에 H^+이온 농도가 증가하면 OH^-이온 농도는 감소한다.

그리하여 H^+이온 농도와 OH^-이온 농도의 양은 항상 10^{-14}로 일정하다. 예를 들면, pH 6인 용액에는 H^+이온이 OH^-이온보다 많은데, 이 두 이온의 양은 10^{-14}로 일정하다. 즉, pH 6인 용액의 H^+이온 농도는 10^{-6}인 것이다. 한편, pH 8인 용액에는 H^+이온보다 많아서 알칼리성이고, pH가 7보다 작으면 H^+이온이 OH^-이온보다 많아서 산성이다. 그리하여 pH의 숫자는 1에서 14 사이에 분포하고 있다.

(4) 유화(乳化)에 의한 맛의 변화

음식의 맛은 보통 수용액의 상태에서 느끼는 미각이다. 그러므로 기름과 물이 녹은 유화 상태에서는 수용액에서와는 다른 맛을 느낀다. 예를 들면, 식초와 기름을 섞기만 한 프렌치 소스와 유화한 마요네즈 소스와는 맛이 다르다.

대부분의 경우 유화에 의해서 맛이 부드러워진다. 또 유화된 맛은 혀의 예민도를 떨어지게 하므로, 맛의 농도가 약간 차이가 나도 느끼기가 어렵다. 조리에서는 이와 같은 유화작용을 이용해서 맛을 부드럽게 하기 위하여 기름을 사용하는 일이 많다. 서양요리에서는 버터를 많이 사용한다.

(5) 조리에 의한 맛의 변화

조리에 의한 가열로 전분의 호화와 단백질의 변성은 식품에 교질미를 부여한다. 식품의 조리에 의하여 Ex성분이 유출되어 국물의 맛난맛이 늘어나고 단맛, 맛난맛이 짠맛에 의하여 강화되는 등 다채로운 변화를 보여 준다. 또한 무와 양파의 디알릴술파이드(diallylsulfide)는 이들을 삶을 때 각각 메틸메르캅탄(methyl mercaptane)이나 프로필메르캅탄(propyl mercaptane)이 되어 단맛이 크게 증가한다.

(6) 부패에 의한 맛의 변화

식품이 부패되면 불쾌한 맛을 나타내게 된다. 쉰밥은 신맛(초산)을 나타내고, 오래된 생선은 지방의 분해에 의한 떫은맛(지방산, aldehyde 등)이나 아미노산의 분해에 의한 매운맛(histamine, tyramine)을 띤다. 오래된 청국장은 단백질의 분해가 진행되어 쓴맛(peptone)이 생긴다.

4 ■ 온도와 미각

미각의 예민도는 맛을 지닌 용액의 온도에 따라 상당히 좌우된다. <그림 2-7>은 Hahn이 측정한 결과이다.

사람들이 음식을 먹고 맛을 느끼는 적당한 온도는 10~40℃이다. 특히 30℃ 정도에서 예민하게 느끼며 이 온도에서 멀어질수록 미각은 둔해진다. 또한 맛의 종류에 따라 맛을 가장 잘 느낄 수 있는 최적온도의 범위는 서로 다르다.

4원미(原味)에 대하여 온도에 의한 미각의 변화를 보면 다음과 같다. 짠맛은 온도가 상승함에 따라 맛의 느낌이 둔해지고, 신맛은 온도가 변화해도 맛의 강도는

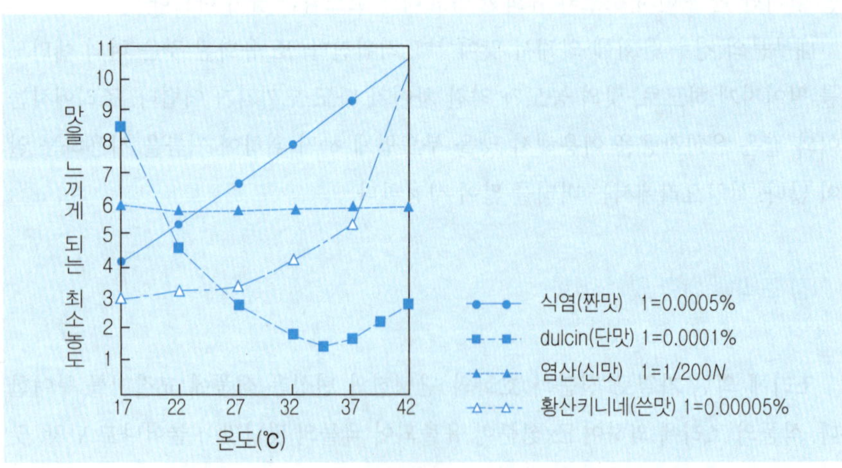

<그림 2-7> 미각의 감도와 온도와의 관계

변하지 않으며, 단맛은 체온 부근의 온도에서 가장 강하게 느끼고, 이 온도에서 멀어짐에 따라 높은 경우나 낮은 경우나 느낌이 급속히 둔해진다. 쓴맛은 저온에서부터 체온 부근까지 맛의 강도가 비슷하다가 체온 이상이 되면 급속히 맛의 강도가 낮아진다.

따라서, 과일류와 같이 신맛과 단맛의 혼합된 맛을 즐기는 경우 과일을 온도가 높게 해서 먹으면 단맛만을 강하게 느껴서 맛이 떨어진다. 그러므로 맛있게 먹으려면 차갑게 해야 한다.

또한 뜨거울 때 간을 맞춘 국을 식혀서 차가울 때 먹으면 짠맛과 향신료의 쓴맛을 강하게 느끼므로 주의해야 한다. 커피가 식으면 쓴맛이 강해지는 것도 이 온도와 미각의 변화 때문인 것이다.

반대로, 달게 느끼게 하기 위해서는 체온과 거의 같은 온도에서 먹으면 된다. 어떤 온도에서 맛의 균형이 취해진 경우, 그 온도가 변하면 각 맛의 미각이 서로 변화를 일으켜서 균형을 잃고 맛이 떨어진다. 그러므로 음식을 맛있게 먹으려면 먹을 때의 온도 조건이 대단히 중요하다.

각종 음식이 가장 맛있게 느껴지는 온도는 <표 2-11>과 같다. 뜨겁게 해서 먹는 음식은 체온 + 30℃ 전후가 적당한 온도이다. 감각생리학적으로 미각을 가장 잘 자극하는 온도는 10~30℃인데, 차갑게 해서 먹는 음식의 적온은 이 온도 아래에 집중되어 있다.

일반적으로 상쾌한 맛의 음료(사이다, 맥주 등)와 신맛이 있는 것은 차게 하고, 농후하고 복잡한 맛이 있는 것(수프, 우유 등)은 따뜻하게 먹는 것이 좋다.

<표 2-11> 음식의 맛있는 온도

음식 이름	온 도 (℃)	음식 이름	온 도 (℃)
커 피	60~70	포도주(白)	5~10
홍 차		맥 주	6~12
국 수		주 스	
국 국 물		냉 수	10
포도주 (赤)	15	아이스크림	-6

제3절 냄 새

우리는 냄새에 의해서 식욕을 일으키고, 또 먹으면서 더욱 맛있게 느낀다. 이를테면 감기가 들어 냄새를 잘 맡을 수 없을 때에는 음식의 맛도 느끼지 못한다. 즉, 냄새는 음식을 맛있게 먹도록 하는 중요한 역할을 하고 있는 것이다.

그런데 냄새가 미각에 대해서 좋은 영향을 주기 위해서는 몇 가지 조건이 있다. 첫째로, 냄새의 농도가 적당해야 한다. 예를 들면, 인공 분말 주스의 인공 향료의 농도가 너무 진하면 불쾌미를 느끼게 되고, 또 너무 흐리면 단맛만 나고 맛이 없다. 다음으로 중요한 것은 조리시에 나는 냄새가 식욕을 일으키게 하는 점이다. 불고기를 구울 때나 된장찌개나 카레를 끓일 때 냄새를 맡고 몹시 먹고 싶어지는 일 등이다. 커피도 마찬가지이다. 그러므로 조리시에 맛있는 냄새가 나도록 하는 것은 매우 중요하다. 이와 같은 목적으로도 조리에 향신료가 많이 쓰이고 있다.

1 후 각

맛과 마찬가지로 냄새를 내는 화학물질이 코 안에 있는 후각수용기(嗅覺受容器)를 자극하기 때문에 일어나는 감각이다(그림 2-8).

이 감각이 일어나려면 냄새나는 화학물질이 가스(gas)의 형태로 후상피(嗅上皮)에 닿아야 한다. 이 길에는 두 가지가 있는데, 하나는 코를 통해서 비강에서 후상피를 지나는 것이고, 또 하나는 입과 코는 한곳으로 통해 있어서 음식을 입에 넣고 씹고 삼킬 때 휘발성 물질이 입 안에서 후비공(嗅鼻孔)을 지나서 역류하는 것이다.

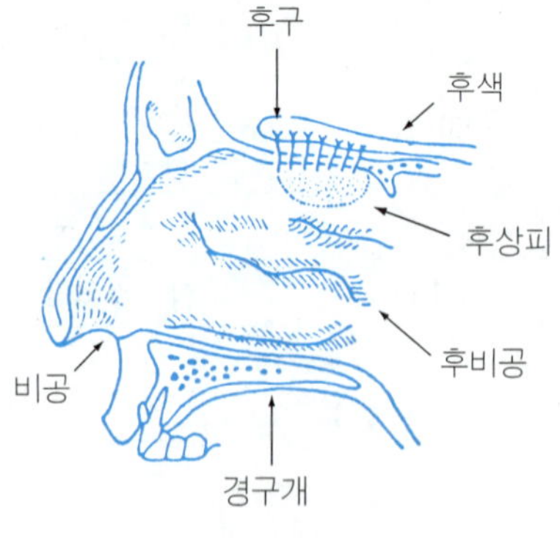

〈그림 2-8〉 후각수용기

후각의 기전에 대해서는 여러 가지 이론이 있는데, 분자량이 비교적 작은 미량의 휘발성 물질이 가스 형태로 후상피를 자극해서 후각의 중추에 전달되어 냄새로 지각되는 것으로 생각된다.

2 ■ 냄새의 성질과 분류

(1) 냄새의 성질

향기를 지닌 물질은 주로 아민(amine), 에스테르(ester), 유기산, 카르보닐(carbonyl), 알코올 등 분자량이 적은 것이다. 이들은 휘발성이고 분자 중에 냄새의 원인이 되는 원자단(NH_2, COOR, CHO, CO, OH 등)을 가지고 있다. 향미물질은 앞에서 말한 바와 같이 수용성인 것이 많은데, 냄새의 원인이 되는 물질은 지용성인 것이 많다. 미각과 마찬가지로 냄새물질은 각각 역치를 가지고 있다.

<표 2-12>에 의하면 메르캅탄(mercaptan)류의 역치 수치가 낮으므로 파, 양파 등의 냄새는 멀리서도 잘 맡을 수 있는 까닭을 이해할 수 있다. 사람은 약 200종의 냄새를 맡을 수 있다고 하는데, 후각은 개인 차이가 많고 순응하기 쉽다. 냄새의 순응이란, 같은 냄새를 계속 맡을 경우 그 냄새를 잘 느낄 수 없게 되는 것을 말한다.

〈표 2-12〉 냄새물질의 후각 역치 수치

물질명	mg/공기 1L
mercaptan	4×10^{-11}
camphor	1.0×10^{-8}
scatol	4×10^{-10}

(2) 식물성 식품의 냄새

식물성 식품을 가열하여 수증기가 증류될 때 얻어진 휘발성 화합물들로서 알코올, 알데히드(aldehyde), 케톤(ketone), 페놀(phenol), 테르펜(terpene), 에스테르(ester), 방향족 화합물, S-화합물 등이다.

① 알코올류 … 저급 알코올로 채소, 과일 등 대부분 식품의 향기성분으로서 들어 있다. 특히 술의 향기성분으로서 중요하다.

-사과 · 복숭아(methanol), 과일 · 술(ethanol), 사과 · 앵두 · 레몬(isoamyl alcohol), 차 · 녹색 채소 잎(β-γ-hexenol), 오이(2,6-nonadienol), 커피(furfuryl alcohol), 박하(menthol), 계피(engenol)

② 알데히드류 … 일반적으로 향기를 갖는 동시에 약간 자극적인 맛이 있다. 식품 중에서는 매운맛 성분으로도 작용한다.

– 홍차(α, γ–hexanal), 오렌지 · 레몬(citral), 박하(menthol)

③ 에스테르류 … 과일 향기의 주체로 저급지방산의 에스테르류이다. 인공향(imitation flavor)으로서도 많은 종류의 에스테르가 합성, 이용되고 있다.

– 사과 · 복숭아(amyl formate), 배(isomyl formate), 파인애플(ethyl-acetate), 바나나(isoamyl acetate), 송이버섯(methyl cinnamate), 포도(butyl phthalate)

④ S–화합물 … β, α 핵산알은 채소잎의 풋냄새의 성분이고, 메틸메르캅탄(methyl mercaptan), 기타의 유황을 함유한 화합물은 무, 양파, 부추, 마늘, 파 등의 주요 향기성분이다. 휘발성 황화합물은 일반적으로 악취를 내나, 소량 존재하면 식품의 향기를 크게 상승시키는 경우도 있다.

–무(methyl mercaptan), 양파(propyl mercaptan), 간장(γ–methyl mercaptopropyl alcohol), 파 · 마늘 · 양파 · 무(alkyl sulfide)

(3) 동물성 식품의 냄새

동물성 식품의 냄새는 생선류와 육류로 나누어 볼 때, 생선류는 주로 아민계이고 육류, 유제품은 지방산계의 것이 많다.

① 생선류의 냄새 … 살아 있는 생선은 트리메틸아민 옥사이드(trimethyl-amine oxide, TMAO)를 함유하고 있는데, 이는 냄새가 나지 않지만, 생선이 죽으면 세균의 작용을 받아서 환원되어 트리메틸아민(trimethylamine, TMA)이 생겨 비린 냄새가 난다.

$$\underset{\text{TMAO}}{CH_3-\overset{\displaystyle CH_3}{\underset{\displaystyle CH_3}{\overset{|}{\underset{|}{N}}}}=O} \xrightarrow[\text{세균}]{} \underset{\text{TMA}}{CH_3-\overset{\displaystyle CH_3}{\underset{\displaystyle CH_3}{\overset{|}{\underset{|}{N}}}}} + \text{비린 냄새}$$

담수어 냄새의 본체는 해수어의 비린내를 나게 하는 트리메틸아민이 아니고 담수어 체표면에 있는 피페리딘(piperidine)이다.

또 생선의 단백질, 아미노산 등이 세균의 작용을 받아 분해되어 다음과 같은 물질을 생성하게 되는데, 이들이 생선 비린내의 성분이다. 생선은 상하면 황화수소, 인돌(indol), 스카톨(skatol), 메틸메르캅탄 등에 의해 부패취로 된다.

arginine ⟶ putrescine ⟶ pyrrolidine
lysine ⟶ cadaverine ⟶ piperidine

② 육류의 냄새 … 신선한 쇠고기의 냄새는 주로 아세트알데히드(acet-aldehyde)에 의한 것인데, 신선도가 떨어지게 되면 암모니아, 황화수소, 인돌, 스카톨, 메르캅탄 등이 생성되어 악취가 난다. 암모니아는 요소가 세균의 작용으로 분해함으로써 생긴다.

$$\text{urea} \xrightarrow[\text{세균}]{H_2O} 2NH_3 + CO$$
ammonia

③ 우유 및 유제품의 냄새 … 우유 및 버터의 향기는 저급지방산과 아세톤, 아세트알데히드 등이 주체이다. 치즈는 종류에 따라 매우 복잡한 향기를 가지는데 보통 알코올류, 케톤류, 알데히드류, 산류 그리고 이들의 에스테르 등이 그 주성분들이다.

3 조리에 의한 냄새의 변화

(1) 가열에 의한 냄새의 생성

식품이 본래 가지고 있던 향이 조리시 가열 등의 조리조작으로 인하여 복잡한 화학변화를 일으켜 여러 가지 물질을 생성하므로 이것이 각 조리음식 특유의 냄새가 된다. 예를 들면, 고기를 구울 때 발생하는 냄새는 육류 성분인 여러 아미노산(amino acid)과 지방, 지방산, 메티오닌(methionine)이 반응하고, 또 조미한 간장, 설탕 등에 반응하여 생성된 복잡한 성분이라 할 수 있다. 또 어패류를 조리할 때의 냄새는 어류의 냄새 성분인 피페리딘, 트리메틸아민, 메틸메르캅탄 등이 가열에 의하여 조미료 성분과 반응하여 발생한 것이다.

일반적으로 식품을 가열하면 가열 향기를 생성하는데, 그 주된 방향물질은 당류와 아미노산(단백질 포함)이다. 아미노산이나 단백질의 가열 생성물은 아미노 냄새가 강해서 좋은 냄새가 아닌데, 당류와 공존했을 경우 메일라드(maillard, amino-carbonyl) 반응의 최종 산물은 멜라노이딘(melanoidine)이라고 하는 갈색 색소이지만 그의 중간 생성물 및 부산물이 구수한 냄새를 지녀서 가열 향기의 중요한 성분을 이룬다. 아미노산과 당의 종류가 변하면 여러 가지 향기류가 생성되는데 이들 성분간 반응은 온도, 가열 시간, 수분 함량 등의 가열 가공 조건에 따라서 크게 영향을 받아서 생성하는 향기 성분의 비율이 달라진다.

일반적으로 식품 냄새의 좋고 나쁜 것은 이를 구성하고 있는 여러 종류의 향기 성분 간의 양적 균형에 의해 정해지므로 좋은 냄새를 내는 가열 조건이 중요하다.

<표 2-13>에 각종 아미노산과 포도당(glucose)을 가열 갈변시켰을 때 생기는 향기의 특성을 표시했다.

당류 등을 160℃ 이상으로 가열하면 여러 가지 향기가 발생한다. 쌀로 밥을 지을 때 식욕을 돋우는 방향이 발생하는데 이때 소량의 암모니아, 아세트알데히드, 아세톤 등이 주성분으로 존재하고, 아주 극히 소량의 H_2S도 확인되고 있다. H_2S는 삶은 달걀의 독특한 냄새지만 양이 많으면 악취가 되고 미량의 경우에는 방향을 이루므로 취반시 방향의 한 요인이 된다고 생각된다. 암모니아, 아세트알데히드의 극히 묽은 용액은 쌀밥과 비슷한 방향을 이룬다.

식빵은 이스트(yeast)에 의한 발효와 굽는 과정에서 풍부한 향기가 생긴다. 발효에 의하여 생성된 아세톤은 산화되어 디아세틸로 식빵 향기의 한 요인을 이루고, 또 발효 과정에서 여러 가지 알코올이나 에스테르가 생성된다. 또 굽는 과정

〈표 2-13〉 아미노산과 포도당을 가열 갈변시켰을 때 냄새

아미노산	180℃	100℃
glycine	캐러멜 냄새	
alanine	캐러멜 냄새	
valine	자극성이 강한 초콜릿 냄새	보리빵 냄새
leucine	치즈를 구울 때 냄새	단 초콜릿 냄새
isoleucine	치즈를 구울 때 냄새	
phenylalanine	제비꽃 냄새	단꽃의 냄새
tyrosine	캐러멜 냄새	
methionine	감자 냄새	감자 냄새
histidine	옥수수빵 냄새	
threonine	누른(탄) 냄새	초콜릿 냄새
aspartic acid	캐러멜 냄새	설탕 냄새
glutamic acid	버터볼 냄새	초콜릿 냄새
arginine	설탕이 탄 냄새	팝콘 냄새
lysine	빵 냄새	
proline	빵 냄새	단백질이 누른(탄) 냄새

에서 갈색으로 되는 것은 메일라드 반응에 의한 것이다.

채소들은 삶으면 양의 차이는 있으나 H_2S, 포름알데히드(formaldehyde), 메르캅탄, 아세트알데히드, 에틸메르캅탄(ethyl mercaptane), 디메틸술파이드(dimethyl sulfide), 프로필메르캅탄(propyl mercaptane), 메탄올(methanol) 등이 생성된다. 배추류 식물에 속하는 채소의 잎, 뿌리나 여러 가지 식물의 종자에서는 특히 디메틸술파이드가 다량 발생한다.

양파, 파류는 가열하면 메틸메르캅탄(methyl mercaptane)이 많이 생긴다. 이것은 파냄새의 주성분인 디메틸술파이드가 환원된 것이고, 익은 양파, 파류의 감향물질로서 단맛을 내게 한다.

생선을 구울 때의 향기는 생선 냄새인 피페리딘과 생선 중의 지방산이나 조미료 중의 당분, 아미노산 등이 반응하여 생긴다. 또 생선을 지나치게 구울 때의 자극취는 지방의 글리세린(glycerine)이 분해하여 생긴 아크롤레인(acrolein)에 의하는 바가 크다. 문어를 삶거나 오징어를 구울 때 생기는 냄새는 지미성분인 타우린(taurine)이 다른 질소화합물과 반응하여 생성된 것이라 한다.

(2) 훈증에 의한 냄새의 생성

톱밥 등이 산소의 공급이 불충분한 상태에서 연소하면 많은 연기가 나온다. 이 연기 속에 식품을 넣고 가온과 훈연의 침작을 동시에 한 것이 훈제품이다. 훈연 중에서 목재의 성분이 열분해를 받아 생성한 메탄올, 초산 등 저분자의 것과 더불어 페놀(phenols), 피리딘(pyridine) 유도체가 많다. 이들은 다같이 강한 특유한 향이 있고 다시 식품 중의 성분과 2차적으로 반응하여 특징 있는 냄새를 만드는 동시에, 이들 훈연성분은 살균성이 강하기 때문에 보존식품에 널리 이용된다.

(3) 발효에 의한 냄새의 생성

식품을 미생물에 의하여 발효시키면 독특한 향기를 갖게 된다. 청주, 맥주, 포도주, 된장, 간장, 김치 등의 방향은 각각의 원료 속의 탄수화물, 단백질, 아미노산 등의 성분이 미생물의 대사에 의하여 생성된 여러 가지 유기산, 알코올, 에스테르, 알데히드, 케톤의 혼합취이다. 각종 주류와 된장, 간장, 식초, 김치 등의 발효 식품은 특유한 냄새를 낸다.

① 알코올성 음료는 세계 각지에서 만들어지고, 여러 가지 발효원료(주로 곡류,

과일 중의 탄수화물)에 미생물을 작용시켜 독특한 제품을 만든다. 이때 향기는 가장 중요한 인자로서 청주, 포도주, 위스키, 브랜디 등 다같이 발효 중에 독특한 향기를 형성한다. 청주의 향기 성분은 알코올이 주이고, 이 밖에 아세톤, 알데히드, 푸르푸랄(furfural), 그리고 에스테르류도 있다.

② 고단백질의 원료를 사용한 발효 식품은 발효 중 단백질과 아미노산의 분해가 심하게 일어나고 다시 개성적인 향기가 생긴다. 동물성 단백질로서 우유 단백질을 이용하는 치즈, 식물성 단백질의 경우는 된장, 간장 같은 조미료가 만들어진다.

㉠ 간장(청장) … 간장 고유의 향기는 이소메틸 메르캅토프로필 알코올(isomethyl mercaptopropyl alcohol)이고, 그 밖에 알데히드, 케톤, 페놀, 에스테르, 테르펜, 아민류 등이다. 간장을 달일 때 나는 냄새는 페놀계 물질로서 간장에 서식하는 곰팡이의 번식을 억제한다.

㉡ 된장 … 된장의 냄새의 주성분은 α-메틸 메르캅토프로피오산(α-methyl mercaptopropionic acid)의 에틸에스테르(ethyl ester)이고, 이 밖에 아세트산(acetic acid), 낙산(butyric acid), 아세톤, 암모니아 등도 된장 냄새의 일부를 이룬다.

③ 향기 성분 중의 알코올 및 알데히드는 대응하는 아미노산에서 만들어진다고 생각되며, 특히 간장의 특이한 향의 하나로 메탄올인 γ-메틸 메르캅토프로필 알코올(γ-methyl mercaptopropyl alcohol)은 간장 속에 존재하는 L-메티오닌(L-methionine)이 탈아미노, 탈탄산되어 생긴 것이다.

④ 진간장의 향기 중의 푸르푸랄, 말톨(maltol)은 당질의 배초에 의하여 생기는 초취로서, 식빵의 초취와 공통되는 것이다.

⑤ 김치는 주로 젖산 발효로 익기 때문에, 김치 냄새는 젖산에 기인한다. 그리고 오래된 김치에 군내가 나는 것은 낙산균이 번식하여 낙산이 생성되기 때문이다.

4 ■ 향기의 소멸

식품의 향기는 조리 및 저장에 따라 소멸하는 경우가 있다. 이것은 향기 성분이 휘발 또는 분해되거나 다른 물질과 반응하여 냄새를 상실하기 때문이다. 이처럼 향기로운 냄새의 상실은 좋지 않으나 생선 비린내나 돼지고기나 다른 육류의 냄새 등과 같이 좋지 않은 냄새는 소멸되는 것이 바람직하다.

향을 즐기는 커피나 차 등을 저장할 때 습기로 인하여 냄새가 감소되는 경우가 있다. 그러므로 향이 좋은 식품은 밀폐된 용기에 넣어 암냉소에 보관하여야 향을 즐길 수가 있다.

치즈나 버터처럼 향이 있는 식품은 밀폐된 용기에 담아 냉장고나 냉동고에서 보관했다가 꺼내서 실온에서 10분 이상을 방치했다가 뚜껑을 열면 향이 살아나 제대로 식품의 향을 즐길 수가 있다.

제 4 절 색

1 식품의 색과 미각

우리 시각에 비치는 물체의 빛깔은 색소의 존재에 의한다. 색소는 태양광선 가운데서 파장이 긴 적외선과 파장이 짧은 자외선을 제외한 중간파장의 광선(적, 등, 황, 녹, 청, 남, 자색)을 반사함으로써 눈의 망막을 자극하여 시신경과 시각중추에 전달되어 빛깔을 띠게 된다. 이러한 색채는 미각에 큰 영향을 미친다. 일반적으로 색이 진한 것이 흐린 것에 비해 맛을 강하게 느끼는 경향이 있다. 또 적색은 일반적으로 달게, 그리고 맛을 강하게 느끼게 하는 경향이 있고, 녹색은 신맛을 느끼게 하는 효과가 있으며, 황색은 맛을 흐리게 느끼게 한다.

예를 들면, 커피를 끓여 3등분한 다음 그 옆에 황 · 녹 · 적색의 표시를 붙인 커피 병을 놓고 미각 실험을 하면, 황색 병 옆의 커피는 맛이나 향이 모두 흐리게 느껴진다. 그러나 녹색 병 옆에서는 신맛을, 적색 병 옆의 커피에서는 맛도 향도 진하게 느껴진다는 답이 압도적으로 많다. 이것은 커피뿐 아니라 다른 음식에서도 같은 경향이 있다.

미국의 색채학자인 Cheskin은 버터와 마가린에다가 적당히 착색하고 나서 여러 사람에게 먹여 어느 것이 정말 버터인가를 실험하였더니, 대다수의 사람이 흰 버터를 마가린이라 하고, 황색 마가린을 맛있는 버터라고 답하였다.

또 Cheskin은 식습관된 그 음식의 색은 식욕을 증가시키지만, 서투른 색의 음식은 식욕을 저하시킴을 확인하였으며, 이를테면 적색으로 염색한 오렌지 주스나 청색의 아이스크림은 아무도 먹으려 하지 않았다고 보고하였다.

그러므로 조리시 음식의 색에 대해서도 깊은 주의를 기울여야 한다. 그런데 가열 조리시에 나쁜 방향으로 변색하는 경우가 많다. 따라서 식품의 색을 연구해서 좋은 조건으로 조리가 되도록 하는 것도 조리과학의 한 과제라고 볼 수 있다.

2 ▪ 색의 분류

(1) 식물성 식품의 색

1) 클로로필(엽록소)

녹색 색소로서 식물계에 널리 분포되어 있으며, 엽록체(chloroplast) 속에 카로티노이드(carotenoid)와 공존(chlorophyll : carotenoid = 3.5 : 1)하고, 광합성을 촉매하며, 이것이 있는 곳에 비타민 C도 함유되어 있다.

클로로필(chlorophyll)은 산성액, 특히 pH 4 이하인 산성액 중에서 가열하면 Mg^{2+}이 유리되고 페오피틴(pheophytin)이 되어 황색으로 변색한다.

$$\text{chlorophyll-Mg} + 2H^{+} \longrightarrow \text{pheophytin} + Mg^{2+}$$

채소를 끓이면 채소 속에 함유되어 있는 유기산으로 인하여 위의 반응이 일어나서 채소의 색이 변하게 되는 것이다. 그러므로 채소를 데칠 때 냄비 뚜껑을 열어 놓으면 유기산이 휘발해서 채소의 변색을 막게 된다.

김치나 오이지 등 녹색 식품을 오래 저장하면 갈색을 띠게 되는데, 이것도 발효에 의하여 생긴 초산과 젖산이 클로로필에 작용하기 때문이다. 이때 소량의 중탄산소다를 가하면 변색을 막고 녹색이 선명해지는데, 이것은 클로로필의 측쇄가 떨어져 나가고 클로로필린(chlorophyllin)이 생성되기 때문이다.

$$\text{chlorophyll} \xrightarrow{OH^{-}} \text{chlorophyllin}$$

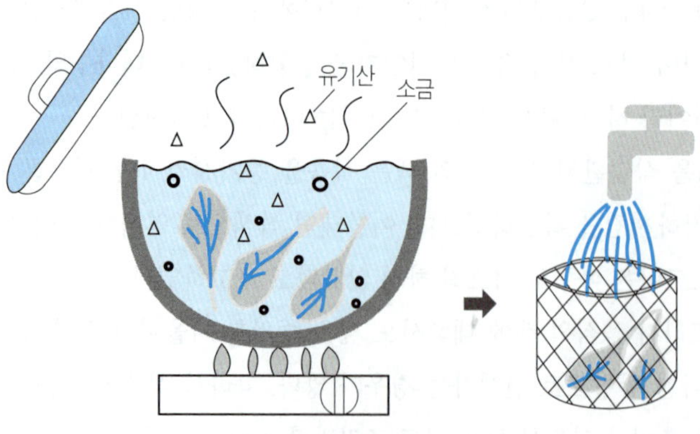

〈그림 2-9〉 클로로필 변색방지법

또 고온으로 단시간 가열하여도 클로로필을 클로로필린으로 변화시킬 수 있으므로 건조 채소나 채소를 냉동시킬 때 이용하고 있다.

클로로필은 중금속 이온과 결합하기 쉬운 성질이 있다. 클로로필을 황산구리와 같이 가열하면 안정한 녹색의 Cu-클로로필이 되는데, 이것을 완두콩 등 녹색 식품의 가공 · 저장에 이용하고 있다.

채소를 데칠 때 식염을 가하여 2% 용액으로 하면 클로로필의 변색을 어느 정도 막을 수 있다. 데쳐진 채소는 바로 냉수나 얼음물로 차게 씻어두면 변색을 방지할 수 있다. 클로로필은 녹색 채소뿐 아니라 익지 않은 과일에 많은데, 과일이 익으면서 클로로필은 줄어들고 카로티노이드 같은 색소들이 클로로필보다 많아져서 익은 과일 특유의 색깔이 나게 된다.

2) 카로티노이드계 색소

천연색소로 자연계에 가장 많은 색소이고, 동식물성 식품에 널리 분포되어 있는 노랑 · 주황 · 빨간색의 색소이다. 식물체에 존재할 때에는 지방산과 결합하여 에스테르를 이루고 있어서 비교적 안정하지만, 카로티노이드(carotenoid)가 떨어져 나오면 변색되기 쉽다. 물에는 불용이고 기름에 용해된다. 열에 비교적 안정하며, 조리에 사용하는 정도의 약산과 약알칼리에는 파괴되지 않는다. 그러나 산화에는 약해서 공기 중의 산소나 산화효소 등으로 쉽게 산화되어 퇴색하고, 햇빛은 산화를 촉진시킨다.

카로티노이드 색소들은 식품의 색소로서도 중요하지만 사람이 섭취했을 때 레티놀(retinol)의 전구체로서도 중요하다. 또한, 항산화성을 가져 지질의 과산화를 억제하며, 노화 방지, 암, 동맥경화 등을 억제하는 기능을 가지고 있다고 한다. 그러므로 기름을 써서 조리하면 유효 성분의 흡수율이 좋아진다.

카로티노이드는 카로틴(carotene)류와 크산토필(xanthophyll)류로 크게 나뉘는데, 카로틴류는 이소프렌의 축합체로 산소가 없는 탄화수소이고, 크산토필류는 산소를 품고 있는 카로틴류의 유도체이다.

① 카로틴류

㉠ α-카로틴 : 당근, 차잎, 고추

㉡ β-카로틴 : 당근, 고구마, 호박, 시금치

㉢ γ-카로틴 : 당근, 살구, 감귤

㉣ 라이코펜(lycopene) : 수박, 감자, 토마토, 감, 앵두

② 크산토필류

㉠ 루테인(lutein) : 녹색 채소

㉡ 크립토크산틴(cryptoxanthin) : 옥수수

㉢ 캅산틴(capsanthin) : 고추

㉣ 푸코크산틴(fucoxanthin) : 해초

3) 안토시안

식물의 꽃, 과일, 잎 등에 특히 선명한 빨강, 보라, 파랑 등의 아름다운 색은 안토시안(antocyan)계 색소에 의한 것으로, 딸기 중의 프라가린(fragarin, 적색), 가지의 나수닌(nasunin, 적색), 히아신(hyacin, 청색), 포도의 웨닌(oenin, 심홍색), 검정콩의 크리산테민(chrysanthemin, 암적색) 등이다. 안토시안은 매우 불안정하여 가공이나 저장 중에 급속히 변색하여 식품의 품질을 크게 저하시킨다.

안토시안은 수용성의 폴리페놀(polyphenol) 색소로서 pH에 따라 색이 변한다. 산성에서는 빨간 예쁜색을 나타내는데, 알칼리성에서는 오록색으로 변화하는 경우가 많다. 고구마에다 중탄산소다를 가하면 녹색을 띠는데, 이것은 적색을 약간 함유한 담황색의 안토시안이 알칼리성으로 인하여 변색하기 때문이다.

안토시안계 색소는 철이나 알루미늄 등과 결합해서 안정화된다. 가지를 절일 때 명반이나 못을 넣는 것은 이 청자색을 얻기 위해서이다. 적색 과일로 통조림을 할 때 내면에 래커칠을 하는 것은 안토시안이 통조림 그릇의 철이나 주석과 반응하여 자색으로 변색되는 것을 방지하기 위해서이다. 안토시안은 열에 대하여 안전해서 조리시의 가열로 변색되지 않는다.

4) 플라본계의 색소(flavonoid류)

식물의 꽃이나 잎, 종자 등에 함유되어 있는 색소로서 파슬리 중의 아피게닌(apigenin), 귤이나 레몬 껍질의 헤스페리딘(hesperidin), 차잎의 캠프페롤(kaempferol), 양파 겉껍질의 퀘르세틴(quercetin), 메밀 중의 루틴(rutin) 등이 플라본(flavon)계 색소에 속한다. 이들 색소는 수용성으로 산성에서는 무색, 알칼리성에서는 황색을 나타낸다. 밀가루에 중탄산소다를 첨가한 튀김의 껍질 또는 빵이 노란색을 띠는 것은 이와 같은 이유에서이다.

또 양배추, 양파, 콩 등을 가열하면 노란색이 선명하게 되는데, 이것은 플라보노이드가 가열에 의하여 변색되기 때문이다. 그러나 고온으로 계속 가열하면 황색에

서 갈색으로 변색하고, 나중에는 검은색으로 변한다. 또 철염과 작용하면 녹자색으로 변한다. 영양상으로 비타민C의 효과를 높이고 모세혈관의 증강작용을 하는 비타민 P는 바로 헤스페리딘이라고 생각된다.

(2) 동물성 식품의 색

1) 헴계 색소

쇠고기나 돼지고기 등의 적색은 주로 육색소인 미오글로빈(myoglobin)과 혈색소인 헤모글로빈(hemoglobin)에 의한 것인데, 그 대부분을 차지하는 것은 미오글로빈이다. 이들은 다 적색 색소체 헴(heme)을 가지며, 단백 부분이 다르다. 헴은 포르피린(porphyrin)이 철과 결합된 것이다.

헤모글로빈은 선명한 적색을 나타내지만, 가열하거나 공기 중에 방치하면 산화되어 적색의 옥시헤모글로빈(oxyhemoglobin)을 거쳐 담갈색의 메트헤모글로빈(methemoglobin)으로 변한다. 고기를 구울 때의 색의 변화는 이와 같은 과정으로 인한 것이다.

$$\underset{\text{적색}}{\text{hemoglobin}} \xrightarrow[\text{(공기 중에서)}]{+O_2} \underset{\text{선명한 적색}}{\text{oxyhemoglobin}} \xrightarrow[\text{(공기 중에서)}]{+O_2} \underset{\text{담갈색}}{\text{methemoglobin}}$$

공기 중에서의 이와 같은 변화를 막고 헤모글로빈의 색을 안정화시키기 위해서는 원료 고기를 질산칼륨(KNO_3 : 초석)이나 아질산칼륨(KNO_2) 용액에 담근다. 그러면 저장 중 질산칼륨이 세균의 작용을 받아 아질산염으로 환원되고, 이것이 고기 속에 들어가 젖산(lactic acid)의 작용을 받아 NO기로 변한 다음 헤모글로빈과 결합하여 안정하고 선명한 적색의 니트로소헤모글로빈(nitrosohemoglobin)이 생성된다. 햄이나 소시지는 이와 같은 방법으로 만든 육류가공품이다.

$$KNO_3 \xrightarrow{\text{세균}} KNO_2 \xrightarrow{\text{젖산}} HNO_2 \xrightarrow{\text{젖산}} NO \xrightarrow{\text{hemoglobin}} \text{nitrosohemoglobin}$$

갈색인 메트헤모글로빈이 다시 선명한 적색을 띠게 하기 위해서는 비타민 C(ascorbic acid)를 첨가한다. 이것은 산화된 메트헤모글로빈이 비타민 C에 의해 헤모글로빈으로 환원되기 때문인데, 여기에 초석용액을 작용시키면 앞에서와 같은 반응으로 니트로소헤모글로빈을 생성하여 적색이 안정된다.

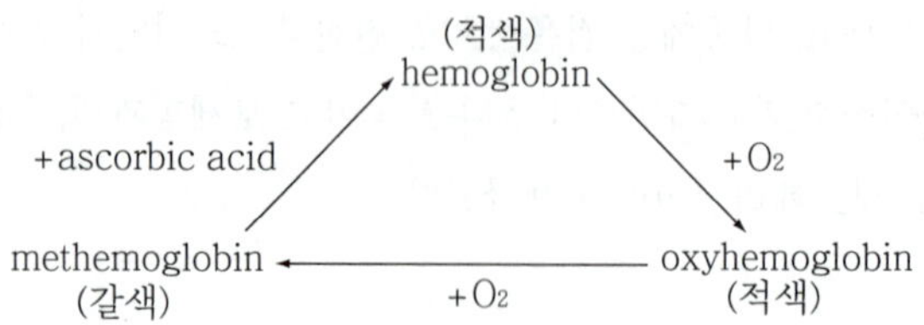

2) 카로티노이드계 색소

동물성 식품의 노란색 내지 주황색은 카로티노이드(carotenoid)계 색소에 기인하는 경우가 많다. 우유의 미황색, 버터의 황색은 산소를 품지 않는 카로틴류(hydrocarbon carotenoid)에 의한 것이고, 달걀노른자의 황색은 산소를 품고 있는 크산토필(xanthophyll)류의 루테인(lutein)에 의한 것이다.

연어나 송어의 살과 알의 등적색은 살먼산(salmenic acid) 및 아스타신(astacin)에 의한 것인데, 이것은 다 크산토필에 속하며 서로 이성체이다. 아스타신의 환원물을 아스타크산틴(astaxanthin)이라 하는데, 이것은 단백질과 결합하여 새우, 게 등의 껍질의 회록색을 이룬다. 이것은 가열에 의하여 단백질과 분리되고, 또 산화되어 적홍색의 아스타신으로 된다. 열에 비교적 안정하며 조리에 사용되는 정도의 약산과 약알카리에는 파괴되지 않는다. 그러나 산화에는 약해서 산소나 산화효소 등으로 쉽게 산화되어 퇴색하고 햇빛은 산화를 촉진시킨다. 지용성이라 기름을 사용하여 조리하면 유효성분의 흡수율이 좋다.

astaxanthin (회록색) + 단백질 —가열→ astacin (적홍색)

3) 형광물질, 기타

달걀흰자, 우유, 생선의 눈 등에서 황록색을 약간 띠는 형광물질이 들어 있는데, 이것은 리보플라빈(riboflavin, 비타민 B_2)이다. 연어나 송어의 살에서 볼 수 있는 엷게 비치는 형광빛은 살먼산이며, 생선 껍질이 빛의 간섭을 받아 예쁜 광채를 내는 것은 구아닌(guanine) 때문이다. 모조진주의 빛깔은 생선 비늘에서 얻은 구아닌의 빛깔이다. 또, 생선 껍질의 검은색은 멜라닌(melanin) 색소로 인한 것이다.

3 조리에 의한 변색

식품은 조리 중에 그 색이 변하는 경우가 많은데, 이것은 순수한 화학변화로 인한 것과 효소의 작용으로 인한 것이 있다.

(1) 화학변화에 의한 변색

① 메일라드 반응(amino-carbonyl 반응) … 아미노산과 환원당이 반응하여 갈색의 멜라노이딘(melanoidine)을 생성하는 반응인데, 조리 중 식품이 갈변하는 것은 이 메일라드(maillard) 반응에 의한 경우가 많다.

갈변은 pH 6.5~8.5에서 빨리 일어나고, 온도가 10℃ 상승하면 변색되는 속도가 3~5배나 빨라진다. 또, 반응물질의 농도가 높을수록 빠르나 완전한 건조상태에서는 진행하지 않고 수분 10~15%에서 갈변되기 쉽다고 한다. 갈변을 막으려면 식품에 아황산염, 시스테인(cysteine) 등을 가하여 알맞게 처리해야 한다.

간장, 된장 등은 메일라드 반응에 의한 착색을 식품의 특징 있는 색으로 이용하고 있으며, 생선이나 쇠고기를 구울 때 메일라드 생성물은 이들 식품 특유의 향미를 낸다. 그러나 200℃ 이상에서 메일라드 반응이 일어나면 악취가 난다.

② 캐러멜화 … 당류를 가열하면 130℃쯤에서 변색되기 시작하여 190℃까지 가열하면 짙은 갈색(caramel색)으로 변하는데, 당류 중에서도 과당(fructose)이 캐러멜(caramel)화되기 쉽고, 포도당(glucose)은 과당보다 늦다.

캐러멜은 간장, 청량 음료수, 양주, 약식, 과자류 등의 착색에 이용되며, 식품 가공시에 일어나는 캐러멜화는 식품의 색조나 풍미에 중요한 영향을 준다.

③ 타닌(tannin)과 철 … 차, 감, 우엉 등과 같이 타닌의 함량이 많은 식품은 칼이나 금속용기에서 철이온이 용출되어 섞이면 서로 반응하여 살색 내시 흑색을 띤다. 철은 2가보다 3가 ion이 더 변색하기 쉽고, 발색(發色)의 정도는 식품 중 타닌의 함량에 따라 다르다.

(2) 효소의 작용에 의한 변색

사과의 껍질을 벗긴 채 방치하면 점점 갈색으로 변하는데, 이것은 사과에 함유된 저분자성인 폴리페놀(polyphenol)이 사과 속에 있는 폴리페놀산화제(polyphenol oxidase)의 작용으로 산화되어 퀴논(quinon)을 생성하기 때문이다.

폴리페놀 산화제는 단일물이 아니며, 일반적으로 원료식물에 함유된 폴리페놀류를 원료식물의 pH에서 가장 잘 작용시킨다. 원료식물이 다르며 변색된 색상이 다른 것은 기질이 되는 페놀의 종류가 다르고, 그 함량이 다르기 때문이다.

껍질을 벗긴 사과의 갈변은 식염수에 담그면 막을 수 있다. 이것은 껍질을 벗겨서 조직이 파괴되어 활성화된 폴리페놀 산화제의 활성을 식염수가 저지시키기 때문이다.

또 사과의 갈변은 사과 속에 비타민 C(ascorbic acid)가 있으면 폴리페놀의 산화 생성물인 퀴논을 환원하기 때문에 잘 변색되지 않는다. 그러므로 사과의 변색을 막으려면 1~2% 식염수에 담그거나 식염수에 비타민 C 100~300mg%를 가하여 10분간 담그면 약 1시간 동안 사과의 갈변은 일어나지 않는다.

우엉도 강력한 폴리페놀 산화제라는 효소를 가지고 있기 때문에 껍질을 벗기고 썬 후 빨리 물에 넣어 씻지 않으면 급속히 녹갈색으로 변색한다. 이 효소의 작용은 pH 4.8에서 가장 활발하고, pH 4 이하에서는 활성이 저하된다. 그러므로 pH 4 이하인 물에서 처리하면 갈변을 막을 수 있다.

일반적으로 효소 반응에 의한 갈변은 금속 이온, 특히 철과 구리 이온이 촉진하므로 용기, 용수 등의 이들 이온량에 대하여 세심한 주의를 기울여야 할 것이다.

감자의 껍질을 깎고서 절단하였을 때 생기는 갈변은 감자에 존재하는 티로신(tyrosine)이 티로시나아제(tyrosinase)에 의해 산화되어 멜라닌색소를 형성한다. 티로시나아제는 Cu^{2+}에 의해 활성을 갖고 Cl^{-}에 의해 억제되므로 소금물에 담그거나, 수용성이므로 감자를 깎아서 물에 담그면 갈변이 일어나지 않는다.

제 5 절 효 소

1 ▪ 효소의 작용과 분류

살아 있는 생물체의 생명을 이어가는 대사과정에는 여러 가지 물질들, 즉 영양소들이 많이 필요하다. 이러한 물질들은 외부로부터 섭취해서 여러 가지 형태로 변화되거나 또 다른 필요한 물질들로 합성하기도 한다. 즉, 사람들이 밥을 먹고 소화, 흡수, 저장, 배설하는 등의 끊임없는 인체에서의 대사과정들이 일어난다. 이러한 과정들은 사람뿐만 아니라 살아 있는 생명체 내에서 복잡한 화학작용들이 일어나 일련의 대사과정들이 진행되어 생명 현상이 이어진다. 이때 복잡한 화학작용과 변화를 촉진시키고 매개시키는 것이 효소이다.

(1) 효소의 작용

효소는 특별한 기능을 갖는 고분자 단백질 분자로 동 · 식물의 살아 있는 세포

조직 내에서 생성 · 분포되어 생체 내의 반응을 촉진하거나 억제하며, 그 자체는 변화를 받지 않으면서 화학반응을 촉진하는 촉매제로서 작용한다. 효소는 생물의 종류, 생체기관의 종류, 대사기구 및 환경의 차이 등에 따라서 각각 다른 효소가 존재하며, 분자량은 약 만~수십만으로 알려져 있다.

효소 반응이 식품의 조리와 이용에 바람직하지 않게 작용할 경우에는 이를 억제하는 방법을 쓰고, 유익하게 작용할 경우에는 효소 작용을 촉진시키는 방법을 사용함으로써 식품 자체나 조리된 식품의 질적 향상을 위해 적절하게 조절하며 이용한다.

가공하지 않은 상태의 식품에 존재하는 효소는 극미량으로 분해 및 합성 등의 화학반응을 촉진시키는데, 효소가 식품에 작용하는 예를 보면 다음과 같다.

① 육류의 자가숙성에 의한 연화작용, 치즈 · 된장 · 고추장의 숙성과 같이 식품 중의 효소 작용을 적극적으로 이용하는 경우이다.

② 일반적인 식품의 선도 유지 및 식품의 변색 방지는 식품 중의 효소 작용을 억제하는 경우이다.

③ 과즙, 포도주에 펙티나아제(pectinase)를 첨가하여 혼탁을 방지하거나, 육류에 프로테아제(protease)를 첨가하여 연화를 시키는 것은 외부로부터 효소를 넣어 식품의 질적 향상을 도모하는 경우이다.

④ 전분에서 포도당을 제조하거나 글루타메이트(glutamate), 아스파르테이트(aspartate)의 제조에 효소를 이용하는 경우이다.

이와 같이 식품을 가공하거나 저장 중에 효소 반응이 유리할 때는 효소작용을 촉진하도록 하거나 효소를 첨가하여야 하고, 반대로 효소 반응이 좋지 않은 방향으로 진행될 때는 효소 반응을 억제하여 식품의 선도 유지를 하여야 하므로 효소의 일반적인 성질과 특성을 아는 것이 중요하다.

(2) 효소의 분류

식품에 관련된 효소는 그 작용에 따라서 산화 · 환원효소(oxidoreductase), 전달효소(transferase), 가수분해효소(hydrolase), 기질분해효소(lyase), 이성화효소(isomerase), 결합 · 반응효소(ligase) 등 크게 6가지로 분류한다.

효소명은 펩신(pepsin), 트립신(trypsin)과 같은 관용명과 말타아제(maltase) 같이 기질인 말토오스(maltose)에 –ase를 붙이는 기질명과 산화효소(oxidase) 같이 반응명 뒤에 –ase를 붙이는 반응명이 있고, 또한 숙신 디하이드로게나아제

(succinic dehydrogenase)같이 기질명과 반응명을 함께 쓰는 경우가 있다.

2 효소의 특성

효소는 다른 모든 촉매제와 같이 그 자체는 변화를 받지 않고 다른 성분의 화학반응을 촉진 · 진행시키는 물질로서, 효소에 의한 화학반응은 효소가 존재하지 않을 때에 비해 10^8~10^{11}배의 신속한 반응 속도를 지니고 있다.

효소는 고분자 화합물인 단백질로 구성되어 있으므로 열이나 중금속에 대하여 예민한 반응을 보이는 것과 특수한 성질을 지닌다.

(1) 효소 반응과 최적 온도

효소가 작용할 수 있는 적절한 온도(30~40℃) 범위에서는 충분히 화학반응을 촉진시키나, 온도가 상승하여 단백질을 변성시키는 온도에 도달하면 효소의 기능이 상실된다. 또한 낮은 온도에서는 효소의 기능이 저하된다.

효소가 최대 반응 속도를 갖는 온도를 최적 온도라고 하며, 미생물과 식물이 생산하는 효소는 보통 40~60℃, 동물에서 생산되는 효소는 그 동물의 체온이 최적 온도이다. 그러나 최적 온도는 효소에 따라 각각의 온도를 지니고 있으며, 효소의 반응 시간, 효소의 농도, 기질 농도, pH, 공존염류 등에 따라서 많은 영향을 받는다.

효소의 반응 속도는 일반적으로 10℃의 온도상승으로 2배 정도 빨라진다. 일반적으로 효소는 45~50℃에서 변성이 일어나기 시작하여 60℃이상에서 열변성이 일어나 효소로서의 활성을 잃어버린다.

효소에 대한 온도의 영향은 식품에 있어서 중요하며, 효소의 열에 대한 불안정한 성질을 이용하여 식품을 가공 저장 하는데, 그 예로 녹차는 찻잎을 가열하여 볶아서 페놀라아제(phenolase), 리폭시다아제(lipoxidase), 비타민 C 산화제(ascorbic oxidase), 클로로필라아제(chlorophyllase) 등의 효소를 불활성화시키고, 카테킨(catechin)의 산화를 막아서 갈변을 예방하고 비타민 C의 파괴를 방지한다. 그러나 홍차는 찻잎을 발효시켜 산화효소류의 작용을 활성화한다.

(2) 효소의 기질특이성

효소의 작용을 받는 물질을 기질(substrate)이라 하는데, 한 기질에 작용하는 효소는 다른 기질에는 작용하지 못한다. 즉, 수크라아제(sucrase)는 서당(sucrose)에만 작용하여 각각 한 분자의 과당과 포도당을 생성하며 젖당(lactose)에는 작용하지 않는다. 효소의 이러한 성질을 효소의 기질특이성 또는 작용특이성이라고 한다.

(3) 효소 반응과 최적 산도

효소의 작용은 환경적인 요소에 영향을 받으며 특히 pH에 의해 크게 영향을 받는다. 각각의 효소에는 최적 pH 범위가 있다.

예를 들어, 포유류 동물의 위에 들어 있는 레닌(rennin)이란 효소는 약 pH 5.8일 때 가장 효과적으로 우유를 응고시키며, pH가 강알칼리가 되면 응고가 일어나지 않는다.

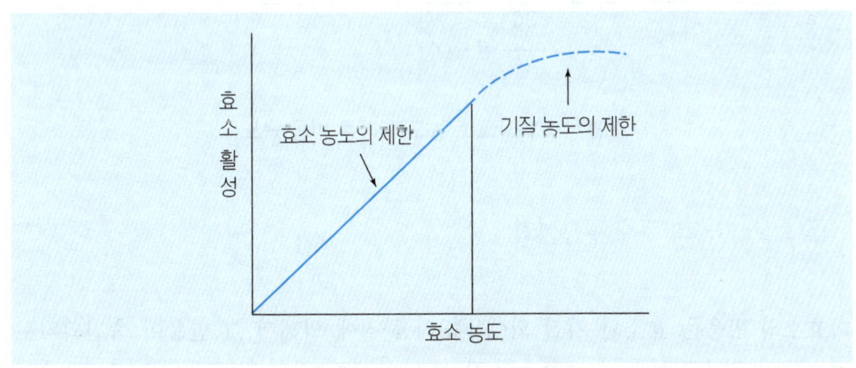

〈그림 2-10〉 온도와 효소활성

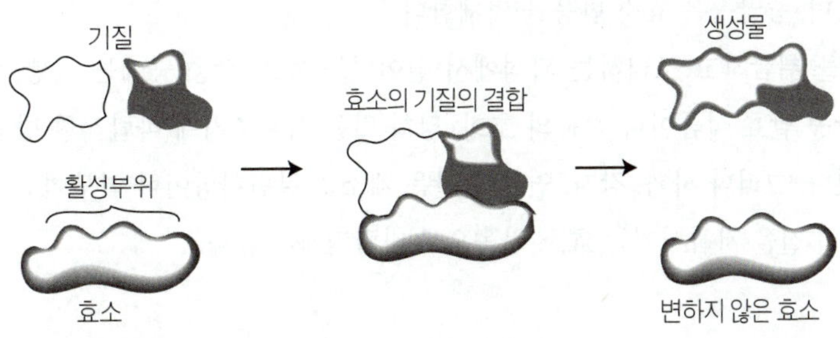

〈그림 2-11〉 효소의 작용

(4) 효소의 농도

효소 반응에서 pH, 온도, 기질의 농도가 주어졌을 때 효소 농도 증가에 따른 효소 활성은 다르다. 반응의 처음 단계는 효소 농도 증가에 따라서 반응 속도가 직선을 나타내는데, 이때 효소 농도는 제한인자가 되고, 기질은 충분하여 제한인자가 아니다. 반응 말기에는 효소 농도의 증가에 따라 반응 속도가 완만하며, 이때 기질 농도는 제한인자가 되며, 기질을 더욱 첨가하지 않으면 반응 속도는 증가하지 않는다.

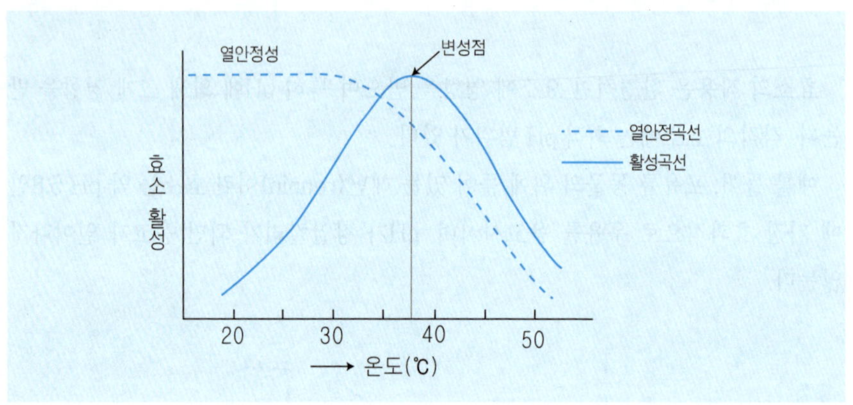

〈그림 2-12〉 효소 농도에 따른 반응 속도

(5) 효소 반응의 저해와 활성화

효소의 반응은 효소와 기질 외에 제3의 물질에 의해서 그 반응이 촉진되기도 하고 저해되기도 한다. 전자의 경우를 반응촉진제라 하고, 후자의 경우는 저해물질이라고 한다. 효소 반응의 촉진제로는 철, 구리, 마그네슘 등의 금속을 예로 들 수 있으며, 중금속은 효소 반응을 억제한다.

식품을 취급하고 조리하는 과정에서 일어나는 효소 작용 중에는 제빵, 양조와 같은 각종 발효 식품이나 전분의 호화, 당화 같은 식품조리에 바람직한 방향의 작용이 있다. 그러나 사과, 감자, 연근과 같은 채소의 갈변현상이나 연부현상은 음식으로서의 질을 저하시키는 효소 반응으로 바람직하지 않다.

제 6 절 텍스처(texture)

1 텍스처의 정의

음식을 입에 넣었을 때 딱딱하다, 물렁물렁하다, 부드럽다 등을 느끼게 된다. 입에 넣기 전에 수저로 뜨거나 집을 때에도 느끼고 알게 된다. 이와 같이 피부나 점막 또는 근육에 음식이 닿아서 자극하여 생기는 감각을 텍스처(texture)라고 한다. 이때 음식이 주는 자극이 식물(食物)이 갖고 있는 물리적 성질에 의한 것이므로 텍스처를 물리적(物理的) 맛이라고 할 수 있다.

음식의 기호적 가치에서 텍스처의 중요성이 인식되기 시작한 것은 비교적 근래

〈표 2-14〉 Szczesniak조사에 의한 반응어

분 류	반응어	%
조리에 관한 것		38.3
다른 식품명	토스트 → 버터	49.4
재료	샐러드 → 레티스	30.7
때와 장소	생선 → 금요일	11.7
식기	수프 → 수프 접시	8.3
품질특성에 관한 것		23.7
텍스처	건포도 → 물렁물렁	32.1
풍미	양배추 초무침 → 시다	26.7
색조	토마토 → 빨강	16.0
형태와 온도	홍차 → 뜨겁다	12.5
외관	코코넛 → 잘게 썬다	6.5
향기	치즈 → 심한 냄새가 난다	2.1
기타	새우 → 비싸다	4.0
식품 분류에 관한 것		7.2
식품 종류	빵 → 밀	48.6
식품 분류	오이 → 채소	37.9
기타	마요네즈 → 드레싱	13.5
기호에 관한 것		3.2
좋다	케이크 → 맛있다	51.6
싫다	옥수수 → 싫다	48.4
영양에 관한 것	스파게티 → 살찐다	2.3
지역에 관한 것	자장면 → 중국	1.0
기타	시금치 → 뽀빠이	4.4
무반응		19.9

의 일이다. 미국의 식품회사 general food의 Szeczesniak 등은 100명을 대상으로 74종의 음식의 이름을 제시하고 그 음식의 이름에서 피험자가 연상하는 말을 기록하도록 했다. 그 결과는 <표 2-14>와 같다. 여기에서 보면 품질특성에 관한 것이 비교적 높으며, 그 중에서도 텍스처가 32%로서 음식의 기호 가치에 관계되는 중요한 요소임을 알 수 있다.

2 ■ 텍스처와 감각

텍스처의 지각은 피부나 점막, 이(齒) 등에 있어서의 촉각, 압각, 통각 등이 종합된 것이다. 동시에 외관에 의하여 식물의 굳기, 부드럽기 등을 판단하는 경우도 있으며, 씹는 동안 바삭바삭, 아작아작 하는 등의 소리도 텍스처 감각으로 생각할 수 있다. 인간의 감각을 주어지는 자극에 의하여 분류하면 미각은 화학수용(chemoreception), 시각은 광수용(photoreception), 촉각 · 압각 · 통각 · 청각은 기계수용(mechanoreception)이다.

텍스처는 기계수용의 일종이며, 피부 등에 존재하는 수용기 가운데 세포막에 주어지는 물리적 자극에 의하여 지각되는 것이다.

사람들이 음식을 먹으면서 느끼는 음식의 질감들은 음식을 입 안에 넣고 씹으면서 최대한으로 느낄 것이다. 이때 사람의 구강 내의 감각은 우리 신체 부위의 가장 민감한 손끝 다음으로 민감함을 알 수 있다.

또 음식을 입에 넣고 삼킬 때까지의 구강 내에서의 감각을 보면 입술이나 혀끝 등 구강 전방부는 동물이 본래 가지고 있는 생체 방어본능에 의한 생리기능 때문에 일반적으로 민감하다. 구강 중앙부에서는 입에 넣은 음식을 잘게 씹기 위해서 강한 자극에도 견딜 수 있도록 감도의 예민성은 둔화된다. 다음으로 인두부 등 구강 속 깊숙한 곳은 음식을 내장으로 보내는 가부의 판단을 해야 하므로 감도는 예민하다.

음식을 씹을 때 이가 받는 압력은 치근막 중에 있는 감각수용기를 자극해서 구강 내의 다른 감각과 합해서 텍스처로서 식별을 할 수 있게 한다. 의치인 사람은 치근막이 없기 때문에 텍스처의 지각이 떨어진다고 한다.

이의 촉압 감각은 앞니에서는 예민하고, 강하게 씹어야 하는 어금니에서는 둔하다.

음식의 텍스처의 인지는 이상과 같은 여러 감각에서 얻은 정보가 각종 감각신경을 통해서 뇌에 전해져 종합된 것이다.

3 텍스처를 좌우하는 요소

(1) 콜로이드

콜로이드(colloid)란 0.1~0.001μ 정도의 입자가 어떤 물질 중에 분산해서 흩어져 있는 상태이다. 식품 중에서는 달걀, 우유, 젤리, 버터 등이 콜로이드에 속한다. 또, 생식품의 세포 내에 함유되어 있는 액체, 즉 생선의 세포 내에 함유되어 있는 액체는 전부 콜로이드상이라고 생각해도 좋다. 콜로이드상에 분산되어 있는 것은 분산질(dispersed phase)이라 하고, 물과 같이 연속되어 있는 상을 분산매(dispersion medium)라고 한다.

콜로이드는 액체 속에 고체가 분산되어 있는 것만이 아니고 넓은 의미로는 기체, 액체, 고체 상호간에 미립자가 분산되어 있는 것을 전부 콜로이드라고 부른다. 모든 물질은 적당한 조건만 부여하면 이러한 상태로 만들 수 있다. <표 2-15>는 콜로이드의 종류를 든 것이다.

콜로이드에는 졸(sol)과 겔(gel)이 있는데, 졸은 액체를 분산매로 하여 액체 내에 고체가 분산되어 있는 액상인 콜로이드액을 말하며, 이것이 조건에 따라서 고체상으로 된 것을 겔이라고 한다. 이를테면 우유는 졸이고, 두부는 겔이다. 졸에는 우무나 젤라틴액과 같이 온도가 높을 때에는 액상, 즉 졸이었다가 냉각시키면 겔이 되는 가역적 졸과 두부나 묵같이 졸을 일단 겔로 하면 다시 졸로 되지 않는 불가역적 졸이 있다. 그런데 가역적인 졸은 졸과 겔의 경계가 뚜렷하지 않다.

소금은 보통 겔의 팽창을 감소시키나 염화칼슘을 첨가하면 펙틴, 산, 설탕이 조금만 있어도 젤리형성이 일어나므로 오히려 효과적이다. 식품에서 콜로이드성의 변화를 보면 콜로이드 용액은 비교적 안정하여 현탁액(懸濁液)이나 유상액(乳狀液)에서 보는 것처럼 방치 중에 입자와 분산매가 나뉘는 일은 없다.

〈표 2-15〉 콜로이드의 종류

명 칭	분산매	분산질	예
거품 (泡沫)	액 체	기 체	맥주의 거품
유 상 액	액 체	액 체	butter
현 탁 액	액 체	고 체	nectar
고 체 포 말	고 체	기 체	marshmallow
고 체 포 말	고 체	액 체	jelly

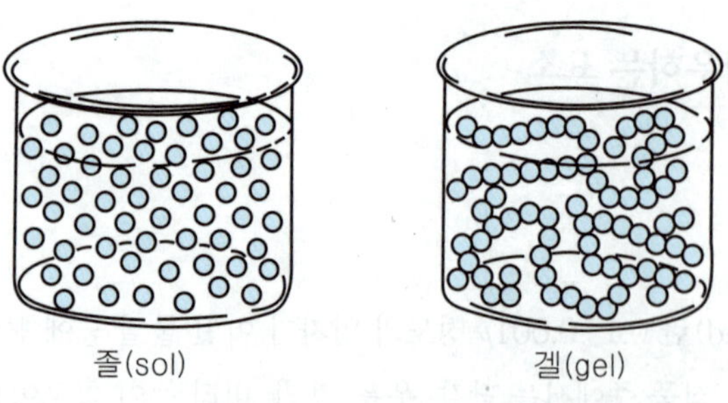

〈그림 2-13〉 sol과 gel의 입자상태

(2) 탄 력

물체가 외부로부터 힘을 받아 모양이 변할 때, 원래의 모양으로 되돌아가려고 하는 힘이 그 내부에 생긴다. 이 힘을 응력(應力)이라고 하는데, 이 응력으로 인하여 그 물체가 다른 물체에 미치는 힘을 탄력(elasticity)이라 하고, 탄력이 있는 물체를 탄력체라 한다. 탄력체는 탄성을 지니고 있다.

식품의 조직에 따라 탄력의 강약이 다르다. 이 탄력은 식품의 맛에 많은 영향을 미친다. 예를 들면, 생선묵의 쫄깃한 촉감(생선묵의 탄성으로 인한 것)은 맛과 관계가 많다.

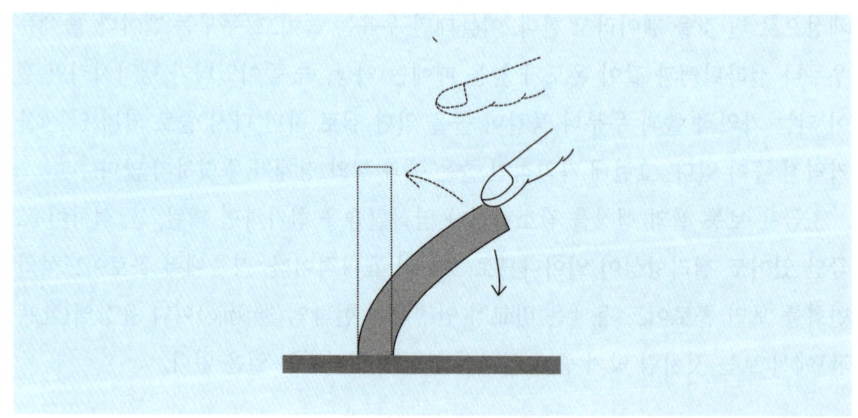

〈그림 2-14〉 탄 력

(3) 점 성

일반적으로 액체나 기체는 작은 외력(外力)으로도 거의 저항 없이 모양이 변한다. 그러나 잘 조사해 보면, 물과 같은 것이라도 모양을 변화시킬 때에는 약간의 힘이 든다.

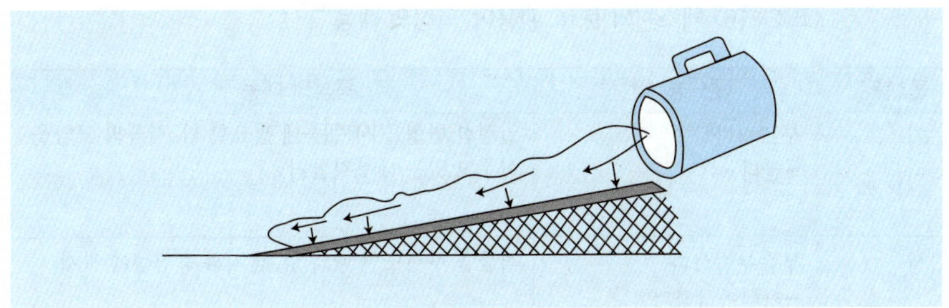

〈그림 2-15〉 점 성

모양을 변화시킬 때에 전연 힘이 들지 않는 유체(流體)를 완전유체라 하고, 힘이 드는 유체를 점성유체라 한다. 점성이 작은 것은 끈기가 없고, 점성이 큰 것은 걸쭉하다.

점성(viscosity)은 온도에 의하여 변하는데, 일반적으로 온도가 높아지면 점성은 저하된다. 반대로 온도가 낮아지면 점성은 커진다. 예를 들면, 벌꿀을 데우면 묽어지고, 식히면 다시 걸쭉해진다. 또 탕수육 소스나 화이트 소스(white sauce)를 만들었을 때 따뜻할 때는 점성이 낮으나 식어감에 따라 점성이 높아진다.

그러므로 탕수육 소스나 화이트 소스를 만들 때와 먹을 때의 온도와 점성을 생각하여 밀가루의 사용량을 결정해야 한다. 음식 조리시 점성을 높이는 밀가루, 달걀흰자, 젤라틴, 설탕액, 전분액 등의 사용량을 잘 조절해야 하고, 가열시에는 잘 저어서 열의 이동을 도와주어야 밑이 타지 않고 고루 익는다.

4 텍스처의 특성과 평가

텍스처를 사람의 관능에 의해 평가 표현하는 경우 굳기, 무르기, 끈적거리기 등 여러 성질로 판단한다.

Szeczesniak는 텍스처의 분류와 특성을 〈표 2-16〉과 같이 나타냈다.

〈표 2-16〉 텍스처의 분류, 관용어, 특성의 내용

특성	분 류	관 용 어	특성의 내용
기 계 적 특 성	굳 기	부드럽다 -굳다	일정한 변형을 시키는 데 필요한 힘, 식품의 모양을 이루고 있는 내부결합력
	응집성	부슬부슬하다 -아삭아삭하다	식품을 부서뜨릴 때의 힘, 굳기와 응집성에 관계
		부드럽다 -질기다	고형 식품을 먹을 수 있는 상태로까지 만드는 데 필요한 에너지, 굳기, 응집성, 탄력성에 관계
		부서지기 쉽다 -분상(粉狀)-호상(糊狀) · gum상	반고형 식품을 먹을 수 있는 상태로까지 만드는 데 필요한 에너지, 굳기, 응집성에 관계
	점 성	보슬보슬하다 -끈적끈적하다	단위의 힘으로 유동되는 정도
	탄력성	소성(塑性)이 있다 -탄력이 있다	외력에 의한 변형이 힘을 제거했을 때 제자리로 돌아가는 정도
	부착성	끈적끈적하다	식품의 표면과 다른 것(혀, 치아, 입천정)간의 인력(引力)에 대항하는 데 요하는 힘
기하학적 특 성	입자의 크기와 모양 입자의 모양과 방향성	석상(碩狀), 입상(粒狀), 섬유상, 세포상, 결정상	
그 밖 의 특 성	수분함량 지방함량	건조하다-습하다-물기가 있다 기름지다	

제 3 장 조리와 물, 열

조리에 있어서 물과 열(熱)은 필수물이다. 물론 열을 사용하지 않고 날로 먹는 음식도 있지만, 거의 모든 조리에 물과 열이 쓰인다. 또 조리의 재료인 모든 식품은 물을 함유하고 있다. 그러므로 이들의 역할, 성질 등에 대하여 잘 알아둔다는 것은 조리과학의 목적을 달성하는 데 꼭 필요한 일이다.

제 1 절 식품에 존재하는 물

식품은 거의 동물체, 식물체 그리고 이들의 가공품이다. 동식물체 중에서 물은 세포 내에서 원형질의 분산매 또는 세포간 유체로서 존재한다. 따라서 식품성분 중에서 가장 많은 비율을 차지하고 있는 것이 물이다.

식품성분표에는 이들 물의 양이 식품 100g 중에서 함유된 g수로 나타나 있다. 예를 들면, 오이 96%, 생미역 90%, 우유 88% 등이다. 그런데 수분이 90%인 생미역은 고체이고 이보다 수분의 양이 적은 우유가 액체인 것은 무슨 이유인가? 이것은 수분의 양만이 아니라 수분의 존재상태가 식품의 성상에 영향을 미치기 때문이다. 물은 식품의 질에 영향을 미친다. 비스킷은 물이 적어야 바삭바삭하나 채소나 과일 등은 물이 많아야 아삭아삭 씹는 맛이 좋다. 또한 식품을 조리하는 데 있어 물은 열을 전달하는 전도체로 작용하고, 식품 내에 함유되어 있는 여러 가지 가용성 성분을 녹이는 분산매로서 또는 국물음식의 재료로 역할도 매우 크다. 이외에 건조식품의 불림, 식품의 오물 제거 및 세척제로서도 중요하다. 물은 그 함량에 따라 화학적, 미생물학적 부패의 원인이 되기도 한다.

1 ■ 물분자

물의 분자식은 H_2O이며 수소 2원자와 산소 1원자로 이루어지고 있음을 잘 알고 있는 사실이다. 수소는 본래 1가의 원자인데 때로는 산소와 같이 음성도(陰性

度)가 큰 원자 사이에서는 2개의 원자의 다리가 되는 경우가 있다(그림 3-1).

이들이 서로 결합하여 전자를 공유함으로써 안정성 있는 물이 형성된다. 그러므로 물은 두 쌍의 전자를 공유한다.

물분자 내에서 두 개의 수소 원자는 105°의 각도로 산소와 결합되어 있다. 물분자는 전체적으로 중성이지만 수소 원자가 있는 면은 약간의 양전하(electric charge)를 띠고 산소 원자가 있는 면은 음전하를 띠고 있다. 그러므로 물분자는 양전하와 음전하를 함께 가지고 있으므로 쌍극성(dipolar)을 띠게 된다. 물분자는 쌍극성을 띠고 있으므로 여러 분자의 물이 함께 존재하면 상호간에 인력(attraction)을 형성한다. 물분자는 양전하를 가짐으로써 물분자와 물분자 사이에 약한 힘이 작용하여 2차적인 결합을 형성하는 것이 수소결합(hydrogen bond)이다.

즉, H_2O라는 분자식은 물이 기체인 경우이고, 액체나 고체일 때의 물은 H_2O 분자 몇 개가 연결되어 있다고 생각할 수 있다. 그렇기 때문에 물은 특이하고 복잡한 물리성을 나타낸다. 물의 비등점이 높은 것, 기화열과 잠재열이 큰 것 등은 액체상태에서 수소결합을 하고 있는 물이 기체가 되려면 그 결합에너지를 끊기 위한 열에너지를 더 필요로 하기 때문이다.

<그림 3-1>의 O … H 부분이 수소결합이다. H 원자와 O 원자의 결합은 공유결합이라고 하는데 2개의 전자를 공유하고 있다. 이 2개의 전자는 H 원자에서 전자 1개를 제한 것(즉 양자)과 O 원자에서 전자 2개(O는 2가이므로)를 제한 것의 양방의 이 결합은 비교적 약한 결합으로 생각되지만 결합력은 OH기 주위에 H_2O

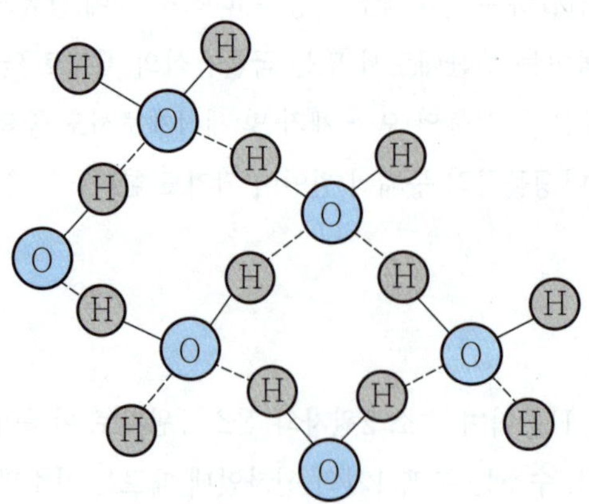

〈그림 3-1〉 물의 수소결합

분자를 모으는 정도의 힘을 가지고 있다.

이와 유사한 작용을 하는 기로 $-COOH$, $-NH_2$, $=CO$ 등이 있다. 이와 같은 기를 가지고 있는 식초산, 설탕, 전분, 단백질은 물과 수소결합을 하기 쉬운 성질을 가지고 있다.

OH기가 물과 수소결합을 할 때 물 2분자 정도와는 비교적 강한 결합을 하는데, 이와 같이 비교적 강하게 결합된 물을 결합수라 하고, 그렇지 못한 물을 자유수라고 한다.

2 물의 종류

(1) 결합수

식품 중의 물은 물분자 자체가 수소결합을 하고 있을 뿐 아니라 식품 중의 성분과도 수소결합을 하고 있다. 예를 들면, 단백질이나 전분 등과 같은 친수 콜로이드(colloid) 입자와 결합하고 있는 수화(hydration) 상태의 물이다. 이것을 결합수(bound water)라고 한다.

결합수는 결합력이 강하여 보통의 건조로는 탈수되지 않으며 0℃ 이하의 저온에서도 얼기 어려우며, 일반적인 물의 성질을 띠지 않고 작용하지도 않는다. 그러나 온도 등의 조건으로 자유수와 명확히 구별할 수 없는 경우도 있다. 미생물 증식에 이용되지 못하고 증기압에도 관여하지 않으며, 밀도가 자유수보다 높다.

(2) 자유수(유리수)

결합수 이외의 식품 중의 물 성분을 자유수(free water)라고 한다. 자유수는 증발, 동결, 미생물의 생육 등에 관여하는 등 보통의 물과 같은 성질을 가지고 있다.

3 수분의 활성

식품에 존재하는 수분에 용해되어 있는 용질은 용액 중의 수분의 활동능력을 저하시킨다. 이 물의 활동능력을 수치로 나타낸 것을 수분활성도(water activity, Aw)라 하고, 다음과 같은 식으로 나타낼 수 있다.

$$AW = PW / Ps \text{ 또는 } AW = R.H. / 100$$

Ps : 순수한 수분의 증기압

Pw : 용액 내의 수분의 증기압

$R.H.$: 상대습도

채소, 과실, 육류 등의 수분활성도는 상당히 높은데 수분활성도가 높은 식품은 비교적 잘 부패한다. 그러므로 식품을 저장하기 위해서는 수분활성도를 저하시켜야 한다. 흔히 많이 사용되고 있는 건조법, 냉동법, 염장법, 당장법 등은 바로 수분활성도를 저하시켜서 부패에 관여하는 세균, 효소 등의 생육을 불가능하게 하는 것이다.

소금이 설탕보다 수분활성도를 더 저하시킨다. 순수한 물의 수분활성도를 1.00으로 볼 때 10% 소금용액의 수분활성도는 0.93, 같은 농도인 10% 설탕용액의 수분활성도는 0.99이다. 공기 중에 방치한 식품은 건조되든가 아니면 반대로 수분을 흡수하는데, 이런 현상은 식품 중의 수분의 활성과 공기 중의 상대습도(相對濕度)가 영향을 미친다.

제 2 절 조리에 있어서의 물

1 ■ 물의 역할

물은 조리를 하는 데 있어서 제일 중요한 재료가 된다. 앞에서도 말한 바와 같이, 날로 먹는 음식을 장만할 때에 열은 쓰이지 않지만, 물은 이때에도 꼭 필요하다. 여러 가지 조리조작에 있어서의 물의 역할을 간추려 보면 다음과 같다.

① 재료식품을 씻는다.

② 건조했던 식품을 불린다.

③ 식품성분을 침출시킨다.

④ 조미료를 식품에 흡수시킨다.

⑤ 국물이 있는 요리의 재료가 된다.

⑥ 열의 전달수단이며, 가열조건을 일정하게 한다.

⑦ 전분식품에 있어서 호화하는 데 필수재료이다.

2 ■ 물의 성질

물은 상온에서 무색 투명하고 무미, 무취인 액체인데, 온도의 변화에 따라 액체, 고체, 그리고 기체의 3가지 형태로 변화한다. 물의 물리적 성질은 <표 3-1>과 같다.

〈표 3-1〉 물의 물리적 성질

비 중	물 { 0℃에서 0.99987 4℃에서 1.00 (표준) 100℃에서 0.95838 얼음 0℃에서 0.915 수증기 0.622 (공기=1)	비등점	100℃ (760mmHg에서)
		융점(빙점)	0℃
		비 열	1 (표준)
		기화(증발)열	539cal (100℃에서)
		융해열	80cal (0℃에서)

(1) 물의 온도와 부피

물은 온도가 내려감에 따라 부피가 작아져 4℃에 최소로 되며, 밀도는 최대가 된다. 4℃인 물 1mL의 무게는 1g으로 이것이 밀도 단위이며, 고체와 액체의 비중의 표준이 된다. 물의 온도가 이보다 더 내려가면 오히려 부피가 커지는데, 이와 같은 성질은 다른 물질에서는 볼 수 없다.

조리할 때는 물을 가열하는 일이 많은데, 이때에는 온도의 변화에 따른 부피의 변화에 대해서 항상 주의할 필요가 있다. 예를 들면, 그릇에 물을 가득 붓고 데우면 물의 온도가 상승함에 따라 물의 부피가 늘어나서, 물이 그릇에서 넘치게 된다. 그러므로 끓이는 조리에서는 물을 부을 때 이런 점에 주의해야 한다.

또 밀폐된 그릇에 물을 가득 붓고 얼리면 부피가 늘어나기 때문에 그릇이 깨진다. 겨울철에 수도관이 얼어 터지는 것도 이와 같은 원리에 의한 것이다. 또 얼음이나 아이스 캔디(ice candy)를 얼릴 때 그릇에 물을 가득 부으면 그릇 위로 얼어 올라와서 모양이 흉해진다.

물이 0℃로 낮아지고 얼음물이 얼음결정으로 변하면 부피가 급격하게 팽창한다. 즉, 액체형의 물이 결정형의 얼음인 고체가 된 것으로, 물분자가 결합할 때 6각형으로 결합함으로써 물 내부에 수많은 공간이 생겨서 부피가 커진다. 그러므로 얼음은 물보다 밀도가 낮아서 물 위에 뜨게 된다. 본래 부피의 1/11만큼 더 커진다.

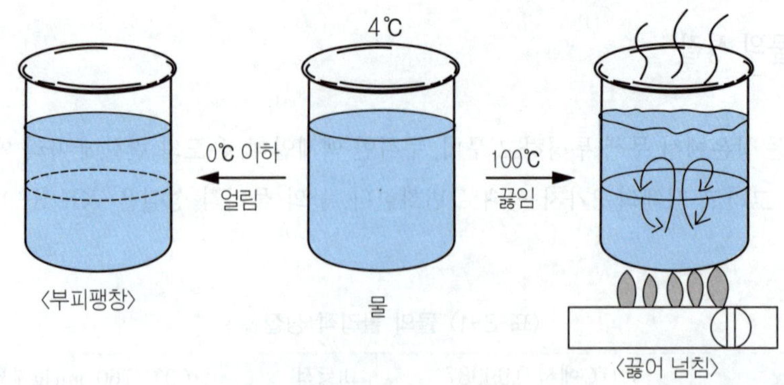

〈그림 3-2〉 온도에 따른 물의 부피 변화

(2) 용매와 용출

물은 모든 물질을 잘 용해시키므로 용매(solvent)로 쓰인다. 천연의 물이 순수하지 않고 여러 물질이 용해되어 있는 것도 이와 같은 물의 성질 때문이며, 조리할 때 식품을 물로 씻는 것도 똑같은 이유에서이다. 즉, 물은 식품에 묻어 있는 오물을 용해시켜서 제거하기도 하고, 또 식품재료에 함유되어 있는 성분을 용해시켜 용출시키기도 한다. 이와 같이 재료 중의 성분을 용매 속에 녹여내는 현상을 용출이라고 하고, 물에 재료성분이 녹아 있는 것을 용액(solution)이라 한다. 즉, 용액이란 두 가지 이상의 물질이 서로 혼합되어 균질 상태를 형성한 것을 말한다. 이때 녹는 성분을 용질(solute)이라 한다.

물이 식품성분을 용출하는 데에는 물이 순수할수록 좋다. 용매 중에 용해되어 있는 용질의 농도가 낮아야 용출이 잘 된다. 그러므로 식품 중 불미성분을 용출해 낼 때에는 물을 자주 갈아주는 것이 좋고, 온도가 높으면 용출이 더 잘 된다.

식품재료 중의 영양성분이나 맛있는 성분도 물에 의하여 용출되므로, 필요 이상으로 씻는다든지 물에 담가 둔다든지 하는 일은 삼가야 한다. 일반적으로 용해속도는 온도의 상승과 함께 증가하고 용질의 상태, 결정의 크기, 교반, 삼투에 의해서도 영향을 받는다.

조리과정 중 어떤 식품에 조미료를 넣어 맛을 내는 것은 그 조미료가 재료에 침투되어 맛을 내는 과정이다. 이때 조미료의 분자량에 따라 침투 속도가 다르다. 즉, 분자량이 적을수록 빨리 침투되어 맛을 내고 분자량이 크면 침투 속도가 느리다. 그래서 분자량이 적은 소금과 분자량이 큰 설탕을 조미할 때는 같이 조미하면 소금의 짠맛이 강해지므로 설탕을 먼저 넣은 뒤에 소금을 넣는 것이 좋다.

이외에도 식염은 온도가 올라가도 용해도는 별로 상승되지 않으나 설탕은 온도가 높아짐에 따라서 급속히 용해도가 증가한다. 설탕은 높은 온도에서 포화 상태로 되었다가 식히면 과포화 상태로 되는데, 이때 강한 자극을 주면 미세한 설탕의 결정이 석출된다. 이처럼 온도에 따라서도 소금과 설탕의 조미량과 맛이 달라질 수가 있다.

식품에 존재하는 성분들은 식품 중의 수분이나 유분(분산매)에 흩어진 분산상태이다. 식품을 구성하는 분산매에 녹아 있는 분산상(dispersed phase)의 크기는 식품의 종류에 따라 모두 다르다. 즉, 소금을 물에 용해시켰을 때는 이온이 분산상이고, 설탕을 용해시켰을 때는 설탕 분자가 분산상이다. 우유는 유당, 비타민, 무기질, 단백질, 지방 등 크기가 모두 다른 물질들이 섞여서 분산되어 있다. 또한 밀가루나 전분을 물에 넣고 저어주면 잘 분산되나 젓다가 멈추면 입자가 가라앉는다.

이와 같이 분산상이 가장 작은 이온 크기부터 몇백 개의 분자가 붙어 있는 큰 입자들이 물에 녹아 용액을 형성하는데, 분산상의 크기에 따라 용액도 달라진다. 즉, 분산상의 크기가 가장 작은 진용액(true solution)은 소금, 설탕, 수용성 비타민, 무기질 같은 것들이 물에 녹은 것을 말한다. 중간 크기인 콜로이드 용액(colloid dispersion)은 크기가 서로 다른 물질들이 섞여 안정하게 분산되어 있는 상태를 말하고, 젤리틴 용액, 우유 등이 속한다. 분산상이 가장 큰 현탁액(suspension)은 된장국, 전분이나 밀가루처럼 입자가 물에 용해되지 않고 입자 상태로 떠 있는 것을 말한다.

(3) 모세관 현상

그릇에 묻은 물기를 마른행주로 닦으면 물이 행주 속으로 스며들어간다. 또 건조 식품을 물에 담그면 차차 수분이 식품을 적신다. 이것은 극히 가는 유리관을 물속에 세웠을 때 유리관 속으로 물이 올라가서 관의 내면과 외면과의 수면의 높이가 달라지는 것과 같은 원리로서, 이와 같은 현상을 모세관 현상이라고 한다.

모세관의 내외의 액면의 높이의 차를 h , 관의 지름을 r, 액체의 밀도를 p, 표면장력을 T, 접촉각을 θ, 중력가속도를 g라고 하면, 다음과 같은 관계식이 성립된다.

$$h = \frac{2\,T\cos\theta}{rpg}$$

식품의 재료에는 어느 것이나 섬유조직을 가지고 있으므로, 조리할 때에는 이 모세관 현상을 많이 이용하게 된다.

(4) 팽 윤

쌀, 콩과 같은 곡물이나 미역, 다시마와 같은 건조물은 물에 넣어 두면 부피가 많이 불어난다. 이와 같은 현상을 팽윤(swelling)이라고 한다. 일반적으로 −OH기, −COOH기, $-NH_2$기와 같이 친수성이 큰 원자단을 많이 가지고 있는 물질은 팽윤을 잘한다. 조리할 때에는 모세관 현상, 팽윤 현상을 이용하여 식품 속에 수분을 많이 함유시키고, 이 수분에 열을 전해 식품이 가열되도록 하는 방법을 취하는 수가 있다.

그런데 팽윤이 일어날 때 부피가 굉장히 늘어나므로 이것을 밀폐한 용기중에 넣는다면 그 용기 내에는 큰 압력이 생길 것이다. 이러한 압력을 팽윤압이라고 한다. 그래서 입구가 좁은 그릇에 곡물을 가득 넣고 물을 부어 두면 용기가 깨지므로 주의해야 한다. 또 재료를 그릇에 많이 넣고 물을 부어두면 재료가 불어서 밖으로 넘치므로 역시 주의해야 한다.

젤라틴(gelatin)과 같은 것을 팽윤시킬 때에는 무제한으로 팽윤하여 나중에는 용해해 버린다. 이와 같은 것을 무한팽윤이라 하고, 콩이나 미역같이 일정 한도까지만 팽윤하는 것을 유한팽윤이라고 한다. 전분, 단백질, 지방 등은 생물체 내에서 다량의 물과 결합하고 콜로이드를 이루어 겔(gel)조직을 형성하며, 일정한 팽윤체가 된다. 동식물체 또는 이것을 원료로 한 식품이 일정한 형을 지니고 있는 것도 겔의 팽윤에 의한 것이다.

전분에 물을 넣고 가열하면 호화하는 것이나, 건조식품을 물에 담그면 흡수 연화하는 것도 팽윤 현상의 하나이다.

(5) 비등점

물에 열을 가열하면 액체가 증발하여 수증기로 되고 수증기 분자의 양이 증가하면 다시 액체로 되돌아가려는 경향이 생긴다. 이런 상태가 지속되면 액체가 증발하여 수증기로 되려는 힘과 수증기가 액체로 되돌아가려는 힘이 평형을 이루게 되는데 이때 수증기 분자들에 의해 가해지는 압력이 증기압이다.

증발이 발생되기 위해서는 물분자가 공기 중으로 날아갈 수 있을 만큼의 충분한 에너지(기화열)를 가하여 액체 상태의 수소결합이 끊어져 수증기로 된다. 이때 물 표면에 동요가 일어나는데 이러한 현상을 비등이라 한다.

순수한 물은 1기압일 때 100℃에서 끓는다. 이 끓는 온도는 기압과 관계가 있어서, 기압이 오르면 비등점도 오르고 기압이 낮아지면 비등점도 낮아진다. 그 이유는 비등의 원리로 설명할 수 있다.

일반적으로 액체는 일정한 온도에서 일정한 증기압을 지니고 있는데, 이 증기압보다 외기의 압력이 센 경우에는 비등은 일어나지 않는다. 그러나 외기압이 낮아져서 증기압과 같아지면 비등이 시작된다. 증기압은 온도의 상승과 더불어 오르니까, 외기압이 일정한 경우에는 증기압이 외기압과 같아지는 온도까지 액체의 온도가 상승하면 비등하기 시작한다.

압력솥으로 식품을 끓이면 물에서 증발한 수증기가 외부로 나가지 못하므로 솥 안의 압력이 높아진다. 즉 외기압이 높아지는데, 여기에 대응하는 물의 증기압도 높아져야 하므로 그 결과 비등점이 높아진다. 그러므로 일반적인 압력일 때보다도 고온으로 가열할 수 있어서 압력솥에서 식품을 끓이면 100℃에서는 연하게 되지 않는 질긴 식품도 연하게 만들 수 있다. 메주콩을 삶을 때 압력솥을 이용하는 것은 이 때문이다.

반대로 높은 산에서 밥을 지을 때 물은 끓어도 밥이 서는 경우가 있는데, 이것은 높은 산의 기압이 낮아서 물의 비등점도 낮아져 전분의 호화가 충분히 될 만큼 가열되지 않았기 때문이다.

물의 온도와 증기압의 관계, 그리고 외기압과 비등점과의 관계는 <표 3-2>, <표 3-3>, <표 3-4>와 같다.

〈표 3-2〉 온도와 증기압

온도(℃)	증기압(Hgmm)	온도(℃)	증기압(Hgmm)
-10	2.15	50	92.51
0	4.58	60	149.38
10	9.21	70	233.70
20	17.54	80	355.10
30	31.82	90	525.76
40	55.32	100	760.00(1기압)

〈표 3-3〉 가압시의 비등점 상승

기압 (a.p.)	비등점(℃)	기압 (a.p.)	비등점(℃)
1.000	100	6.10	160
1.414	110	7.82	170
1.960	120	9.90	180
2.666	130	12.39	190
3.567	140	15.34	200
4.698	150		

〈표 3-4〉 감압시 비등점 강하

기압 (Hgmm)	비등점(℃)	기압 (Hgmm)	비등점(℃)
10	11.2	500	88.7
100	51.6	600	93.5
200	66.4	700	97.7
300	75.0	760	100.0
400	88.9	771	100.4

(6) 비등점 상승과 빙점 강하

순수한 물은 1기압일 때 100℃에서 비등하고 0℃에서 언다. 그러나 물에 다른 물질이 용해된 용액은 그 농도가 높아짐에 따라 비등점은 상승하고 빙점은 강하한다. 즉, 순수한 물보다 설탕물이나 소금물의 비등점은 높다. 그러므로 조미한 국이나 찌개는 물보다 높은 온도에서 끓는다.

용질 Gg을 1L인 용매에 용해시켰을 때의 비등점의 상승을 $\varDelta T$라 하고, 그 용질의 분자량을 m이라 하면, 다음 식과 같은 관계가 성립된다(단, K는 항수인데, 물의 경우는 0.52이다).

$$m\frac{\varDelta T}{G} = K$$

예를 들면, 설탕물의 경우를 보면 설탕의 1g 분자량은 342.2g이므로 물 1L에 설탕 342.2g을 용해시킬 때마다 비등점 0.52℃씩 상승한다. 그러나 설탕의 농도가 높아짐에 따라 이 식은 실제로 이용할 수 없게 된다. 그것은 가열 중에 설탕이 녹아서 그 성질이 변하기 때문이다. 실제의 설탕 용액의 농도와 비등점을 측정해 보면 <표 3-5>와 같다.

〈표 3-5〉 설탕용액의 농도와 비등점

설탕농도(%)	10	20	30	40	50	60	70	80	90.8
비등점(℃)	100.4	100.6	101.0	101.5	102.0	103.0	106.5	112.0	130.0

이 표를 보면, 농도가 높아짐에 따라 비등점도 급속히 높아지는 것을 알 수 있다. 소금과 같이 물에 녹아서 해리되는 것은 해리된 Na^{+}ion과 Cl^{-}ion이 해리되지 않은 경우의 1mol과 같은 작용을 한다. 즉, 소금과 같은 전해질은 설탕과 같은 비전해질에 비하여 비등점이 많이 상승한다. 그러므로 설탕이나 소금을 용해하여 가열하는 조리에서는 온도 관리에 주의해야 한다.

빙점 강하도 비등점의 상승에서와 같은 관계식이 성립된다. 그런데 물의 빙점 강하인 경우 K는 1.85이다. 즉, 1L인 물에 설탕 1g 분자를 용해시켰을 때 빙점은 1.85℃ 강하한다. 같은 양의 용질이 용해되어도 비등점 상승보다 빙점이 강하되는 온도의 폭이 크다. 그러므로 설탕이나 우유 등의 용액을 얼리고자 할 때에는 상당히 저온으로 냉각시켜야 한다.

(7) 기화열

물에 가해진 열은 보통 물의 온도를 높이는 데 사용된다. 그런데 열은 항상 물의 온도를 상승시키는 데만 사용되는 것이 아니라 100℃에 이른 물은 아무리 열을 가하여도 그 물이 끓어서 전부 증발할 때까지 온도는 상승하지 않고 100℃를 유지한다. 이때 열을 가하여도 물의 온도가 상승하지 않는 이유는, 끓기 시작한 후 가해진 열은 물을 수증기로 변화시키는 데 사용되었기 때문이다. 100℃의 물 1g을 수증기로 변화시키는 데 539cal의 열량이 필요함을 실험에 의하여 알 수 있다. 이와 같이 물질의 온도를 상승시키기 위한 것이 아니라, 물질의 상태를 변화시키는 데 사용되는 열을 잠재열(latent heat)이라고 한다.

위의 것은 액체가 기체로 기화할 때 사용되는 잠재열이므로 기화열 또는 증발열이라 하고, 고체가 액체로 변할 때의 잠재열은 융해열이라 한다.

액체가 기화하는 데는 기화열이 필요하므로 물의 증발이 심하면 물의 온도는 빨리 내려간다. 금방 끓여 놓은 국 같은 뜨거운 음식을 먹기 좋은 온도로 빨리 식히기 위해서 부채질을 하는 것은, 수증기를 많이 증발시켜서 다량의 열을 급속히 제거하고자 하는 목적에서이다.

물을 끓일 때 뚜껑을 열어 놓으면 수증기가 다량 증발하게 되므로 열량의 손실이 커서 천천히 끓고 연료도 낭비된다. 물을 끓일 때 뚜껑을 덮어야 하는 이유도 여기에 있다.

수증기가 다시 물이 될 때에는, 기화할 때 지녔던 539cal의 열을 방출한다. 이러한 현상을 이용한 조리법이 '찌기'이다. 찌는 조리에서는 조리하는 재료의 표면에서 수증기가 응축할 때 다량의 열이 방출되어 가열되는 것이다. 그러므로 열원(熱源)에서 멀리 있는 식품도 골고루 가열되므로 능률이 좋고, 응축된 수분으로 식품의 표면이 건조되지 않고 조리된다.

(8) 융해열과 한제

0℃인 얼음의 융해열은 80cal이다. 즉, 0℃인 얼음이 0℃인 물로 변하는 데 80cal의 열량이 필요한 것이다. 그러므로 0℃인 얼음은 0℃인 물보다 더 빨리 다른 물질을 냉각시킨다.

0℃ 이하인 저온을 얻기 위해서 얼음에 식염($NaCl$) 또는 염화칼슘($CaCl_2$)을 첨가한다. 이들을 한제(寒劑)라고 하는데, 이때 식염이나 염화칼슘은 얼음이 녹아서 생긴 물에 용해되어 식염 또는 염화칼슘 용액을 만든다. 그런데 이들 용액의 농도는 얼음이 있으므로 평형상태가 되지 못한다. 그리하여 농도를 평형시키려고 하는 작용으로 보다 많은 얼음이 녹아서 물이 된다. 이때 얼음 1g이 융해되는 데 80cal의 열을 주위에서 흡수하게 된다. 그 결과 온도가 급속히 저하되어 한제로서의 역할을 하게 되는 것이다.

식염과 얼음의 경우는 최저 −22℃, 염화칼슘과 얼음의 경우는 온도를 −55℃까지 저하시킨다. 소금물이 어는점(−22℃)에서는 식염 29%에 대하여 물 71%의 비율로 녹아 있다. 이 식염과 물의 비율은 실제로 한제로 쓸 경우에 이용되고 있다.

〈표 3-6〉 한제의 최저 강하온도

한 제	얼음 100g에 대한 양(g)	최저 강하온도(℃)
$NaCl$	33	−21.2
KCl	30	−11.1
NH_4Cl	25	−15.8
$CaCl_2$	143	−55.0

한제는 저온인 물에도 빨리 잘 녹아야 한다. 이러한 조건을 갖추고 있으며 쉽게 구할 수 있는 것이 소금이다. 각 용질을 한제로 상용할 때의 얼음이 어는 온도는 <표 3-6>과 같다.

(9) 비 열

어떤 물질의 온도를 1℃ 변화시키는 데 필요한 단위질량에 대한 열량을 비열(比熱)이라고 한다. 여러 가지 물질의 비열은 <표 3-7>과 같으며, 이 표에서 알 수 있는 바와 같이 물의 비열이 가장 크다.

이와 같은 물의 성질은 조리시 열의 매개체로서 이용된다. 예를 들면, 삶은 달걀을 냉수에 넣고 식힌다든지, 나물을 데친 후 찬물에 담가 식히는 것 등이다. 이때에는 되도록 냉수의 양이 많으면 냉각의 효과를 빨리 올리게 되는데, 그것은 물의 열용량이 크기 때문이다.

〈표 3-7〉 여러 가지 물질의 비열

물질(고체)	비열(cal /g℃)	물질(액체)	비열(cal /g℃)
금	0.0309	물	1.000
은	0.0560	알 코 올	0.570
구 리	0.0919	글리세린	0.580
얼 음	0.487	수 은	0.033
알루미늄	0.211	벤 젠	0.414
철	0.107	초 산	0.487

(10) 표면장력

액체는 모두 그의 표면을 될 수 있는 한 작게 하려고 하는 경향이 있고, 외력의 작용이 거의 무시될 수 있게 될 때는 거의 구형을 이룬다. 이 현상은 액체 분자 사이의 인력에 기인되는 것이며, 그 종합작용은 액체 표면에 따른 일종의 장력이다. 이것을 표면장력이라 하는데, 기체에 접하는 액체의 표면에는 항상 표면장력이 작용함으로써 물 혹은 수용액 등의 액체를 공기 중에 떨어뜨리면 그 표면은 구상에 가깝게 되고, 물을 왁스, 종이 등의 표면에 떨어뜨렸을 경우에는 구형의 물방울이 된다. 그러나 커다란 물방울은 중력에 의해서 평평하게 된다.

표면장력은 온도의 상승에 따라 감소된다. 이것은 표면에 있는 분자의 열운동 때문이라고 생각된다. 표면장력은 조리와 매우 밀접한 관계가 있으며, 특히 조리에서 이용하는 거품과 관계가 있다.

물의 표면장력은 물속에 여러 가지 물질이 용해할 때에 변화하는 경우도 있다. 액체의 표면장력이 처음 물의 표면장력에 비해 변하는 상태는 상승 또는 감소의 현상으로 나타난다. 표면장력을 감소시키는 물질에는 수용액으로서 지방산, 지방, 알코올, 단백질 등 많은 유기화합물이 있다.

(11) 삼투압

채소에 소금물을 가하면 수분이 밖으로 빠져나와 채소가 절여진다. 이것은 소금물의 농도가 채소 속의 물 농도보다 높아 채소 속의 물이 빠져나오는 탈수현상이다. 즉, 수분의 농도가 같아지려는 힘으로 삼투압이라 한다.

생선이나 채소 등은 반투막으로 되어 있어서 물은 잘 통하나 소금과 같이 물보다 분자의 크기가 큰 것은 잘 통과하기 어렵기 때문에 막에서 걸린다. 이 반투막의 바깥쪽에 식염을 끼얹으면 안과 밖이 같은 농도의 용액으로 되려고 하지만, 식염은 통과하지 못하므로, 안쪽에 있는 물이 소금 쪽으로 이동한다.

삼투압의 작용은 채소와 어류를 소금에 절이거나 김치 등의 조리에 널리 이용되고 있다.

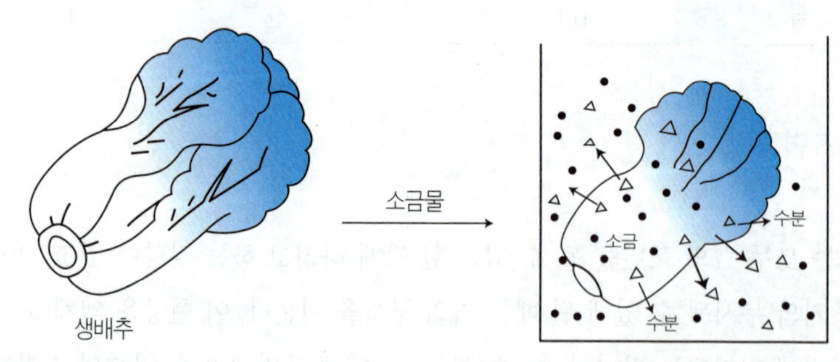

〈그림 3-3〉 소금과 삼투압의 관계

3 음료수

음료수는 음료나 조리용으로 사용하는 물이며, 그 수질의 좋고 나쁨은 곧 우리들의 보건위생에 영향을 미칠 뿐만 아니라 음식의 맛을 좌우한다.

음료수의 수원(水源)으로는 하천, 호수, 지하수 등이 있는데, 요즘은 대부분 지역에 상수도가 발달하여 급수 설비가 잘 되어 있으므로 안전한 음료수를 공급받고 있다. 그러나 지하수 등을 직접 사용할 경우에는 수질이 음용수의 기준에 적합한지 조사한 뒤 음료수로 사용하여야 한다. 요즘 대부분의 지하수는 토양이나 수질이 오염되어 음료수로서는 부적당하여 일부를 제외하고는 음료수로 사용하지 않는다.

음료수에 다음 각 성분이 일정량 이상 포함되어 있으면 부적당한 것으로 한다.

① 식염 … 이것은 사람이나 동물 등의 배설물 혼입을 뜻한다. 그러므로 해안 지방의 우물 등에서는 이 규정을 꼭 지킬 필요는 없다.

② 암모니아 … 이것도 분뇨의 혼입을 예상하여 부적당한 것으로 한다. 미량의 암모니아 그 자체는 해롭지 않다.

③ 철분 … 철분 그 자체는 영양상 중요하지만, 수중의 철은 2가이므로 곧 3가가 되어 붉은색을 내며, 차와 같이 타닌(tannin)이 많은 것에 사용하면 검게 변한다. 철분이 많은 물을 사용하면 음식의 맛과 외관이 떨어질 뿐만 아니라 부엌도 불결해지고 금속 식기류가 쉽게 상한다.

(1) 물의 맛

물의 맛은 물 자체의 성분과 마시는 사람의 기분에 많이 좌우된다고 한다. 물에는 칼슘, 마그네슘, 철 등의 미네랄(mineral)과 탄산가스, 산소, 염분 등을 함유하고 있는데, 맛있는 물에 관계되는 성분은 미네랄과 탄산가스이다. 미네랄은 100mg/L 정도인 농도로 용해되어 있을 때가 가장 맛이 좋으며, 탄산가스는 그 함량이 너무 적으면 물의 맛이 떨어진다. 또 물의 맛을 떨어뜨리는 것은 철, 망간, 황화수소, 염소 등이다. 염소로 멸균한 물은 역시 그 냄새로 불쾌하다.

가장 맛있는 물은 샘물이나 지하수(지하 100~200m)이다. 이 물은 적당한 미네랄과 탄산가스를 함유하고 있으며, 수온도 가장 맛있게 느껴지는 온도인 15℃ 선후이다. 37명의 여대생을 실험자로 해서 수온에 대하여 미각 실험을 한 결과 차가울 때는 12.9℃, 뜨거울 때는 69.0℃가 가장 맛있는 것으로 나타났다.

다음으로 맛있는 물은 오염되지 않은 하천의 상류수, 중류 하천, 또는 호수 물, 빗물의 순으로 맛이 떨어진다. 그 까닭은 이러한 차례로 탄산가스의 농도가 감소하고 다른 불순물이 증가하기 때문이다. 또 경수(硬水)인 경우에도 물의 맛이 떨어진다.

괸 물은 맛이 떨어지는데 이것은 용해되어 있던 CO_2가 날라가고 pH가 높아지기 때문이다. 또 살균용인 염소가 함유된 수돗물은 염소의 냄새가 불쾌하고 홍차나 커피 등을 탈 때에는 이들의 침출을 방해하므로 수돗물을 조리용으로 쓸 경우는 충분히 끓여서 사용하는 것이 좋다. 그러나 요즘에는 정수기 사용이 보편화되어 수돗물을 그냥 마셔도 물맛의 차이는 크게 없다.

(2) 연수와 경수

맛있는 음료수는 연수(軟水)이어야 한다는 것이 필수조건이다. 연수란 칼슘이나 마그네슘이 중탄산염, 염화물, 질산염 또는 황산염 등으로 비교적 소량 함유되어 있는 물을 말하고, 이들이 많이 용해되어 있는 물을 경수(硬水)라고 한다. 경수 중의 이들 염류는 단백질을 굳게 변성시키므로 경수는 특히 단백질 식품(육류, 대두 등)의 조리에는 좋지 못하다. 따라서 이런 식품의 조리시에는 경수를 연화시켜 사용해야 한다.

칼슘이나 마그네슘이 중탄산염으로 함유되어 있을 때에는 가열만 해도 칼슘과 마그네슘의 탄산염이 되어 침전하므로 간단히 연수로 만들 수 있다.

$$Ca(HCO_3)_2 \longrightarrow CaCO_3\downarrow + CO_2 + H_2O$$

이와 같은 경수를 일시적인 경수라고 한다. 그러나 가열만 해서는 연화되지 않는 경수를 영구경수라 하는데, 알칼리를 첨가하거나 이온(ion)교환제를 사용해서 연화(軟化)한다.

$$CaCl_2 + Na_2CO_3 \longrightarrow CaCO_3\downarrow + 2NaCl$$
$$CaSO_4 + Na_2CO_3 \longrightarrow CaCO_3\downarrow + Na_2SO_4$$

이온교환제는 $Na_2O \cdot Al_2O_3 \cdot 2SiO_2 \cdot 6H_2O$이고, 물에 불용성인 입상체로서 이것을 여수기(濾水機)에 채우고 경수를 통하면 다음과 같이 경수 중의 Ca^{2+}이나

Mg^{2+}이 Na^{+}과 교환되어서 연수가 된다.

$$Na_2P + Ca^{2+} \longrightarrow CaP + 2Na^{+}$$

제 3 절 조리에 있어서의 열

1 열의 역할

조리에 있어서는 식품을 가열한다든지 냉각시키는 등 여러 가지로 열이 이용되고 있다. 그리고 이 열의 이동이 빠르고 느림에 따라 조리시 잘되고 못되고 좌우되는 경우도 많다. 또 그대로 먹기에는 질긴 조직이라든지, 소화하기 어려운 생전분 등을 가열에 의하여 소화하기 쉬운 형태로 변화시킬 수가 있다. 미생물 등은 살균시켜서 위생적으로 만들며, 단백질은 변성을 일으키고, 또 여러 가지 화학반응을 일으켜서 맛을 좋게 할 뿐 아니라 좋은 냄새로 식욕이 나게 한다.

조리의 기술적인 역사를 보아도, 인간이 열을 여러 가지 모양으로 사용할 수 있게 됨에 따라 조리법도 다양하게 발전하여 왔음을 알 수 있다. 가열조리의 역사를 분류해 보면 <표 3-8>과 같다.

〈표 3-8〉 가열조리의 역사와 분류

항 목	건 열 조 리		습 열 조 리	
	굽 기	튀기기	끓이기	찌 기
시작된 시기	50만년 전	기원전 2000년	7500년 전	1만년 전
문화시대	구석기시대	그리스시대	신석기시대	후기구석기시대
관련사항	불의 발견	식용유지	토기의 발명	활의 사용
주재료	짐승의 고기, 생선과 조개	광범위	광범위	짐승의 고기, 감자
관련조작	볶기		데치기, 삶기	
전열형식	복사, 전도	대류	대류(전도)	대류
가열온도	200℃ 이상	160~190℃	100℃	100℃
습도조절	곤란함	곤란함	용이함	용이함
조미료의 침투	가능함	전처리로 가능함	용이함	곤란함

2 ■ 열의 성질

(1) 열의 이동

열의 이동 방식에는 전도, 대류, 복사의 3가지와 극초단파(microwave)가 있다. 조리에는 이 세 가지 열의 이동 형식이 함께 이용되고 있다.

1) 전 도

전도(conduction)라는 것은 금속막대의 한 끝을 불에 대고 있으면, 그 막대의 다른 끝까지 뜨거워지는데, 이와 같이 열이 물체를 따라 이동하는 것이다. 전도와 관계되는 것은 조리기구이다. 예를 들면, 물을 빨리 끓이려면 열전도율이 높은 금속의 용기를 사용하는 것이 좋고, 반대로 가열된 음식물을 보온해야 할 경우에는 열전도율이 낮은 것이 좋다.

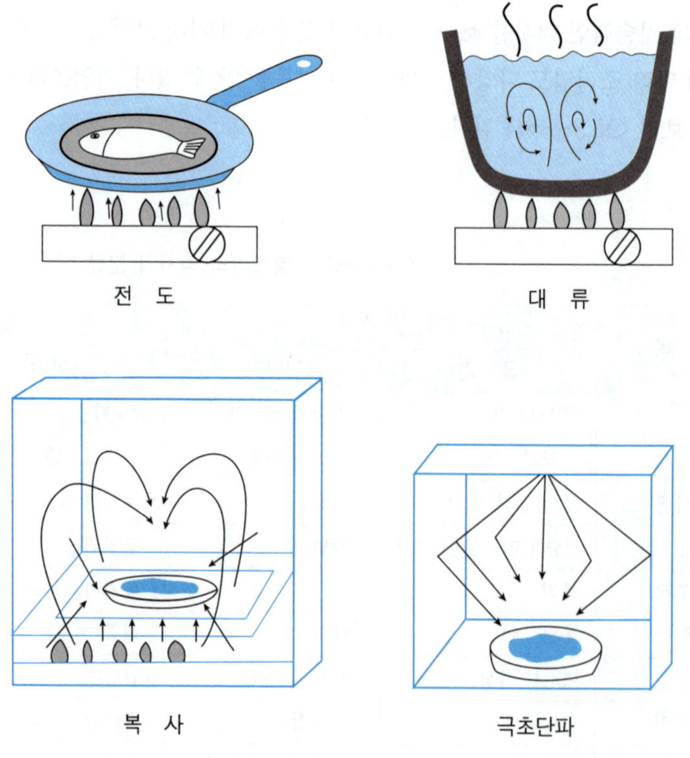

〈그림 3-4〉 열의 전달 단계 (전도, 대류, 복사, 극초단파)

2) 대 류

대류(convention)란 물이나 공기가 더워지는 경우와 같이 가열로 인하여 가열된 부분의 부피가 팽창하여 밀도가 작아지므로 가벼워져서 상승하고, 아직 더워지지 않아 밀도가 큰 부분은 무거워서 중력의 작용에 의해 하강한다. 이와 같이 가열되는 물질이 상하로 이동되면서 열이 전해지는 것을 말한다.

대류는 물이나 수용액을 끓일 때 일어난다. 또 액체가 식을 때에도 대류에 의하는데, 예를 들면 국 같은 액체를 용기에 담았을 때 대류가 일어나기 쉬운 것부터 빨리 식는다. 즉, 온도가 높은 부분이 차례로 표면으로 올라와서 그곳에서 증발열을 빼앗겨서 식으면 아래로 내려온다. 이런 움직임이 계속되면서 뜨거운 국은 식어 간다. 여기에 비하여 대류가 잘 일어나지 않는 점도가 큰 액체는 표면이 식어도 상하가 바뀌지 않으므로 식기 어렵다. 밀가루나 찹쌀로 쑤어 놓은 풀이 잘 식지 않는 것은 이 때문이다. 각종 국에 따라 식어 가는 모양은 <그림 3-5>와 같다.

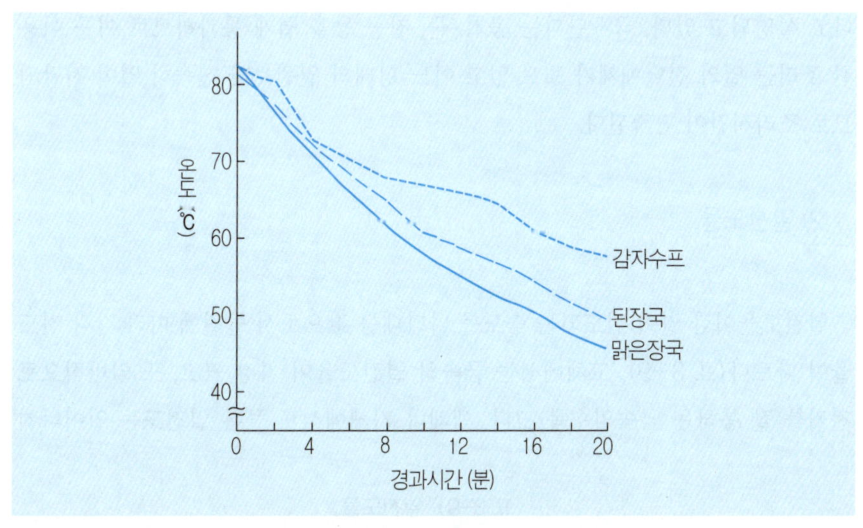

〈그림 3-5〉 국의 냉각곡선(실온 13℃)

3) 복 사

복사(radiation)란 열이 중간에 어떤 물질에도 관여하지 않고 직접 물체에 닿아서 덥게 하는 상태를 말한다. 즉, 열은 물질의 원자나 분자의 운동 에너지이므로 온도가 높고 원자나 분자의 운동이 뚜렷하면 이 에너지가 물질의 표면에서 방사선(전자파, electromagnetic wave)을 내게 되는데 이것을 열방사(heat radiation) 또는 열복사(radiant heating)라고 한다. 이들은 다른 물질에 닿으면 일부는 반사되고 일부는 흡수되며 일부는 통과한다. 흡수된 에너지는 그 물체 내의 원자나 분자의 운동 에너지로 사용되며 물체의 온도 상승을 일으킨다.

열방사하는 전자파는 그 내부의 에너지에 따라 파장이 다르므로 색이 다르게 나타난다. 예를 들면, 가스불이나 숯의 불빛이 다른 것이 이 때문이다. 햇볕을 쬐고 있으면 따뜻해지는 것은 태양열이 복사에 의하여 전해져 오기 때문이다.

복사는 오븐(oven)을 사용할 때나 굽기 조리의 경우 많이 쓰인다. 생선을 구울 때 직접 불꽃에 닿으면 그 부분만 타니까 금속 팬(pan) 등을 가열해서 열을 흡수시킨 후 여기에 나오는 복사열을 이용하여 굽는 것이다.

4) 극초단파

극초단파(microwave)에 사용되는 전파는 915MHz와 2,450±50MHz로서 극히 짧은 파장이 사용된다. 마이크로웨이브에 의한 가열은 식품을 구성하는 극성분자(물)가 고주파 전계 내에서 회전진동하여 분자 상호간의 마찰에 의해 발열한다고 설명되고 있다. 극초단파는 공기, 물, 진공 등을 쉽게 통과하므로 이를 이용한 조리는 열의 전달매체가 필요 없고 어느 형태의 열원보다 신속히 열이 전달되므로 조리시간이 단축된다.

(2) 열전도율

열전도율이란 열이 전도되는 속도를 나타내는 값으로서 물질에 따라 각각 전도율이 다르다(표 3-9). 고체에서는 금속의 열전도율이 가장 크고, 또 일반적으로 전기를 잘 통하는 금속일수록 크다. 액체나 기체에서도 물론 열전도는 일어나지

〈표 3-9〉 열전도율

물 질	열전도율	비 교 치
은	1.000	6.21
구 리	0.918	5.70
알루미늄	0.480	2.98
철	0.161	1.00
유 리	0.002	1/83
공 기	0.000051	1/3,200

만 고체보다 열전도율이 적고, 또 보통의 경우 전도보다도 대류에 의한 열의 이동이 더 잘되므로 열전도만을 측정하기는 매우 어렵다.

열전도율이 큰 것은 열을 빨리 전달하는 대신 보온성이 적다. 반대로 열전도율이 작은 것은 온도가 상승하기 어려운 대신 보온성이 좋다. 일반적으로 유리나 도자기류는 금속류보다 열전도율이 작다. 그러므로 천천히 뭉근하게 데울 필요가 있을 때에는 내열성 유리제나 조리기구를 사용하는 것이 좋고, 급속히 가열해야 하는 경우에는 금속제인 것이 좋다.

(3) 열용량

어떤 물체의 온도를 1℃ 변화시키는 데 필요한 열량을 열용량이라 하고, 열용량은 '중량×비열' 또는 '용량×비중×비열'이다.

조리에 있어서의 온도는 일정하게 유지하는 일이 대단히 중요하다. 특히 튀김 조리에서 기름의 온도가 일정하지 않으면 잘 튀겨지지 않는다. 온도를 일정하게 유지하려면 열전도율이 작고 비열과 비중이 큰 물질로 된 기구와 용매를 사용해야 한다. 즉, 열용량을 크게 하지 않으면 안된다. 그런데 용적이 같고 모양이 같은 경우에 열용량은 비중과 비열에 좌우된다. 다시 말하면, 철 또는 구리로 만든 두툼한 그릇에 기름을 가득 넣고 가열하는 경우는 열용량이 커서 튀기고자 하는 식품재료를 넣어도 온도의 변화가 거의 없는데, 알루미늄제의 얇은 냄비에 기름을 조금 넣고 가열하면 온도의 변화가 심하여 잘 튀겨지지 않는다.

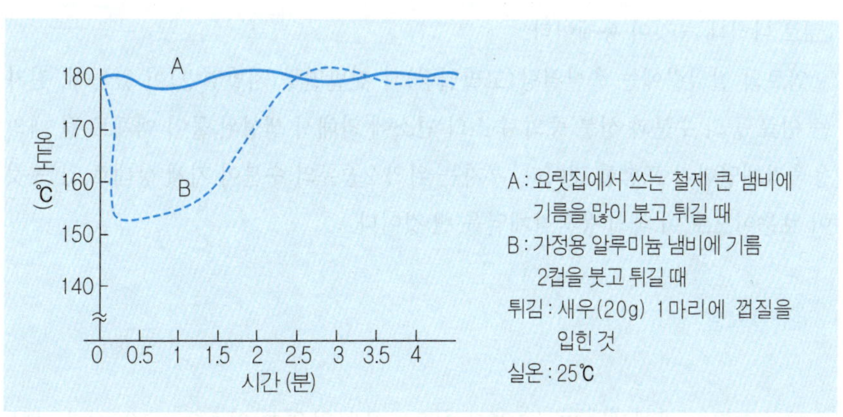

〈그림 3-6〉 식품재료를 넣은 후 튀김기름의 온도 변화

<그림 3-6>은 위의 두 경우에 있어서 튀김기름 온도의 변화를 측정한 결과이다.

또 가열된 물체를 식힐 때 냉수를 사용하는 것은 물의 열용량이 크기 때문이다. 더욱이 빠른 냉각 효과를 올리기 위해서 다량의 냉수를 사용한다.

3 ■ 연 료

가열조리를 위한 열원을 얻기 위해서 우리는 여러 가지 연료를 사용하고 있는데, 연료는 가연성 물질로서 불에 타면서 더불어 열을 발생한다.

조리용 연료로서는 다음과 같은 조건을 갖춘 것이 이상적이다.

① 발열량이 많을 것
② 점화와 소화가 용이할 것
③ 화력의 조절이 쉬울 것
④ 연소 후 유해물질이 발생되지 않을 것
⑤ 연소기의 부피가 작고 조작이 간단할 것
⑥ 운반 또는 공급이 편리할 것

(1) 연료의 발열량

연료의 발열량은 고체 및 액체 연료에서는 1kg당 발생하는 열량을 kcal로 나타내고, 기체 연료는 $1Nm^3$당 발생하는 열량을 kcal로 나타내는 것이 보통이다. 1kg 당의 kcal는 g당 cal이기도 하므로, 석탄 등에서는 그냥 6,000 cal라든지 10,000 cal로 나타내는 것이 통례이다.

연료의 발열량에는 총발열량(고발열량)과 진발열량(저발열량)이 있는데, 전자는 연료 중의 수분과 성분 중의 수소의 연소에 의해서 생성된 물이 액체로 될 때의 응축잠재열까지 포함한 것이다. 후자는 위의 2종류의 수분이 기체 상태로 있는 것이 보통이므로 이 물의 응축잠재열을 뺀 것이다.

(2) 열효율

어떤 연료가 발생하는 열이 100% 이용되었을 경우 그 열효율은 100이라 한다. 그러나 실제에는 연료가 타서 내놓는 열량은 그 중에 함유되어 있는 열량의

〈표 3-10〉 연료의 종류에 따른 열효율

종 류	열효율(%)	종 류	열효율(%)
전 력	50~65	연 탄	30~40
가 스	40~45	숯	35~45
석 탄	30~40	장 작	25~45

100%가 아니다. 그것은 가열 목적에 이용된 열량과 그렇지 못하고 방사된 열량이 있어서 당연히 연료 중에 함유되어 있는 열량과는 큰 차이가 있다. 여기서 연료 중에 함유된 전 열량과 가열에 쓰인 열량과의 비를 열효율이라 한다.

열효율은 연료의 종류에 따라 다르고(표 3-10), 또 가열할 때 사용한 연소 기구나 태우는 방식에 따라서도 큰 차이가 있다. 그러나 열효율이 좋아도 연료비가 비싼 것이 있고, 열효율이 낮아도 연료 값이 아주 싼것도 있다. 그러므로 이런 점을 잘 고려하여 연료를 선택해야 한다. 물론 사용상의 편리한 점도 중요하다. 또 그 연료에 맞는 연소기구와 조리기구를 사용해야 한다.

(3) 연료의 종류

현재 조리용으로 많이 이용되고 있는 것은 가스(gas)와 전기이다. 그 밖에 고체, 액체 연료도 쓰이고 있다. 이들 열량원의 특성을 비교하면 <표 3-11>과 같다.

1) 고체 연료

장작, 숯, 석탄 등이 여기에 속한다. 석탄이란 태고시대에 무성했던 육지식물 또는 수생식물이 지각의 변동이나 홍수에 의한 토사로 땅속에 매몰되어서 오랜 세월 동안에 고압과 지열에 의하여 가압 건류되어 이루어진 것을 말한다.

석탄은 탄화 정도에 따라서 토탄, 갈탄, 역청탄, 무연탄 등으로 나누어지는데, 우리나라에서 산출되는 석탄은 대부분 무연탄이다.

이들의 성분과 열량은 <그림 3-7>과 같다.

2) 액체 연료

석유의 근원은 해저의 미생물이 죽어서 퇴적된 것이다. 원유는 각종 탄화수소의 복잡한 혼합물이 주성분이며, 산소, 질소, 황 등의 화합물을 다소 함유하고 있다. 그 원소 조성의 범위는 탄소 : 75~92%, 수소 : 8~25%, 산소 : 0~3%, 질소 :

〈표 3-11〉 열량원의 특성 비교

열원		발열량	취급의 난이	안전과 위생	경제성	연소기구의 열효율
기체	도시가스	3,600~11,000 kcal/m³	점화 · 소화 · 화력의 조절이 아주 쉽다. 청결하게 취급된다.	성분 중 CO를 포함한 것은 가스누출로 중독을 일으킬 염려가 있다.	설치비가 많이 든다. 도시가스공급지역에 한한다. 연료비가 비싸다.	• 가스 버너 • 열효율 45~55%
	LP가스	12,000 kcal/kg (24,000 kcal/m³)	점화 · 소화가 쉽다. 화력을 줄이면 꺼지기 쉽다. 통의 설치장소와 보충이 필요하다.	가스에 독성은 없으나 가스가 새서 하부에 모이므로 인화로 인해 폭발적으로 탈 위험이 있다.	시설비는 싸지만 연료비가 도시가스보다 약간 비싸다.	• 가스 버너 • 열효율 45~55%
액체	석유	10,500 kcal/kg (8,400 kcal/L)	점화 · 소화 · 화력의 조절은 쉽다. 배선 · 배관의 필요가 없어서 어느 곳에서도 쓸 수 있다. 기구, 심지 손질과 연료 저장 장소가 필요하다.	사용 중에 급유하거나 옮기면 위험하다. 사용법이 나쁘면 불완전 연소해서 CO가 나온다.	연소 기구 비용이 약간 들고, 연료비는 다른 연료보다 싼 편이다.	• 석유 버너 • 열효율 40~50%
전기	전열	860 kcal/kW	점화 · 소화가 가장 간단하고 화력의 조절이 비교적 쉽다. 온도조절기가 부착된 것은 조절이 쉽다.	음식을 엎지르던가 젖은 손으로 취급하면 감전된다. 계약전류에 주의해서 사용해야 한다. 공기를 오염시키지 않는다.	어느 열원(熱源)보다 비싸다. 계약전류에 따라 요금에 차이가 있다.	• 전기 버너 • 열효율 65~75%

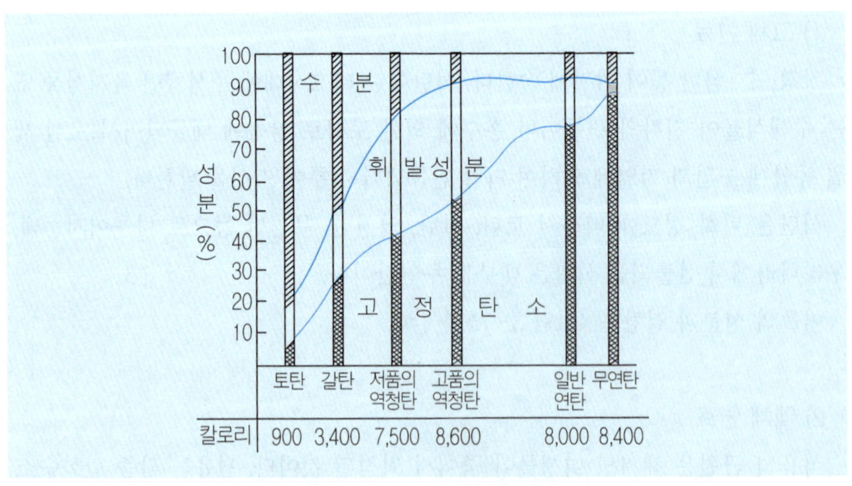

〈그림 3-7〉 석탄의 성분과 칼로리

0~2%, 황 : 0~5%이다.

원유를 분류해서 얻는 온도별 제품은 <그림 3-8>과 같다. 이들 제품 중 조리용으로 쓰이는 것은 등유인데, 등유는 비중 0.78~0.80, 고발열량 약 11,000 kcal/kg이며, 석유조리 가열기, 난로의 연료로 널리 사용된다.

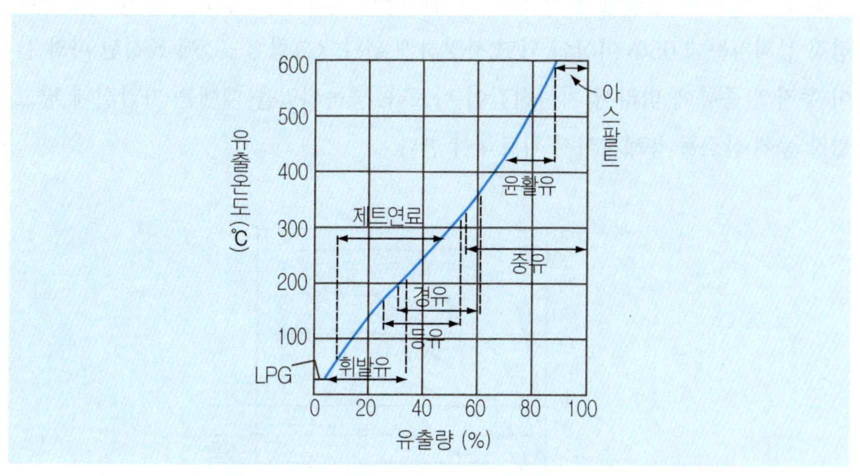

〈그림 3-8〉 원유의 증류곡선과 석유제품 유출온도의 관계

3) 기체 연료

기체 연료는 재를 남기지 않고 점화와 소화가 용이하며, 공기를 원활히 공급해주면 완전히 연소시킬 수가 있다.

현재 많이 보급되고 있는 도시가스와 LPG에 대하여 약술하면 다음과 같다.

① 도시가스 … 도시가스는 가스회사로부터 공급되며, 석유를 고온 건류할 때 생성되는 가스를 정제하여 공급하는 것 외에 나프타(naphtha : 석유의 성분 가운데 휘발유와 등유의 중간에 있는 조제 휘발유)를 분해하여 얻는 오일가스(oil gas)를 혼합하기도 한다. 석유가스 중에는 일산화탄소(CO)가 함유되어 있으며, 또 도시가스에 혼합되는 오일가스나 수성가스 등에도 함유되어 있으므로 도시가스 중의 일산화탄소의 함량을 약 5% 정도로 저하시켜서 공급하고 있다. 또한 가스의 발열량은 4,500~5,000 kcal/ Nm^3가 되도록 조정하여 공급된다.

예전에는 일반적으로 연탄가스로 인한 일산화탄소 가스 중독이 많았으나 요즘에는 도시가스 사용시 환기를 잘 시키지 않아 불완전 연소를 한 도시가스로 인하여 발생된 일산화탄소 가스 중독이 발생하곤 한다. 일산화탄소 가스 중독은 다음 반응에 의한다.

$$CO + H_2O \xrightarrow{\text{촉매 200℃}} CO_2 + H_2$$

일산화탄소의 중독은 혈액 중의 헤모글로빈(hemoglobin)과 강하게 결합해서 O_2의 공급이 원활히 되지 않기 때문에 일어나는 현상이다. 피 속에 CO-Hgb 결합 농도가 10%이면 경증인 중독 징후가 나타나기 시작하며, 농도가 증가함에 따라 점점 심해지는데 65% 이상이 되면 사망하게 된다. <그림 3-9>에 표시된 바와 같이 동작의 종류에 따라서 치사시간이 다르다. 중독되었을 때에는 가압실에 넣고 혈장 중에 산소를 용해시켜서 치료해야 한다.

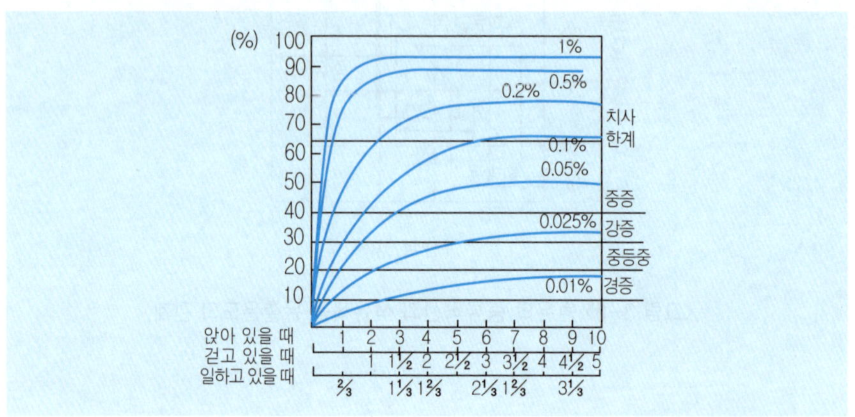

〈그림 3-9〉 인체 혈액 중의 CO-Hgb결합 %와 흡입한 CO농도 시간 및 동작과의 관계

② 액화 석유가스(liquefied petroleum gas) … 석유 중의 프로판(propane) 및 부탄(butane) 가스 등 저비점 탄화수소를 주성분으로 하는 가스를 상온으로 가압하여 액화한 것이며, LPG 또는 LP가스라고 약칭한다. 이 가스를 소형의 압력용기에 충전해서 사용하는데, 발열량은 $1m^3$당 24,000 kcal 이상이다.

저장용기(bomb) 중의 가스 압력은 기온이 10~15℃일 때 $1cm^2$당 6~7kg이 되는 정도이며, 조절판으로 수은주 300mm 내외로 감압되어 가열기(burner)에 보낸다. 가열기에서는 가스 소비량이 변동하든지 저장용기 중의 가스가 감소해서 압력이 저하해도 조절판으로 항상 같은 정도의 압력으로 가스를 빼내도록 고안되어 있는 외에 안전판을 갖추어 사고를 방지한다.

석유가스는 비중이 1보다 작은 데 반하여 LPG는 공기의 1.5~2배로 무거워서 낮은 곳에 가라앉는 위험이 있다. 또 공기가 충분히 공급되지 않으면 불완전연소에 의하여 CO가 발생하므로 역시 가스 중독에 대해 주의해야 한다. 또 연소 속도는 석탄가스의 약 반으로 늦다.

4) 전 기

전기 가열기, 토스터(toaster), 전기밥솥 등 모든 조리기기에 이용하고 있다.

전기 가열기는 니크롬(nichrom)선에 전류를 통해서 발열시키는 것과 적외선 램프(lamp)에 방사열을 발생시키는 것이 있다. 이 외에도 인덕션(induction) 가열은 조리기 자체에서 전류를 유도하여 자력이 생기게 되는데, 이때 발생한 자력은 자력이 통하는 용기인 금속그릇에 전자분열이 일어나게 해서 열을 발생시켜 가열하게 되는 것이다. 즉, 용기 자체가 니크롬선과 같은 역할을 하여 발열되는 원리를 응용한 것이다.

4 조리용 가열기구의 종류

(1) 가스레인지 및 가스오븐

조리하기에 간편하고 효율적이므로 일반 가정에서 가장 많이 사용되고 있는 가열 조리기구이다. 구조는 일반적으로 가스레인지는 버너와 브로일러로 이루어져 있고, 가스오븐은 오븐과 브로일러를 같이 부착하고 레인지 위에 버너, 그 외에 온도 조절기, 타이머, 자동 오븐 청소장치 전구 등이 부착되어 있다.

열원으로 사용되는 연료로 부탄, 프로판, 천연 및 제조가스 등인데, 요즘에는 가정용 열원으로 보급되는 도시가스와 프로판가스를 사용하는 것이 많다.

(2) 강화 내열유리제 레인지

강화 내열성 유리질의 사기물질이 전기 코일 위에 덮여 코일이 보이지 않게 만들어진 레인지이다. 가스레인지와 다른 점은 불꽃이 밖으로 나오지 않으며 유해한 가스 발생도 적고, 또한 화재에도 안전하다. 내열유리상판은 아주 강하고 편편하며 잘 긁히지 않고, 음식이 묻어도 행주로 쉽게 제거되며 음식을 조리하거나 가열을 하지 않을 때는 조리대의 용도로 사용할 수도 있다. 열원으로 전기를 사용하므로 연료비가 비싸다.

(3) 전자레인지(microwave)

고주파 가열 장치 또는 마이크로웨이브(microwave)라고도 부르고, 비이온화에너지로 인체 내에 축적이 안되고 분자 파괴를 일으키지 않는 장파 복사 에너지이다.

마이크로웨이브에 의한 가열 원리는 종래의 가열 방법과는 전연 달라서 식품 내부에서 열을 발생시켜 식품 자체를 열원으로 만드는 것이다. 그리하여 열원에서 식품 각 부분으로 열의 이동이 필요 없으므로 열의 이용효율이 높다. 마이크로웨이브는 파장이 극히 짧은, 즉 주파수가 대단히 높은 전파이다. 마이크로웨이브를 물체에 쬐면 물질에 의하여 전파를 반사하는 것(예 : 금속), 전파를 투과하는 것(예 : 유리, 도자기, 종이, 대부분의 플라스틱), 전파를 흡수하는 것(예 : 물, 모든 식품)이 있다. 식품은 극초단파를 흡수하며, 흡수된 전파 에너지는 열로 변하여 식품을 발열하게 한다.

마이크로웨이브의 장점은 음식 가열 시간이 짧고, 그로 인해 영양소의 파괴, 유출이 적다. 또 도자기, 종이, 유리, 합성수지 등은 전자파가 통과되므로 가열조리시 그릇 사용의 제한이 적다. 단시간의 조리시에 음식은 데워졌어도 그릇은 뜨거워지지 않으나, 가열이 중단되어도 한동안 분자운동에 의한 가열이 계속되므로 완전히 익지 않은 음식을 꺼내도 계속 조리가 진행된다.

마이크로웨이브의 단점으로는 가열하는 동안 뚜껑을 닫지 않으면 수분 증발이 일어나 식품이 딱딱해지거나 마를 수가 있다. 또 가열조리시 조리 시간이 짧은 관계로 식품의 내부는 익어도 겉이 눋지 않아 시각적으로 좋지 않을 때가 있다.

(4) 인덕션레인지

인덕션레인지는 고효율의 자장 유도 기술을 응용한 것으로 전기 에너지로 자력을 발생시켜 열을 발생시키는 원리를 이용해 만들었다. 가스레인지나 일반 가열기처럼 외부로 나오는 불꽃이 없기 때문에 사용이 안전하다. 조리기기의 상부는 세라믹으로 매끈하게 만들어졌으며, 따라서 일반 냄비나 유리제품이 아닌 자력을 효율적으로 이용할 수 있는 전용용기를 사용해야 한다. 전용용기는 무쇠나 마그네틱 스테인리스 스틸(magnetic stainless steel) 또는 겉에 법랑을 입힌 강철로 만든 법랑냄비를 사용해야 하며, 비철물질은 사용할 수가 없다.

제4장 조리방법과 원리

식품재료를 다듬고, 씻고, 썰고, 익히는 등 사람이 먹기 전까지 이들 식품에 가해지는 여러 가지 처리법을 조리조작이라고 한다.

조리조작에는 예비조작과 본조작이 있다. 본조작은 주로 가열 조작인데 비가열 조작인 경우도 있다. 조미(調味)도 본조작에 속하는데 가열 전에 하는 경우, 도중에 하는 경우, 그리고 가열 후에 하는 경우가 있다.

조리조작은 어느 것이나 물리적인 방법이나 열을 가한다던지 변화를 주어 이루어진다. 결과적으로 식품은 물리적, 화학적 가열 등으로 조리학적인 변화를 일으킨다. 그 중에서 가장 중요한 가열조리 조작을 제외하고 그 외의 조작은 기계적 조리조작으로 나누기도 한다. 화학적 조리조작은 특정의 화학변화를 일으키는 것을 주목적으로 하는데, 이 조작은 가열이라는 조작을 행한 결과 화학변화가 일어난 것으로 맛있는 음식물을 완성하기 위한 일련의 작업을 뜻하며, 이를 조리공정이라 한다. 따라서 조리과정에서 나타나는 각각의 과정을 크게 분류해서 <표 4-1>에 나타냈다.

〈표 4-1〉 조리조작의 힘의 변화에 따른 분류

	방 법	종 류
물리적 조리조작	세정	씻기
	침수	흡수, 추출, 침투
	절단, 정형	썰기, 깎기, 벗기기, 자르기
기타 물리적 조리조작	혼합, 교반	섞기, 휘젓기, 버무르기, 거품내기
	분쇄, 마쇄	찧기, 갈기, 거르기
	압착	밀기, 짜기, 반죽하기, 개기, 빼기
	냉각, 동결	차게 하기, 식히기, 말리기, 녹이기
가열조리조작	건식가열	굽기, 튀기기, 볶기
	습식가열	삶기, 찌기
화학적 조리조작	염저장, 산저장	분해, 발효, 응고, 탈수 등

제 1 절 조리의 예비조작

1 ■ 계량, 측정

조리를 합리적으로 하기 위해서는 계량을 정확히 할 필요가 있으므로, 조리할 때에는 계량기를 사용해야 한다. 정확한 계량기술은 음식의 표준화에 필수적이다. 조리에서의 계량은 양(무게), 체적(부피), 온도, 시간의 측정을 말한다.

일정량의 식품에 조리를 하고 났을 때의 용적과 혼합하는 식품 상호간의 비율을 파악하고, 조미할 때 가장 좋은 맛을 내는 식품과 조미료와의 정확한 배합량을 조사해서 정량대로 하면 언제나 맛있고 낭비 없는 조리를 누구나 할 수 있다. 그러므로 조리할 때에는 반드시 계량기(저울, measuring cup, measuring spoon 등)를 사용하도록 해야 한다.

가열할 때에도 가열 온도와 시간을 적절히 하면 열과 시간을 낭비 없이 맛있게 조리할 수 있으므로, 조리용 온도계와 시계도 반드시 갖추어서 이용하도록 한다. 조미료 및 식품의 용량과 중량과의 관계는 〈표 4-2〉와 같고, 몇 가지 식품의 용량과 중량의 관계 및 식품의 개량(概量)과 중량의 관계는 〈표 4-3〉, 〈표 4-4〉와 같다.

식품에 따라 정확한 계량기구를 사용하여 올바르게 계량을 하여야 한다.

① 액체 … 액체를 측정하기 위한 계량컵은 투시할 수 있는 유리 같은 재료로 만들어진 것이 좋고, 용량을 잴 때에는 정확성을 기하기 위해 눈금과 액체의 오목렌즈와 동일한 위치에서 밑부분을 읽어야 한다. 조청, 기름, 꿀과 같이 점성이 높

〈표 4-2〉 조미료의 용량과 중량

용 량 / 조미료	티스푼(t)/5mL	테이블스푼(T)/15mL	계량컵(C)/200mL
물 · 식 초	5 g	15 g	200 g
간 장	6	17	230
된 장	6	18	230
기 름 · 버 터	4	13	180
설 탕	3	10	120
굵 은 소 금	4	12	160
가 는 소 금	5	15	200
깨 소 금	3	10	120
화 학 조 미 료	3	10	130

<표 4-3> 식품의 용량과 중량

식 품 명	티스푼(t)/5mL	테이블스푼(T)/15mL	계량컵(C)/200mL
밀 가 루	2~2.5 g	6~7.5 g	100 g
녹 말 가 루	3~3.5	10	120
빵 가 루	3	9	120
쌀	4	12	160
납 작 보 리	2.5~3	8~8.5	110

<표 4-4> 식품의 개량과 중량

식 품	개 량	중 량
고등어	1 토막	70~80 g
햄	1장 (얇게 썰어서)	12
꽁 치(小)	1 마리	70
달 걀(中)	1 개	50
감 자(中)	1 개	150
양 파(中)	1 개	200
오 이	1 개	100
시금치(小)	1 단	120
사 과(中)	1 개	150
귤(中)	1 개	80
배추잎(大)	1 장	70

은 것은 할편 계량컵을 사용하는 것이 좋다.

② 지방 … 지방을 잴 때에는 냉장온도보다 실온일 때 계량컵에 꼭꼭 눌러 담고 직선으로 된 칼이나 주걱으로 윗부분을 싹 깎아 계량한다. 버터, 마가린, 쇼트닝과 같은 것을 계량할 때에는 할편 계량컵을 사용하는 것이 정확하게 측정할 수 있다. 버터나 마가린은 450g 또는 한 파운드 크기로 구입할 수 있으며, 이 무게는 2컵에 해당되므로 계량컵으로 다시 잴 필요없이 사용할 수 있다.

③ 설탕 … 백설탕을 측정할 때에는 할편 계량컵을 사용하는 것이 좋고, 흑설탕은 설탕 표면에 시럽의 피막이 있어서 설탕입자를 서로 밀착시키는 경향이 있으므로 백설탕과 같이 측정할 수 없다. 흑설탕은 꼭꼭 눌러 재는데, 다른 그릇에 옮겨 담으면 모양이 생길 정도로 눌러서 잰다.

④ 밀가루 … 가루를 잴 때에는 할편 계량컵을 사용하는 것이 좋으나 가루를 정확히 재려면 제시된 표준무게를 재는 것이 더 과학적이다. 측정 직전에 반드시 체로 쳐서 누르지 말고 가만히 수북하게 담고 주걱으로 컵의 윗 부분을 싹 깎아 측정한다.

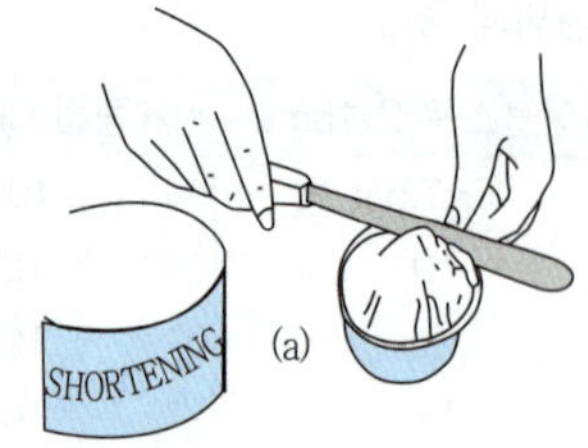

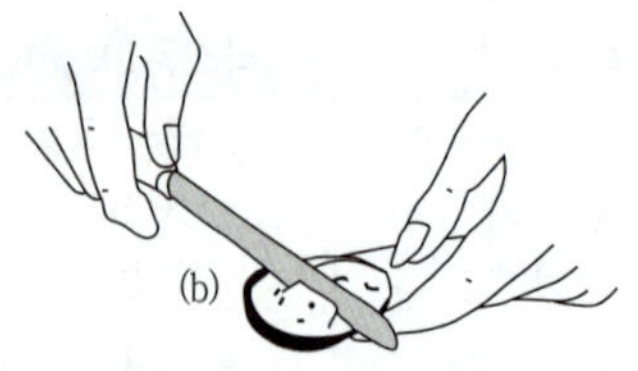

계량컵이나 계량스푼에 버터나 쇼트닝을 가득 채운 후 주걱이나 칼로 밀어 덜어낸다

① 버터나 쇼트닝의 계량

(a) 백설탕을 계량하는 모습

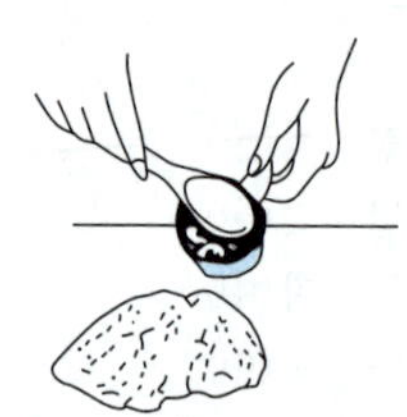

(b) 흑설탕은 꼭꼭 눌러 계량한다

② 설탕의 계량법

(a) 재기 전에 체질한다(sifting)

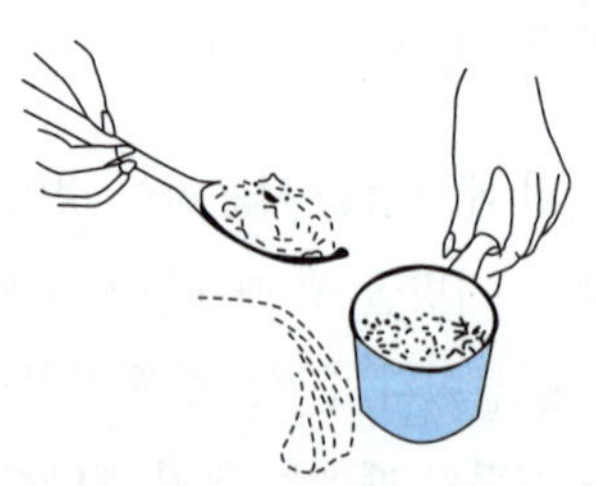

(b) 스푼으로 계량컵에 밀가루를 충분히 채운다

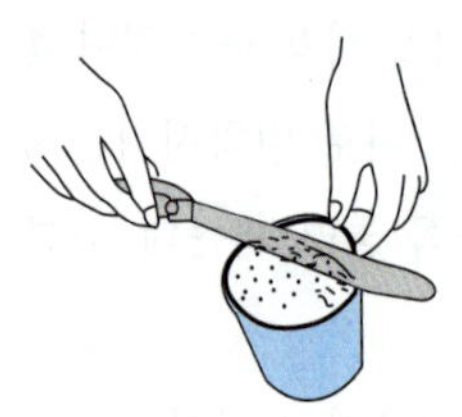

(c) 주걱이나 칼로 밀어 덜어낸다(수평이 되게)

(d) 테이블스푼으로 밀가루를 재는 모습

③ 밀가루 계량법

〈그림 4-1〉 식품의 계량법

2 ■ 씻　기

조리의 최초 조작의 하나로서 씻기가 있다. 식품에는 오염물, 미생물, 기생충 알, 농약 등이 붙어 있으므로 식품을 위생적으로 취급하기 위해서는 무엇보다도 잘 씻어야 한다.

(1) 씻는 방법

씻기는 보통 물을 사용하는데, 단지 물에 의한 제거뿐만 아니라, 물의 마찰 등의 물리적 조작을 가하는 경우가 있다.

물로 씻을 때 물을 담은 그릇 속에서 씻는 경우에는 자주 물을 갈아주면서 씻어야 한다. 씻는 물의 총량이 동일한 경우 씻는 횟수가 많을수록 좋다. 즉, 많은 물로 한 번 씻는 것보다 적은 물로 여러 번 나누어 씻는 것이 더 효과적이라는 것이다.

또 그릇에 물을 담고 씻는 경우와 흐르는 물로 씻는 경우를 비교하면, 물론 흐르는 물로 씻는 편이 효율적이다. 흐르는 물은 깨끗한 물을 계속 공급하게 되고 또 흐르는 물의 힘과 수압이 세정 효과를 높이기 때문이다. 그러나 이러한 사실은 식품 중의 수용성 성분의 용출에 대해서도 동일한 결과가 되는 것이다. 그러므로 식품을 씻을 때에는 다음과 같은 점에 주의가 필요하다.

① 껍질을 깎거나 자르면 식품세포에 상처가 나므로 그 전에 씻을 것

② 씻는 동안에도 세포에 상처가 나지 않도록 할 것

③ 세포에 상처가 난 후 씻을 경우에는 되도록 단시간에 씻을 것

식품의 표면의 피막이 있는 채로, 예를 들면 콩류, 채소, 생선 등의 표피가 있는 채로 씻으면 영양소의 손실이 적은데, 이들 표피를 벗기고 씻으면 영양소의 용출이 많아진다.

씻는 방법을 나누어 보면 흐르는 물에 씻는 법(일반적으로 모든 식품에 쓰인다), 솔로 문질러 씻는 법(근채류, 과채류 등), 저어 흔들어 씻는 법(교반하는 법 : 쌀, 콩류 등의 곡류), 흔들어 씻는 법(소쿠리에 담아 흔들어 씻는 법 : 패류, 소어류 등) 등이 있다.

생선의 경우 씻을 때 제거해야 하는 것은 주로 표면의 점액질과 세균이다. 점액질은 생선 표면을 보호하는 점막으로 일종의 단백질로서 물에 의외로 강하여, 간

단히 씻어서는 떨어지지 않으나 2~3% 식염수에는 녹기 쉬우므로 식염수로 씻는다. 어패류는 사람의 손이 많이 닿고 많이 씻으면 수용성 단백질의 손실이 커지므로 비늘, 지느러미, 내장 등을 제거한 후 물에 잘 씻어 용도에 맞게 토막을 내어 조리하는 것이 좋다. 자른 다음에는 씻는 것을 피하고, 씻은 후에는 즉시 요리하는 것이 좋다.

채소류는 흙, 오물, 기생충, 전염병균, 농약 등이 부착해 있으므로, 이들을 제거하기 위해서 충분히 씻어야 한다. 채소류에 붙은 이물질들을 충분히 제거하기 위해서는 채소를 10~30분간 물에 담가 두었다가 흐르는 물에 채소의 겉표면을 가볍게 문지르면서 씻어 내거나, 물을 몇 번 갈면서 다량의 물 속에서 흔들어 적어도 3~5회 씻는 것이 좋다.

엽채류는 잎의 뒤쪽 부분에 충균을 가지고 있을 수 있으므로 잎 사이를 살살 문질러서 잘 씻는다(특히 깻잎은 뒷면을 잘 씻어야 한다).

요즘에는 비료로 인분뇨 사용이 감소되어 기생충의 보유율이 감소되고 있으나, 친환경농법으로 재배된 채소의 공급과 소비가 증가됨에 따라, 이 식품들의 부주의한 취급 방법에 의해 기생충란 등이 부착되는 경우가 있으므로 씻는 데 있어 더욱 주의해야 한다.

물로 잘 씻어지지 않는 오물이나 생식하는 채소, 과일 등은 조리용 세제를 쓰고, 매끈매끈한 생선이나 조갯살은 2% 식염수를 사용한다.

(2) 식품의 오염

식품이 우리 손으로 들어오기까지는 여러 경로를 거치기 때문에 많이 오염되어 있다. <표 4-5>는 오염물의 mg%를 조사한 결과이고, <표 4-6>은 세균 검사 결과이다. 물론 세균 오염 때문에 그것을 먹으면 반드시 곧 발병하는 것은 아니지만, 세균의 수가 일정한 수 이상이 될 때에는 전염병이나 식중독이 발생하기 때문에 세정으로 균을 줄이는 것은 뜻있는 일이다.

<표 4-6>에서 나타난 바와 같이, 시판되고 있는 채소에는 상당수의 세균이 오염되어 있고, 심지어 양배추 속 부분까지도 오염되어 있으므로, 양배추와 같이 겹쳐 있는 것은 하나하나 떼어서 씻도록 하며, 파슬리 같은 것은 줄기를 잡고 잎 부분을 물에 넣어 잘 흔들어 씻어야 한다.

<표 4-5> 채소 및 과일의 오염도

(mg%)

시 료	최 고	최 저	평 균
시금치	105.0	29.9	70.2
쑥 갓	150.7	12.4	60.3
셀러리	33.2	6.0	12.5
양배추	6.7	2.6	4.7
레티스	19.1	3.8	12.1
배 추	6.4	0.5	3.4
가 지	2.8	1.8	2.2
피 망	6.5	0.2	2.5
토마토	2.5	1.0	1.5
오 이	26.3	9.4	15.4
딸 기	18.5	1.0	9.3
귤	3.2	0.5	1.9
사 과	6.5	4.0	4.8

<표 4-6> 채소의 세균검사 성적

시 료	대장균군수 / g			생균수 / g		
	A	B	C	A	B	C
레 티 스 (밖에서부터 1,2,3장째)	22×10^2	340×10^2	9.5×10^2	12×10^5	12×10^5	12×10^5
파 슬 리	78×10^5	80×10^5	47×10^5	21×10^6	53×10^6	34×10^6
파	240	290	9,600	9.2×10^4	13×10^4	22×10^4
셀 러 리	12×10^2	9×10^2	42×10^2	30×10^3	22×10^3	150×10^3
양 배 추 (밖에서부터 1,2 장째)	95×10^2	95×10^2	40×10^2	27×10^5	21×10^5	7.5×10^5
양 배 추 (밖에서부터 13,14,15장째)	0	0	0	100	350	400
오 이	18×10^3	55×10^3	140×10^3	43×10^5	31×10^5	50×10^5

(3) 씻기와 중성세제

식품의 씻기는 주로 물로 하지만, 과일, 채소 등은 표면에 굴곡이 있으므로 물만으로는 표면장력 때문에 오목한 곳까지 충분히 씻을 수 없다. 그러나 중성세제 용액은 물의 표면장력을 약하게 하므로 오목한 곳까지 침투할 수 있고, 유화력, 분산력에 의하여 깨끗이 씻어내게 된다.

또 농약의 오염은 물만으로 충분히 제거되지 않으므로 중성세제를 사용한다. 중

<표 4-7> 0.25% 중성세제 용액에 세정 후 농약잔류량

(ppm)

식품명	농약명	세정액	세 정 시 간			
			0 분	1 분	2 분	3 분
딸 기	파라티온	물	20.2	8.2	5.2	3.5
		중성세제	20.2	3.8	1.5	0.8
	EPN	물	15.2	11.8	6.1	4.0
		중성세제	15.2	3.8	1.8	0.5
사 과	파라티온	물	8.4	5.2	3.8	2.5
		중성세제	8.4	3.8	1.3	0.4
	비산납	물	5.2	3.8	2.1	1.6
		중성세제	5.2	3.0	1.0	0.8
배 추	EPN	물	5.4	3.4	2.5	1.8
		중성세제	5.4	2.6	1.1	0.4
	비산납	물	10.1	7.5	5.1	3.8
		중성세제	10.1	5.8	2.8	1.2
포 도	비산납	물	10.5	6.5	4.1	3.8
		중성세제	10.5	3.8	1.8	1.0

성세제 0.5% 용액을 만들어 사과와 같은 것은 이 액을 묻혀서 스펀지 등으로 문질러 닦고, 엽채류는 뿌리 쪽을 쥐고, 액 속에서 흔들어 씻는다. 이렇게 씻은 것은 다시 물로 위와 같은 식으로 여러 번 씻어서(흐르는 물에서 씻으면 더 좋다) 중성세제의 거품이 없어질 때까지 충분히 씻는다.

중성세제로 씻은 후의 농약 제거 효과에 대한 실험 결과는 <표 4-7>과 같은데, 이것으로 보아 중성세제로 씻는 것이 물로 씻는 것보다 농약의 제거 효과가 큰 것을 알 수 있다. 그러나 중성세제를 완전히 씻어 내지 않으면 중성세제로 사용하지 않은 것보다 좋지 않다.

요즈음 우리나라에서 판매되고 있는 식품 및 식기용 살균제(주성분 : NaClO)는 발생기 산소의 강력한 살균력에 의한 것이다. 살균제를 물에 타면

$$\mathrm{NaClO} \longrightarrow \mathrm{NaCl} + \mathrm{O}$$

와 같이 분해하여 발생되는 발생기 산소가 세균 세포에 쉽게 침투하여 세균 효소의 작용을 저지시키므로 살균작용을 하게 되는 것이다.

<표 4-8>과 <표 4-9>는 살균 효과의 실험 결과이다. 이 표에 의하면 5,000배로 희석한 살균액에 약 10분간 담가 두면 충분히 살균할 수 있음을 알 수 있다.

〈표 4-8〉 포도상균에 대한 살균 효과

희석배수		5,000	6,000	7,000	8,000	9,000	10,000	20,000	30,000	40,000
작용시간	2.5분	−	+	+	+	+	+	+	+	+
	5.0분	−	−	+	+	+	+	+	+	+
	10.0분	−	−	−	+	+	+	+	+	+
	15.0분	−	−	−	−	−	+	+	+	+

〈표 4-9〉 대장균에 대한 살균 효과

희석배수		1,000	5,000	10,000	20,000	50,000
작용시간	1분	−				
	2분	−	−	+	+	+
	3분	−	−	+	+	+
	4분	−	−	−	+	+
	5분	−	−	−	−	+
	10분	−	−	−	−	−
	15분	−	−	−	−	−

3 침 수

조리를 할 때 식품을 잠시 물에 담가 두는 조작이 있다. 이와 같은 조작의 목적은 크게 두 가지로 볼 수 있는데, 그 하나는 수분의 부여이고 또 다른 하나는 식품의 불미(不味) 성분이나 기타 불필요 성분의 제거이다.

(1) 수분의 부여

곡류나 건조물은 가열조리에 앞서 예비조작으로서 물에 담그는 경우가 많다. 이렇게 하는 것을 흔히 '불린다'고 하는데, 침수 시간, 흡수 속도, 흡수량은 각 식품에 따라 차이가 있다. 흡수 속도는 침수하는 수온이 높을수록 빠르다. 곡류, 건조물은 흡수에 의해 용적이 증가된다.

1) 쌀

쌀 전분을 호화하려면 수분을 가하고 가열해야 한다. 그래서 가열의 전처리로서 물에다 담그는데, 침수 시간은 쌀의 양과 질, 밥짓는 방법, 수온 등에 따라 차이가 있다.

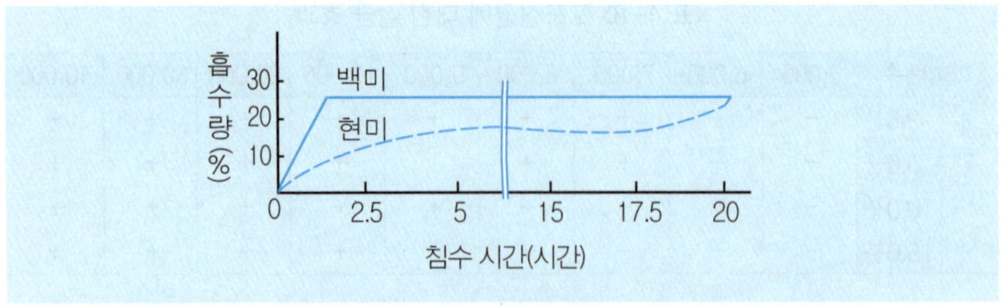

〈그림 4-2〉 현미와 백미의 흡수량

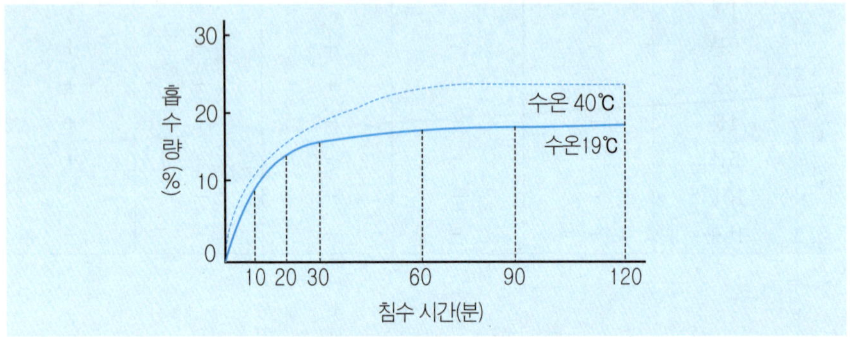

〈그림 4-3〉 수온에 따른 쌀의 흡수량

쌀의 종류 및 수온에 따른 흡수량의 실험 결과는 〈그림 4-2〉, 〈그림 4-3〉과 같다. 이 흡수곡선을 보면, 현미와 백미를 비교할 때 수분흡수의 포화량은 같으나 흡수 속도가 다르다. 현미가 늦은 것은 그 표피 때문에 수분이 침투하는 데 시간이 걸리기 때문이다. 수온에 따라서도 흡수 완료하는 시간에 차이가 있음을 나타내고 있다.

2) 콩　류

콩류의 겉껍질은 수분이 침투하는 데 시간이 많이 걸린다. 또, 콩류는 그 종류에 따라 흡수 상태도 다르다. 〈그림 4-4〉는 콩의 종류에 따른 흡수 상태를 나타낸 것인데, 대두나 제비콩은 약 6시간이면 흡수가 완료되는 데 비하여 팥은 흡수 시간이 특히 긴 것을 보여 주고 있다.

그러므로 팥은 찬물에 침수시키지 않고, 가열 중에 물을 흡수함에 따라 팥을 삶으면서 모자라는 물을 추가하면서 삶는 것이 좋다.

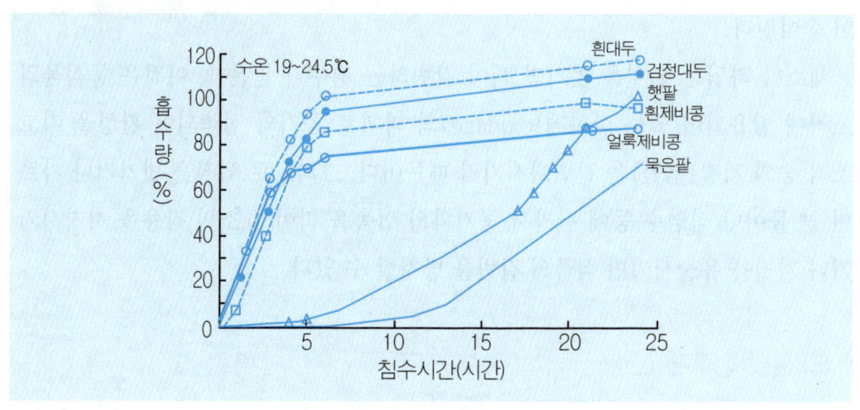

〈그림 4-4〉 두류의 흡수곡선

3) 건조물

건조물은 식품 보존을 위해 식품 중의 수분을 감소시킨 것이므로, 조리시에는 물에 담가서 식품의 함수량을 증가시켜야 한다. 이때 냉수보다는 온수나 열탕을 사용하면 흡수가 빠르다. 흡수에 의해서 중량과 용량이 증가하는데, 각종 건조 식품의 흡수 실험 결과는 <표 4-10>과 같다.

건조물 중에서 식물성 식품은 흡수 소요 시간이 짧으나 동물성 식품은 장시간을 요하므로, 조리시에는 이 점을 미리 생각해 두어야 한다.

〈표 4-10〉 건조 식품의 흡수

(흡수 전을 100으로 함)

식품	흡수 소요 시간(20℃)	중량 증가	용적 증가
무말랭이	50~70 분	480	400
패주(貝柱)	20~22 시간	200	230
송이버섯	15~20 분	560	230
쌀	50~60 분	130	120
콩	15~20 시간	260	250
팥	15~20 시간	240	240

(2) 불미 성분이나 변색 성분의 제거

식품에는 쓴맛과 떫은맛 등 불미 성분을 함유하고 있는 경우가 있는데, 이들은 주로 알칼리성의 무기염류, 알칼로이드, 유기염기 배당체 등이다.

이와 같은 식품은 냉수에 또는 열탕에 담그면 불미 성분이 용출되어 식품의 맛이 좋아진다.

채소나 과일은 껍질을 벗기면 색이 갈변하는 경우가 많은데, 이것은 동식물의 조직에 함유되어 있는 산화제(oxidase)의 파괴로 공기와 접촉되어 활성을 띠고 조직 중의 기질(基質)을 갈변화시키기 때문이다. 그러므로 껍질을 벗기거나 자르면 곧 물이나 식염수 등에 담가서 공기와의 접촉을 막아 효소의 작용을 저지시키거나 기질을 유출시키면 식품의 갈변을 방지할 수 있다.

(3) 짠맛의 제거

염장식품은 현재와 같이 냉동법이 발달함에 따라 점차 그 모습이 사라지고 있지만, 염장식품을 맛있게 먹으려면 과량의 염분을 물에 담가서 용출시켜야 한다. 염장식품을 물에 담그면 식품의 내부와 외부의 삼투압의 차이로 염분이 제거되는데, 염장에 사용한 소금이 식염(NaCl) 외에 염화칼슘($CaCl_2$), 염화마그네슘($MaCl_2$) 등을 함유하고 있는 조제염인 경우에는 염장한 식품을 1.5% 정도인 식염수에 침수시키는 것이 좋다. 그 이유는 순수한 물에 담그면 식염이 다른 염류보다 먼저 용출되고 다른 염류가 남아서 맛을 나쁘게 하기 때문이다.

<표 4-11>은 침수액의 식염 농도를 다르게 해서 용출된 식염의 양을 조사한 결과이다.

〈표 4-11〉 침수액의 식염농도별 식염의 용출량

침수시간 / 식염농도	2.5 시간	4 시간	24 시간
0 (%)	12.00 (%)	13.11(%)	13.85 (%)
0.5	12.03	12.91	13.60
1.0	11.95	13.09	13.64
5.0	10.70	10.81	12.63
10.0	9.45	9.55	11.75

(4) 기 타

식품을 물에 담가 둘 때 나무 태운 물이나 중조를 사용하는 경우가 있다. 나무 태운 잿물에 함유되어 있는 탄산칼슘(K_2CO_3)이나 중조($NaHCO_3$)는 식품의 조직을 연화시키는 성질(단백질의 팽윤화)이 있기 때문이다.

또 나무 태운 잿물에 건어(乾魚)를 불리는 경우가 있는데, 이것은 알칼리의 연화작용 외에 지방의 산화로 생성된 지방산을 검화해서 용해하기 쉽게 하기 때문이다. 우엉, 죽순, 말린 청어 등은 쌀뜨물에 담가 두었다가 쓰는 경우가 있는데, 이것은 쌀뜨물의 전분 콜로이드 입자가 이들 재료의 표면을 둘러싸서, 끓일 때 공기 중의 효소, 물 속의 용존산소 등으로 산화되는 것을 막아 백색을 보존할 수 있으며, 쌀뜨물에는 쌀겨에서의 효소가 녹아 있어서 전분 분해 효소, 단백질 분해 효소 등이 작용하여 단단한 재료를 연하게 만들기 때문이다.

그 밖에 쇠간이나 갈비 등을 찬물에 잠깐 담가서 핏물을 제거하는 경우도 있다.

(5) 침수로 인한 영양소의 용출

식품을 물에 담가 놓는 경우 불필요한 성분의 용출과 함께 영양 성분의 용출도 수반하게 된다. 이에 관한 몇 가지 영양소에 대하여 실험한 결과는 다음과 같다.

1) 칼 슘

칼슘에 대해서 채소류, 해조류, 콩류를 시료(試料)로 하여 실험한 결과는 <표 4-12>, <표 4-13>, <표 4-14>와 같다. 이상의 결과로 보아 채소류는 칼슘의 용출량이 적고, 침출 시간에 따른 변화도 거의 없다.

그러나 해조류 중의 칼슘은 일반적으로 침수 시간이 길수록 용출량이 많아지고 있으며, 다시마는 예외로 나타났다. 콩류의 칼슘 용출률은 2% 이하로 낮다.

<표 4-12> 채소류를 침수했을 때 칼슘의 용출률(%)

(상온)

시료 \ 침수시간	5분	10분	15분	20분	30분	60분
양배추	1	1	1	2	2	2
배 추	2	2	3	3	4	5
파	1	2	2	2	2	3
시금치	1	1	1	1	1	1
무	1	1	1	1	1	1
당 근	1	1	1	1	1	1
양 파	2	2	3	3	3	3
호 박	1	2	2	2	3	3

〈표 4-13〉 해조류를 침수했을 때 칼슘의 용출률(%)

(상온)

시료 \ 침수시간	0.5 시간	1 시간	2 시간	4 시간	6 시간
미 역	14	16	16	18	20
다시마	10	10	11	10	11
파 래	21	24	26	27	28
김	24	30	30	32	-

〈표 4-14〉 건조 콩류를 침수했을 때 칼슘의 용출률(%)

(상온)

시료 \ 침수시간	1 시간	5 시간	10 시간	15 시간	20 시간
강 낭 콩	0.4	1.0	1.2	1.1	1.7
흰제비콩	0.2	0.4	1.2	1.2	2.1
팥	0.4	1.9	2.2	5.4	5.6
대 두	1.0	2.6	5.4	7.2	7.6

2) 비타민 B_1

콩류를 배량의 물에 20시간 침수한 결과는 〈표 4-15〉와 같은 비타민 B_1의 용출량을 보였다. 비타민 B_1의 용출량은 침수의 온도가 높을수록 증가하므로, 여름철에는 겨울철보다 손실이 많게 된다. 또 24시간, 72시간 침수에 의한 용출량은 각각 7.9%, 14.9%로 시간이 길수록 증가하였다.

〈표 4-15〉 두류의 침수에 의한 비타민 B_1의 변화

종 류	침수온도 (평균 ℃)	B_1 함유량(㎍%)			B_1 잔존율 (%)		
		콩(豆)	침수액	합계	콩(豆)	침수액	합계
대 두	생콩	816.3	0	816.3	100.0	0	100.0
	9.5	764.1	49.8	813.9	93.6	6.1	99.7
	37	677.5	119.2	796.7	83.0	14.6	97.6
강낭콩	24	572.0	44.2	616.2	92.1	7.1	99.2

3) 비타민 C

비타민 C의 용출에 대해서는 파를 3℃인 물에 담가서 침수 시간별로 비타민 C의 잔존을 조사한 실험 결과, 〈표 4-16〉과 같다.

여기서 보면 식품의 비타민 C가 용출하고 용출액 중의 비타민 C는 그 함량이 낮아서 분해한 것으로 생각된다.

〈표 4-16〉 파를 침수했을 경우 총 비타민 C 잔존율

비타민C량 / 침수시간	총 C 함유량 (mg%)		총 C 잔존율 (%)	
	파	침수액	파	침수액
0 분	30	0	100	0
30 분	25	0.5	83	2
1 시간	22.2	0.6	74	2
2 시간	20.1	–	67	–
5 시간	16.8	1.1	56	4
24 시간	9.4	2.4	31	8

〈표 4-17〉 물, 식염수에 침수한 무의 비타민C 함량

시 료	침전식염 농도	비타민C의 종류	생무의 함유량		무와 즙의 비타민C 합계량(㎍) 및 잔존율			
			10g중의 ㎍	%	침수(5분)	%	식염수침적(5분)	%
무(A)	1%	산화형C	162±4	100	194	119.8	189	116.7
		환원형C	1,016±14	100	852	80.3	893	84.2
		총 C	1,223±7	100	1,046	85.5	1,037	84.8
무(B)	2%	산화형C	296±11	100	355	119.9	317	107.1
		환원형C	2,323±20	100	1,826	78.6	1,958	84.3
		총 C	2,618±7	100	2,291	87.5	2,249	85.9
무(C)	3%	산화형C	310±9	100	337	108.7	307	99.0
		환원형C	1,478±12	100	1,252	84.7	1,279	86.5
		총 C	1,788±13	100	1,589	88.9	1,586	88.7

무를 두께 2cm로 썰고 다시 1/8로 썰어서 물과 식염수에 5분간씩 담근 결과는 〈표 4-17〉과 같이 물과 식염수 간의 차이가 거의 없다.

4 해 동

(1) 식품의 냉동

식품의 저장 방법의 하나로서 냉동법을 많이 이용하고 있다. 그리하여 냉동식품은 조리의 예비조작으로 해동을 시키는데, 해동을 잘 이해하기 위하여 냉동에 대하여 간단히 설명해 둔다.

식품을 0℃ 이하로 냉각하면 수분이 동결하여 소위 냉동 상태가 된다. 이때의 얼음의 결정은, 동결이 완료하는 데 요하는 시간이 짧을수록 작고 길수록 크다.

그런데 결정이 크게 생기는 경우에는 식품의 세포조직을 파괴하기 때문에 식품의 품질이 저하된다. 그러므로 되도록 미세한 결정을 이루기 위해서는 급속히 동결시켜야 한다. 이렇게 하는 것이 급속 냉동법이며, 보통은 −40℃ 이하에서 동결시킨다. 또, 최근에는 액체 질소(−194℃)를 이용하기도 한다(그림 4-5).

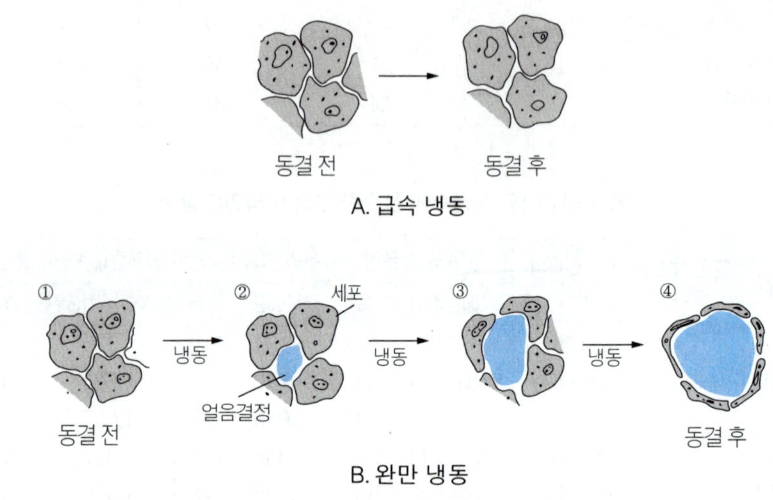

〈그림 4-5〉 동결에 따른 세포의 변화

작은 얼음의 결정은 큰 것보다 용해하기 쉽다. 그리고 표면 에너지가 최소로 되려고 하는 경향이 있기 때문에, 크기가 다른 2종의 얼음 결정이 있을 때 큰 것이 작은 것을 없애고 성장한다. 그러므로 얼음의 큰 결정은 점점 성장하여 식품의 조직을 파괴하게 된다. 이와 같은 얼음 결정의 성장은 온도가 높을수록(빙점 이하에 있어서) 빠르다. 그러므로 냉동된 식품은 저온으로 보존해야 한다. 적어도 −15℃ 이하, 가능하면 −20℃ 이하로 보존하는 것이 좋다.

동결 시간을 단축하기 위해서는 동결하고자 하는 식품을 우선 0℃ 가까이 냉각시킨 후 되도록 저온에서 급속히 동결시킨다. 식품을 냉동시킬 때는 1인 1회 분량으로 나누어 밀봉한 후 냉동시키는 것이 좋다.

(2) 식품의 해동

해동은 냉동한 식품을 냉동 전의 상태로 만들기 위한 조작이다. 해동은 열의 출입으로 볼 때 냉동의 역으로, 식품의 얼음 결정을 녹이기 위해서 냉동식품에 열을 가하는데 이때 녹은 물을 식품의 육질과 결합시켜 드립(drip : 고기를 가열하면 수용성 물질, 응고한 단백질, 지방 등을 함유한 국물이 나오는 것을 말한다.)의 발생을 되도록 감소시켜야 한다.

드립의 발생이 많으면 단백질, 엑스(Ex)분, 염류, 비타민류 등의 수용성 성분이 손실되어 음식 맛의 저하로 인한 식용 가치, 영양적 가치, 중량 등이 감소한다.

(3) 해동하는 방법의 종류

해동에는 해동의 정도로 보아서 반해동과 완전 해동이 있고, 해동 속도로 보아서 완만 해동과 급속 해동, 그리고 그 밖에 전자레인지를 사용한 고주파 해동이 있다. 일반적으로 많이 이용되고 있는 방법은 다음과 같다.

1) 공기나 물을 매체로 하는 해동법

① 공기 해동 … 육류, 생선류
- 실내의 정지 공기 중에 방치(완만 해동)
- 냉장고 중에 방치(저온 정지 공기 해동)

② 청수(淸水) 해동 … 닭고기, 생선류, 알류
- 정지 수중 해동 … 그릇에 물을 받아서 해동시키는 것
- 유동 수중 해동 … 그릇에 물을 받고 수도꼭지를 열어 물이 흐르게 하여 해동시키는 것

2) 가열 해동법

① 열탕(熱湯) 해동 … 조리식품, 채소, 빵, 케이크
② 조리(調理) 해동 … 조리식품, 반조리품
③ 열유(熱油) 해동 … 반조리식품(스테이크, 튀김, 만두 등)
④ 열판(熱板) 해동 … 생선류, 육류

3) 전기해동 조리식품, 반조리품

- 고주파유전 가열 해동법 … 전자레인지에 의한 해동

(4) 해동에서의 주의점

1) 공기나 액체 중에서 해동할 때

① 해동 매체의 온도를 되도록 낮게 하고 10℃를 넘지 않도록 한다.

② 해동 매체의 양을 많게 하고, 충분히 유동시킨다.

③ 공기 중인 경우는 습도를 높게 한다. 습도가 낮으면 온도의 상승이 늦고, 건조로 인한 식품 중량의 감소가 많아진다.

④ 포장된 상태, 또는 해동시킬 식품을 폴리에틸렌 봉지에 넣는다. 그렇지 않으면 수중에서 수분을 흡수하든지 가용성분을 용출하든지, 공기 중에서 건조되든지 또는 불결해지기 쉽다.

⑤ 해동을 균일하게 하기 위해서 분할할 수 있는 소단위로 만들어 해동매체에 접하는 면적을 넓게 한다.

⑥ 해동 종료시의 상태는 해동 후의 용도에 따라 다르지만, 대체로 반해동이 안전하다. 특히 과일, 생선의 냉동품은 반해동한다. 어육류는 반해동일 때 칼질하기가 좋다.

⑦ 해동 작업을 마치면 해동된 정도에 상관없이 곧 조리하거나 0℃에서 보관해야 한다.

2) 가열 해동할 때

가열 해동은 단백질 응고로 인하여 드립(drip)의 용출을 어느 정도 방지할 수 있고, 효소나 미생물에 의한 변질의 염려가 없다. 동결 전에 열탕처리를 한 식품은 과도한 가열이 되지 않도록 한다. 냉동식품을 일단 해동시키면 재동결은 피하도록 한다.

(5) 냉동식품 종류에 따른 해동 방법

1) 냉동 생선의 해동 방법(저온 완만 해동이 적당)

① 냉장고의 상단에 두어서 5~10℃에서 천천히 시간을 두고 해동한다.

② 급한 경우 플라스틱 필름 주머니에 넣고 얼음물에 담그거나 수돗물을 틀어 놓는다. 식품에 물이 직접 닿지 않도록 한다.

③ 별로 시간이 없을 때에는 20℃ 정도의 실온에서 해동한다.

〈표 4-18〉 해동 조건과 어육 단백질의 변성

수중해동		공기중해동	
온도 시간	해동육 중의 염용성 단백 N%	온도 시간	해동육 중의 염용성 단백 N%
동결수	91.9	동결수	91.9
5℃ 3시간	90.2	18℃ 8시간	90.2
20℃ 1시간	86.5	18℃ 21시간	81.8
20℃ 3시간	84.1	18℃ 27시간	55.8
30℃ ½시간	79.0	18℃ 41시간	48.6
50℃ ¼시간	33.9		

해동의 정도는 생선의 중심부에 얼음의 결정이 조금 남아 있는 정도에서 해동을 중지하고 조리한다. 이와 같은 조건일 때가 드립도 적고 선도도 좋다. 냉동 생선은 단백질 속에 자유수가 동결해 있으므로 녹아서 다시 단백질과 자유수의 결합 상태로 돌아가려면 저온에서 천천히 해동해야 한다. 급속히 해동해서 표면과 중심부와의 온도차가 큰 경우에는 원래의 수화(水和) 상태로 되돌아가지 못하고 드립으로 유출되는 양이 많아진다. 즉, 냉동 생선을 열탕에 담가서 급히 해동시켜서는 안 된다. <표 4-18>에서 보는 바와 같이 5℃의 물 속에 3시간 담가 놓았을 경우가 가장 단백질의 변성이 적고, 50℃의 온수를 사용하면 15분간에 2/3가 변성된다.

냉동 생선인 경우 저장 중에서도 자기 소화가 조금씩 진행되므로 해동 후의 분해 속도는 굉장히 빨라진다. 그러므로 해동 후에는 곧 조리해야 한다.

2) 냉동 조수육의 해동 방법(저온 완만 해동이 적당)

저온에서 두고 천천히 해동한다. 고기 덩어리가 큰 경우에는 다음과 같이 단계 해동을 하는 것이 좋다. 6~8℃에서 1일, 이어서 4℃에서 4시간 또는 5~8℃에서 4~5일, 이어서 0℃에서는 수일간 해동하는 것이 좋다. 그러므로 조수육은 조리 하루 전에 냉동실에서 꺼내 냉장실에서 해동하는 것이 좋다.

3) 냉동 채소의 해동 방법(급속 해동이 적당)

채소류에서는 각종 효소가 존재해서 냉동 중에도 조금씩 작용하므로 이것을 막기 위해 냉동 전에 블렌칭(blenching)을 행한다. 즉, 증기가열 처리를 해서 급속 냉동을 한다. 해동 조작도 급속열탕 해동법을 행한다. 즉, 언 채로 열탕에 넣어 가열 처리를 한다. 조리 시간이 단축되고 불가식부도 해동수에 처리되어 있어 다시 씻을 필요도 없어서 수월하다.

너무 가열하면 채소의 조직이 너무 무르고 영양소의 손실과 변색이 될 수 있으므로 이 점을 주의하여야 한다. 채소를 블렌칭할 때 비타민 C는 10~25% 정도 손실되는 반면에 비타민 C 산화효소가 활성을 잃으므로 그 나머지의 비타민 C 함유량을 보전할 수 있어 합리적인 조리를 할 수 있다.

채소를 생것으로 보존하면 5일 정도에 비타민 C가 거의 반감하므로 냉동법은 이런 점이 유리하다.

4) 냉동 과일의 해동 방법(저온 완만 해동이 적당)

과일은 생으로 냉동해 놓았으므로 산화 효소는 활성이지만 대개는 씻은 후 껍질을 벗기고 씨도 빼서 이것에 설탕을 친다든지 비타민 C를 첨가해서 효소에 의한 변화를 방지하도록 가공되어 있다. 그래도 장기간 공기 중에 있으면 갈변하므로 포장한 채로 먹기 직전에 해동한다. 냉장고 속, 실온에서, 흐르는 물 속에서 자연 해동하는 것이 좋고, 고온에서 해동하면 조직이 파괴된다. 과일은 반해동해서 먹는 것이 좋다.

5) 냉동 조리 식품의 해동 방법(급속 해동법)

조리 가공해서 냉동되어 있는데, 조리를 완료해서 냉동한 경우와 반조리 과정에서 냉동한 것 등 두 종류가 있다. 전자는 언 채로(pack에 들어 있는 채로) 데우면 되고, 스테이크(steak), 감자튀김 등 반조리 식품은 팩에서 꺼내어 언 채로 160℃의 기름에 넣어 튀긴다.

어느 경우나 해동하기까지는 −15℃ ~ −20℃에 보존해서 냉동고에서 꺼내면 곧 해동 조리해야 한다. 조리 냉동 식품의 포장(pack)은 끓일 수 있는 포장(boilable pack)이어서 100℃의 가열에도 견딘다.

5 ■ 절 단

(1) 절단 목적

식품을 써는 조작은 조리 중에 가장 많이 하는데, 식품을 먹기 쉽고, 익히기 쉽게 하기 위해 행해지는 조리조작이다. 그 목적을 들면 다음과 같다.

① 불가식 부분의 제거 … 식품 중 먹지 못하는 불가식 부분이 가장 많은 것은 어패류로서 약 40%이고, 감자류는 약 15%, 채소류는 15%, 과일류는 40%이며, 기타는 약 25%이다. 이들 불가식 부분은 썰기 또는 자르기에 의해 제거된다.

② 표면적의 확대 … 식품을 작게 자르면 표면적이 커지고, 열의 전도와 조미료의 침투가 용이해진다. 또 한편 표면적이 확대되면 식품을 침수했을 때 수용성 성분의 용출이 용이해지므로, 국이나 찌개의 경우와 같이 향미성분을 침출하고자 할 때는 표면적을 크게 하고, 반대로 삶는 경우와 같이 식품성분의 용출을 원치 않을 때에는 표면적을 작게 한다. 식품의 표면적을 넓게 하면 쉽게 가열할 수 있어 가열시간이 짧아지고 연료비가 절감된다.

③ 형태와 크기를 가지런히 한다 … 식품의 크기를 알맞게 가지런히 썰면 보기에도 좋아서 식욕에도 영향을 미칠 뿐만 아니라 입에 넣었을 때의 감촉의 차이로 맛을 좌우하게 된다. 그러므로 잘 드는 칼을 사용하여 적절한 크기와 형태로 가지런히 썰도록 한다.

④ 소화, 흡수를 잘되게 한다.

(2) 절단 방법

식칼을 움직이는 기본법은 <그림 4-6>에 표시한 바와 같이 수직으로 자르기, 앞으로 밀면서 자르기, 뒤로 빼며 자르기가 있다.

앞으로 밀면서 자르기와 뒤로 빼며 자르기는 칼을 앞으로 밀거나 뒤로 빼는 운동과 칼날에 수직한 운동을 합성한 운동이다. 합성한 힘은 단독의 힘보다 커지므로 같은 식품을 써는 경우에 수직으로 자르기보다 앞으로 밀면서 자르기, 뒤로 빼

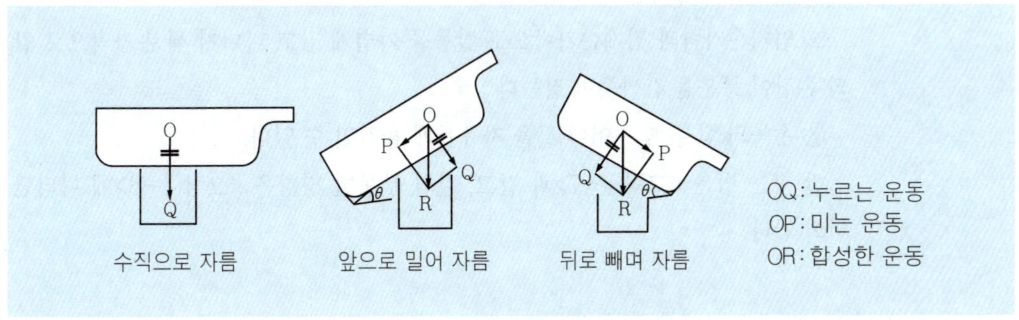

<그림 4-6> 식칼의 운동 방향

며 자르기가 더 쉽다.

뒤로 빼며 자르기는 재료의 저항이 칼의 한곳에만 집중하는 것을 배제하는 효과가 있으므로 재료의 찌그러짐도 적고 자르기도 쉽게 된다. 또 칼과 식품의 접촉면을 적게 하면 자르기 쉽다.

① 밀면서 자르기 … 무, 양배추, 오이 등의 채소류를 채썰 때 사용하는 방법이다.

오른쪽 집게손가락을 칼등에 대고 끝 쪽으로 미는 듯하게 가볍게 움직이면 곱게 썰어지고, 위에서 아래로 내리누르듯이 힘을 주면 채소의 섬유질이 파괴되어 썰어진 단면이 거칠어진다.

② 빼며 자르기 … 칼의 안쪽은 들어올리고 칼끝을 재료에 비스듬히 댄 채 잡아당기듯이 써는 방법이다. 오징어를 채썰 때나 고기류에 칼집을 낼 때 이 방법을 이용한다.

③ 눌러썰기 … 다져썰기의 방법으로 왼손으로 칼끝을 가볍게 누르고 오른손을 상하 좌우로 누르듯 써는 것이다. 흩어진 것은 다시 모아 같은 동작을 반복하면 곱게 다져진다.

자르는 조작은 칼의 원리, 칼의 조작을 이해해도 경험이 있어야 하며, 조리 양식별로도 여러 가지 자르는 방법이 있으므로 숙련을 해야 한다.

칼날의 각도와 썰기의 편함과의 관계는, 각도가 작을수록 재료에 가해지는 압력이 적어서 썰기도 쉬워지고 재료가 일그러지지 않고 썬 자리도 미끈하고 곱다.

(3) 칼 사용하는 법

1) 칼 잡는 법

① 칼등과 손잡이를 동시에 잡는다.

② 엄지손가락과 집게손가락으로 칼등을 가볍게 잡고 나머지 세 손가락으로 칼의 손잡이 부분을 감싸듯이 잡는다.

③ 손목의 힘을 빼 주어야 칼을 자유롭게 움직일 수 있다.

칼 잡는 법은 <그림 4-7>과 같고, 칼의 부분별 명칭은 <그림 4-8>에 나타난 바와 같다.

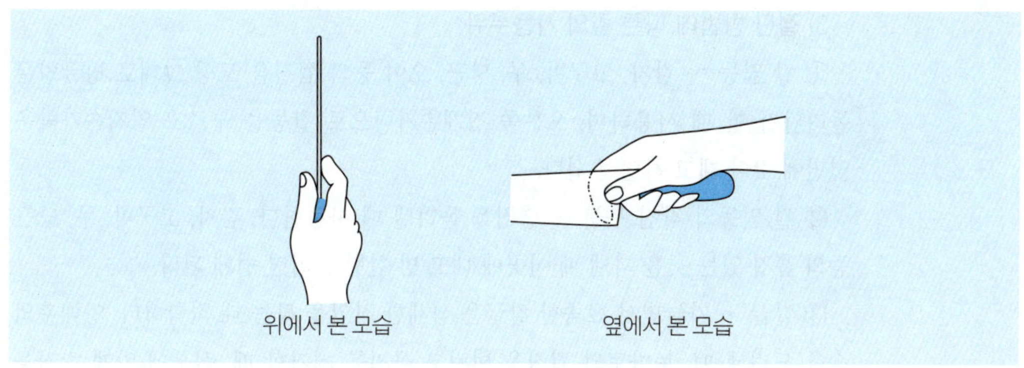

〈그림 4-7〉 칼 잡는 법

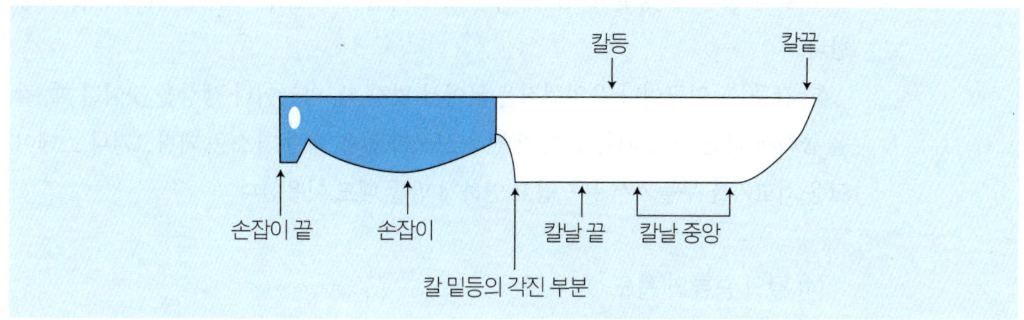

〈그림 4-8〉 칼의 부분별 명칭

2) 칼 손질 및 관리하기

칼은 사용하고 나서 손질 및 관리를 잘해 보관하여야 다음에 사용할 때 편하다.

① 사용 후에는 반드시 물로 씻어 마른수건으로 닦아 정해진 안정된 장소에 보관한다.

② 음식물을 묻힌 채로 그냥 놓아두면 비위생적일 뿐만 아니라 녹슬기 쉽다.

③ 칼날이 무뎌지기 때문에 불에 직접 칼날을 대지 않는다.

④ 무리하게 딱딱한 것을 자르지 않는다.

⑤ 칼날은 염이나 산에 약하므로 레몬이나 신 김치를 썬 후 바로 씻어 두어야 한다.

⑥ 칼의 상태에 따라 다르나 잘 안드는 칼은 자주 갈아 준다(무딘 칼이 잘 드는 칼보다 손을 다칠 위험이 더 많다).

3) 절단 방법에 따른 칼의 사용부위

① 칼 밑등 … 감자, 고구마, 무, 당근, 오이 등의 껍질을 모양 그대로 빙글빙글 돌려깎기 할 때 사용하며, 오른쪽 집게손가락으로 칼등을 누르고 엄지손가락은 옆면에 갖다 대고 하면 손쉽다.

② 칼 밑등의 각진 부분 … 흠집을 돌려낼 때 사용한다. 감자, 고구마, 무, 당근 등의 흠집 있는 곳을 파낼 때 이곳에 대고 빙 한번 돌리면 쉽게 된다.

③ 칼끝 … 가늘면서 뾰족한 칼끝은 섬세한 작업을 하는 데 적합하다. 양배추의 속을 도려낼 때, 토마토의 껍질을 벗기고 꼭지를 제거할 때, 식품에 얇게 칼집을 넣을 때, 고기의 결을 끊어 줄 때 사용한다. 식품의 흠집을 제거할 때도 사용한다.

④ 칼날 중앙 … 둥글게 썰기, 채썰기, 납작썰기 등 모든 썰기는 이 부분을 사용한다.

⑤ 칼등 … 연근이나 우엉껍질을 긁어서 벗길 때, 마늘이나 생강을 짓이길 때, 칼을 눕혀서 하면 편리하다. 또 고기 전용 도구가 없을 때 돈가스용 돼지고기나 스테이크용 쇠고기를 두들겨서 부드럽고 연하게 만들 때도 이용한다.

(4) 칼의 종류와 용도

칼은 용도에 따라 크게 나누어 보면 육류, 채소, 생선을 다루는 데 사용하는 식칼과 과일 등을 다루는 데 사용하는 과도가 있다. 음식문화가 세계화되어 가고 있는 추세에 맞추어 우리 나라에도 여러 나라의 칼들이 들어와 사용되고 있다. 이것을 나누면 생선을 다루는 데 편리한 일본식 칼과 고기를 다루기에 적합한 양식 칼과 빵칼로 볼 수 있다.

칼은 다목적으로 사용되는 식칼과 과도만 있어도 사용이 가능하나, 기능과 위생적인 문제를 고려하면 적어도 4가지 종류 이상의 칼은 있어야 한다. 즉, 생선과 육류용 칼, 야채용 칼, 과일칼, 빵칼 외에도 냉동 고기를 자를 수 있는 톱니 모양의 칼날을 가진 냉동칼을 구비하면 편리하고 기능적으로 사용할 수 있다. 그리고 다용도로 사용되는 조리용 가위도 부엌에서는 필수적이다.

칼의 종류와 용도는 <그림 4-9>와 같다.

① 셰프 나이프(chef's Knives) … 요리사용 칼로 다용도로 사용. 보통 식칼이라고 한다.

② 클레버스(cleavers) … 주로 야채를 잘게 다지고 자르거나, 토막낼 때 사용하는 칼. 중국식 야채전용칼과 비슷한 용도로 사용한다.

③ 과도(Paring and Peeling Knives) … 야채나 과일의 껍질을 벗기는 용도의 칼

④ 빵칼(Bread Knives) … 톱니 형태의 칼로 빵을 자르거나 냉동식품을 자른다.

⑤ 사시미칼 … 가늘고 긴 형태로 생선회를 자를 때에 사용한다.

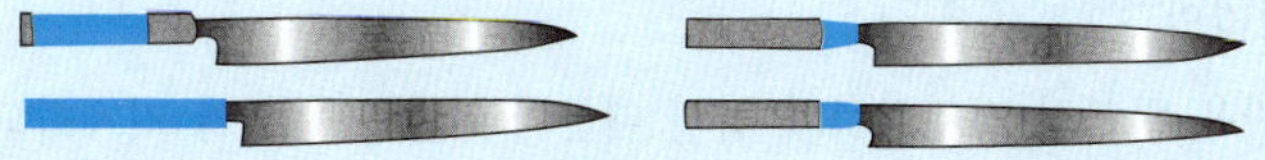

⑥ 칼 가는 것(Sharpening Steels) … 무디어진 칼을 가는 간이기구이다.

⑦ 요리용 주방가위

〈그림 4-9〉 칼의 종류와 용도

6 ■ 혼합, 교반

조리를 하는 과정에서 많이 이루어지는 중간조작이다. 혼합은 여러 재료들을 섞는 것을 말하고, 교반이란 재료들이 잘 섞이도록 주걱이나 도구를 이용하여 잘 저어 주는 것을 말한다. 혼합과 교반은 동시에 행하는 경우도 많고, 각각 단독으로 이루어지기도 한다.

밀가루, 소금, 베이킹파우더를 같이 체에 치는 것은 혼합이며, 녹말을 물에 녹여 저어서 끓이는 녹말탕을 만드는 것은 교반이다.

다음은 혼합, 교반의 목적이다.

① 용기 내 재료 분포의 균일화

② 온도 분포의 균일화

③ 조미료 침투의 촉진 및 균일화

④ 물리성의 변화(밀가루의 글루텐 형성 등)

혼합, 교반이라고 해도 어떤 재료를 섞는가에 따라서 여러 가지 경우가 있다.

① 물과 기름과의 혼합(유화-마요네즈 등)

② 교질용액과 용질의 혼합(거품내기, 카스테라 등)

③ 고형재료와 조미료(무침, 절임 등)

④ 재료와 물(즙, 밀가루 조리 등)

⑤ 재료끼리의 혼합

혼합, 교반은 비교적 기계화하기 쉽기 때문에 각종 교반기가 기계화되어 사용되고 있다.

7 ■ 분쇄, 마쇄

분쇄는 마른 식품을 부수는 조작으로 예전에는 가정에서 그다지 많이 사용되지 않고 식품가공의 분야에서 행하여졌다. 그러나 오늘날 가정기기의 발달로 가정에서 손쉽게 분쇄를 할 수 있어 쌀, 멸치, 마른버섯 등 건조식품을 분쇄하여 다양하게 사용하고 있다.

마쇄는 수분이 많은 것을 부수는 조작으로 조리에서 종종 행하여지고 있다. 이 조작들은 모두 조직세포의 파괴가 목적이다.

분쇄 · 마쇄 조작의 목적은 절단조작의 목적과 같으며, 거기에 교반의 목적인 '재료 분포의 균일화', 특히 '조직 상태의 균일화'가 더해진다. 분쇄 · 마쇄에 의해 영양성분의 이용률이 향상되나 신선한 채소나 과일의 비타민 C가 산화되는 것이 문제다. 그 외 과일에서는 효소와 반응하여 폴리페놀 물질의 산화에 의해 갈변하는 것이 많아 과일류를 마쇄할 때는 식염, 비타민 C 등을 첨가한다.

8 압착, 여과

압착 또는 여과는 단독으로 행하는 경우는 적고 대부분은 마쇄 · 교반 · 혼합 등과 동시에 행하여지고 있다.

압착 · 여과의 목적은 다음과 같으며, 압착 · 여과의 조작은 점차 조리에서 식품가공 분야로 옮겨가고 있다.

① 즙액의 분리(과즙)
② 조직의 파괴, 균일화
③ 점성 부여(밀가루 반죽)
④ 변형, 정형 → 성형

제 2 절 조　미

1 조미의 의의와 목적

조미(調味)란, 식품에 함유되어 있는 천연의 맛 성분의 농도가 기호적으로 쾌적 농도에서 부족할 경우 조미료, 향신료 등을 사용해서 식품의 맛을 조정하는 것으로, 조리에 있어서 빼놓을 수 없는 중요한 조작이다.

조미료에는 염미료(鹽味料)를 비롯하여 산미료, 감미료 등이 있고, 향미를 더해주기 위한 보조 조미료가 있으며, 또 방향과 새로운 맛을 부가해 주는 것으로 향신료가 있다.

이 밖에 조미료는 아니지만 유지가 사용되어 지방의 구수한 맛과 향기가 이용되는 경우도 있다. 이들 조미료나 향신료의 부가 효과는 다음과 같이 세 가지로 요약할 수 있다.

① 조미료의 맛이 부가된다.
② 재료가 지닌 맛이 강조 또는 감소된다.

③ 재료 식품이 지닌 맛과 합해서 새로운 풍미를 낸다.

2 ■ 조미료

조미료에는 짠맛을 내는 염미료, 신맛을 내는 산미료, 단맛을 내는 감미료, 매운맛을 내는 신미료, 맛난맛을 내는 지미료 등이 있다.

(1) 염미료

1) 소 금

소금은 짠맛만의 단일 맛이지만, 식품의 맛난맛과 합치면 그 맛난맛이 더욱 뚜렷해지고, 모든 맛을 융합 통일하는 작용이 있다. 그래서 소금을 조미의 생명이라고도 부르고 있다.

보통 가정에서 사용하는 소금의 종류에는 호렴, 식염, 식탁염, 정제염, 특급 정제염이 있는데, 그 성분은 <표 4-19>와 같다.

2) 간 장

염미뿐만 아니라 발효에 의하여 색과 방향, 맛난맛, 신맛, 단맛, 쓴맛 등의 복잡한 맛을 가지고 있는 조미료에는 간장과 된장이 있다. 이와 같이 간장과 된장은 염미료일 뿐만 아니라 지미료이기도 하므로 식품의 풍미를 내는 데 중요한 역할을 한다.

〈표 4-19〉 소금의 성분

성분 \ 종류	식염(가정용)	식탁염	정제염	특급정제염
염화나트륨(NaCl)	99.37%	97.76%	99.57%	99.74%
수 분	0.12	0.07	0.08	0.07
황산칼슘($CaSO_4$)	0.08	0.06	0.06	0.06
황산마그네슘($MgSO_4$)	0.16	0.02	0.03	0.02
염화마그네슘($MgCl_2$)	0.13	–	–	–
염화칼륨(KCl)	0.06	0.03	0.03	0.03
황산나트륨(Na_2SO_4)	–	0.05	0.07	0.05
(첨가물)				
탄산칼슘($CaCO_3$)	0.10	0.60	–	–
탄산마그네슘($MgCO_3$)	–	0.40	0.15	–

간장에는 단백질이 분해된 아미노산, 펩티드(peptide)류, 전분이 분해된 포도당, 그 밖의 당류, 덱스트린(dextrin) 등이 함유되어 있다. 지미성분은 글루탐산(glutamic acid), 그 밖의 아미노산, 유기산이고 향기는 알코올, 알데히드 등에 의한다. 간장의 질소 함유량은 1.1~1.4%, 식염은 약 18~20%이다.

간장에는 국간장과 진간장이 있는데, 국간장은 조선간장, 청장이라고도 하며 진간장보다 색이 흐리다. 국간장은 식염 농도가 짙으며 단맛이 덜하므로 주로 나물무침이나 국의 조미에 쓰인다. 한편 진간장은 진한 색과 냄새가 있어서 색을 진하게 하고자 하는 조리에 쓰인다. 또 완충작용에 의하여 어육의 냄새를 없애므로 생선 조리에도 이용된다.

시판되고 있는 간장은 이미 가열하여 적당한 색과 방향을 지니고 있으므로 조리 때 가열이 지나치면 색과 향기가 변한다. 그러므로 진간장으로 끓이는 조리의 조미를 할 경우에는 가열을 마치기 직전에 넣는다.

간장의 맛을 좌우하는 기본 조건은 메주와 소금물의 비, 소금물의 농도, 숙성 등이다. 간장의 종류는 제조법에 따라 다음과 같다.

① 전통 재래간장(국간장) … 수년 묵은 진간장(검은 간장), 그해 담근 묽은 간장(청장)

② 시판 진간장 … 양조간장, 산분해간장, 혼합간장 등

3) 된 장

콩으로 메주를 쑤어 알맞게 띄운 다음 소금물에 담가 숙성시켜 간장을 떠낸 건더기가 된장이다. 된장은 향기를 내는 조미료뿐 아니라 그 자체가 단백질이 풍부한 식품이다. 종류에는 된장, 청국장, 일본 된장 등이 있다. 약 10~13%의 소금을 함유하고 발효 중에 각종의 당류, 유기산, 아미노산, 휘발성의 향기 성분을 가지고 있어서 특유한 향기와 원숙한 지미가 나는 조미료이다. 또 대두단백질의 발효식품이므로 단백질의 중요한 급원이다.

된장은 간장과 달리 콜로이드성 현탁액이며, 독특한 맛이 나고 흡착성이 크므로 불미한 냄새나 맛이 나는 식품의 조미에 이용하면 좋다. 된장 중의 방향 휘발성 성분은 오래 가열하면 분해되지만, 단백질은 분해되어 맛이 좋아진다. 그러나 일본식 된장은 장시간 가열하면 맛이 좋은 아미노산이 국 재료에 흡착되므로 맛을 잃는다. 그러므로 뭉근하게 오래 끓여야 맛이 좋은 우리 된장국과는 달리 일본식 된장은 빨리 끓여야 맛이 좋다.

(2) 산미료

산미료로 쓰이는 것은 모두 H이온을 가지고 있다. 식물의 산미는 초산, 젖산, 구연산, 주석산, 사과산, 호박산 등이 원인이다.

1) 식　초

식초에는 양조초, 과실초, 합성초 등이 있는데 그의 주성분은 초산(CH_3COOH)이며 3~5%의 수용액이다. 양조초는 쌀, 고구마를, 과실초는 사과, 포도 등 과실을 원료로 하여 이것을 당화, 알코올 발효, 초산 발효의 차례로 발효시켜 만든다. 또 양조초에는 초산 외에 젖산, 호박산 등이 있고, 당분, 글리세린(glycerin), 디옥시아세톤(dioxyaceton), 알데히드(aldehyde), 아미노산(amino acid), 염류 등이 미량 함유되어 있어서 향미를 돕고 있다. 그리고 초산 5% 용액에 당분, 캐러멜, 덱스트린, 간장, 술찌끼, 에스테르류, 염류 등 여러 가지 재료를 혼합하여 숙성시킨 혼성초도 있다.

합성초는 빙초산을 희석해서 만드는데 품질이 떨어진다. 식초의 주성분인 초산은 휘발성이므로 가열조리 때에는 조리의 완료 직전에 넣도록 한다.

2) 감귤류

레몬, 귤, 유자 등은 요리에 첨가되어 식탁에 나오게 되며 신맛과 향이 좋다. 레몬과 귤은 일년 내내 구입이 가능하지만, 유자는 제철에만 구입할 수가 있기 때문에 유자청을 만들어 두었다가 사용하면 유자향과 맛을 즐길 수 있다.

3) 토마토 조미료

토마토의 신맛을 이용한 조리가 많다. 토마토 퓨레(tomato purée), 토마토 페이스트(tomato paste), 토마토 케첩(tomato ketchup) 등은 육류에 잘 맞는 조미료이다.

4) 소스류

시판되고 있는 소스류들은 여러 맛과 같이 신맛을 첨가하여 다양한 맛을 낸다. 시판 소스류들의 신맛 함량은 일반적으로 3% 정도이다.

(3) 감미료

감미료(sweetened agents)로서는 당류가 많이 쓰이며 특히 설탕은 농도의 차에 따라 감미의 질에 차이가 없으므로 많이 애용되고 있다.

1) 설　탕

98% 이상의 서당을 함유하고 있으며, 소화 흡수가 잘 되어서 피로 회복에 좋은 식품인 동시에 조미료이다. 설탕은 조리에 조미료로서 단맛을 제공할 뿐 아니라 그의 물리적 성질도 이용되고 있는데, 점성, 보수성, 유화(乳化)의 보조, 젤리화 등이다. 조리 중 화학변화를 일으키는 경우가 드물고 안정한 감미를 지니므로 감미도를 결정하는 표준이 되고 있다.

순수한 설탕은 무색 투명한 결정으로서, 184℃로 가열하면 용해하고 고온에서는 거품을 내며, 그 이상 가열하면 갈색의 끈끈한 캐러멜로 된다. 그러므로 설탕을 가하고 너무 가열하는 것은 삼가야 한다. 조리에 쓰이는 농도는 5% 내외인데 5%의 설탕액은 생체세포와 등장(等張)이며, 농후한 설탕액은 방부력을 가지고 있다. 설탕조림, 잼류 등은 이와 같은 성질을 이용한 조리법이다. 설탕은 물에 잘 녹으며, 가열하면 용해도가 상승한다. 0℃에서 100g 물에 179g이 녹는데 100℃에서는 485g이 녹는다. 설탕은 용도에 맞게 선택하여 사용해야 한다. 종류로는 흑설탕, 황설탕, 흰설탕, 파우더슈거, 얼음설탕, 각설탕 등이 있다.

2) 시　럽

시럽은 사탕을 만들 때 설탕의 결정형성을 방해하기 위해 사용하거나 빵을 오랫동안 촉촉하게 유지하기 위해 케이크나 카스테라 같은 제빵에 사용한다. 이외에도 냉음료의 단맛을 내거나 각종 소스, 약과, 매작과, 냉동과일 등에도 사용한다. 시럽은 65~79%의 탄수화물과 30~35%의 수분을 함유하고 있다. 시럽의 종류는 시럽을 만드는 재료에 따라 설탕시럽, 콘시럽, 당밀시럽, 메이플시럽 등이 있다.

3) 물　엿

설탕을 사용하기 전부터 우리 나라 조리에 쓰였던 감미료이다. 물엿은 전분을 당화해서 만들며 포도당, 덱스트린이 주성분이다. 조리에 사용하면 감미뿐 아니라 점도와 광택을 좋게 한다. 멸치나 어포 등을 볶을 때 설탕과 물엿을 같이 사용하면 볶음이 된 후 냉장 보관을 해도 딱딱해지지 않고 윤기가 나며 촉촉하다.

4) 벌　꿀

벌꿀은 밀원(蜜源)이 되는 꽃에 따라 그 풍미를 달리하는데, 주성분은 과당과 포도당이다. 그 밖에 비타민과 광물질을 풍부히 함유하고 있다. 좋은 벌꿀은 투명하고 미황색을 띠는데, 꿀의 밀원에 따라 꿀의 빛깔은 달라지기도 한다. 또 숟가락으로 떠서 떨어뜨리다가 도중에 끊을 때 탄력으로 인하여 숟가락에 오므라지듯 수축되는 것이 좋다.

5) 사카린

1879년에 발견된 합성 감미물질로서 설탕보다 200~700배 달고, 보통은 물에 녹지 않는다. 그러나 칼륨염이나 나트륨염을 만들면 물에 잘 용해되므로 가용성 사카린(saccharin)이라 한다. 묽은 용액은 단맛이 적당하나 0.5% 이상의 농도에서는 쓴맛이 남는다. 사카린은 체내에서 분해되지 않고 그대로 오줌으로 배설되므로 순수품은 생리적으로 거의 무해하다. 열에 불안정한 결점이 있으므로 가열조리에는 마지막에 넣도록 한다.

6) 아스파탐

아미노산계 감미료이다. 그의 화학명은 α-L-아스파틸-L-페닐알라닌 메틸에스테르(α-L-aspartyl-L-phenylalanine methylester)이고, 분자식은 $C_{14}H_{18}N_2O_5$이다. 아스파탐(aspartame)을 주원료로 한 감미료의 감미는 설탕의 5배이고 부드러우며 천연 아미노산과 같이 소화되고 대사된다. 그런데 고온에서는 감미가 저하된다.

7) 당알코올(올리고당)

소르비톨(sorbitol), 크실리톨(xylitol) 등의 당알코올로 소장에서 분해 흡수되는 정도가 저조하여 저칼로리의 식이 감미료로 쓰인다. 비만 예방, 충치 억제, 당뇨병 예방 등의 기능성을 가지고 있다.

8) 단풍당

단풍의 수액으로부터 얻어지는 메이플 슈거(maple sugar)이고, 주성분은 설탕이다.

(4) 신미료

1) 고 추

고추의 주성분은 알칼로이드의 일종인 캅사이신(capsaicin)으로서 과실의 껍질에 많다. 과실 껍질의 붉은 색소는 주로 캅산틴(capsanthin)인데, 루테인(lutein)도 들어 있다. 비타민을 매우 많이 함유하고 있어서 고추 100g 중 A가 5,000IU, B_1이 150μg%, C가 200mg% 들어 있다. 고추는 매운맛을 지니고 있을 뿐 아니라, 피부를 자극하여 혈액순환을 좋게도 한다. 고추는 미성숙된 것과 성숙된 것을 다 조리에 사용하고, 통째 또는 말려서 분말로 만들어 사용하고 있다.

2) 고추장

고추를 주원료로 하여 만든 조미료인 동시에 기호식품으로서 우리 식생활에 있어서 중요한 위치를 차지하고 있다. 고추장은 발효에 의해 당질, 아미노산, 유기산을 함유하므로 고추장 특유의 풍미를 지닌다. 고추장에는 고추에 많은 비타민 C가 전부 파괴되어 있다.

3) 겨자와 와사비

겨자는 백겨자와 흑겨자가 있는데, 우리나라에서는 흑겨자를 주로 사용한다. 겨자씨를 빻아 얻은 겨자가루를 물과 섞어 저으면 매운맛 성분의 시니그린(sinigrin)과 시나루빈이 시니그리나아제(sinigrinase)에 의해서 분해되어 매운맛 성분인 이소티오시아네이트로 변하여 매운맛을 내게 된다. 겨자가루는 40℃ 전후의 따뜻한 물로 개어야만 강한 매운맛을 내고, 매운맛을 내는 성분은 휘발성이므로 물에 갠 후 시간이 오래 경과되면 매운맛이 약화된다.

와사비(고추냉이)는 일본 재래종을 사용하지만, 요즈음 서양의 호스래디시(horse radish)의 뿌리를 가공하여 사용한다. 초밥과 생선회 등을 먹을 때에 이용한다.

(5) 지미료

1) MSG(monosodium glutamate)

다시마의 주성분이며, 현재는 세계적인 조미료이다. 처음에는 탈지대두나 밀의 글루텐(gluten)을 원료로 해서 산(酸)으로 가수분해하여 만들었다. 요즈음에는 포도당과 당밀을 원료로 하는 발효법이 개발되었고, 한편으로 화학적 합성법도 발달되어 싼값으로 만들고 있다.

MSG의 정미는 0.03%에서도 나타내는데, 일반 조리에서는 0.2~0.4%가 적당하다. 이 지미는 해리에 의하여 생성되는 글루탐산 이온(glutamic acid ion)에 의한 것이며 해리는 H ion 농도에 지배된다.

$$NaOOC-CH_2-CH_2-\underset{NH_2}{\underset{|}{CH}}-COOH \rightleftharpoons Na^+ + HOOC-CH_2-CH_2-\underset{NH_2}{\underset{|}{CH}}-COO^-$$

pH 3.2의 등전점 이하에서는 해리가 잘 안되고 pH 6.5~7에서 해리가 잘 되어 향미도 최고이다. 또 pH 7 이상이 되면 라세미(racemi)화하여 맛이 약화되고 또 디소듐(disodium)염으로 되어 맛이 없어진다.

식초, 소스 등 산성이 강한 식품에서는 향미가 떨어지고, pH 5 이하에서의 가열, 알칼리성에서의 가열은 지미성분을 분해하므로 섭취하기 직전에 사용하는 것이 좋다.

2) IMP(inosinic acid)

가다랑어의 지미성분이며, MSG와 함께 사용하면 상승 효과가 있음이 발견되어 화학조미료로서 유명해졌다.

화학구조식은 다음과 같이 유기염기(hypoxanthine), 5탄당(ribose), 인산으로 된 리보뉴클레오티드(ribonucleotide)이다. 인산이 리보오스(ribose)의 탄소의 5'의 위치에 결합해 있는 이노신산(inosinic acid)은 리보핵산(RNA)의 구성성분이며 이것을 분해하여 얻어지므로, 리보핵산을 많이 함유하고 있는 효모를 효소에

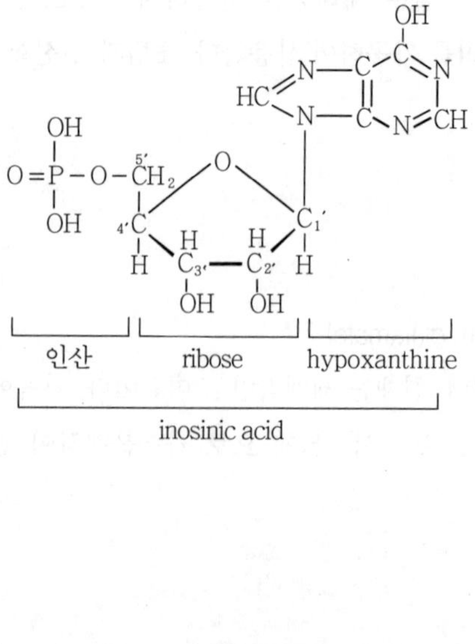

OH
O=P−O−5'CH2
OH
4'C C1'
H H H H
C3'—C2'
OH OH
HC N—C C N
N—C N CH
OH
인산 ribose hypoxanthine
inosinic acid

의하여 분해하면 5'-이노신산(5'-inosinic acid)을 생성하며 0.012%로서도 지미를 나타낸다.

이외에도 발효합성법에 의한 제조법이 있다. IMP는 가열에 안정하여서 보통 식물의 pH에서는 100℃ 1시간의 가열에도 분해되지 않는다.

3) GMP(guanylic acid)

버섯의 지미성분이며, 리보핵산을 특수한 효소로 분해하여 얻을 수 있는 5'-리보뉴클레오티드 (5'-ribonucleotide)에서 생성한다.

GMP의 향미는 강해서 0.0035%에서도 지미가 나타난다. MSG와의 상승 효과는 IMP의 3배이며 가열에도 안전하다.

4) 핵산조미료

시판되고 있는 핵산조미료는 MSG, IMP 및 GMP를 함유하고 있다. 이들 맛의 상승작용으로 맛이 월등히 좋고 효력이 빠르다.

5) 어분조미료

정어리, 고등어, 꽁치 등의 어분에 소금, 참깨, 고추, 김 등을 배합해서 만든다. 식탁용 지미료이며, 동물성 단백질의 보충식품으로도 의미가 있다.

3 향신료

식품의 불쾌한 냄새를 억제하고 방향을 증강시켜 식욕을 증진시키기 위해 오래전부터 동양에서는 약미(藥味)로서, 또한 서양 요리에서는 다양한 향신료가 사용되어 왔다(표 4-20).

〈표 4-20〉 향신료의 기본적인 작용

작 용	효 과
탈취(냄새 제거)	육류나 어류의 나쁜 냄새를 없애거나 막는 효과
방향 제거(향을 줌)	육요리의 소재에 맞추어 냄새를 주는 효과(적어도 3종 이상 사용)
식욕증진작용 (매운맛을 줌)	대부분의 향신료에는 매운맛, 쓴맛의 지미성이 꽤 있으며, 이 매운맛이 위액의 촉진 작용을 하여, 그 방향과 함께 식욕을 증진시키는 효과가 있다.
착색작용(색을 줌)	실제로는 색을 주는 목적으로 사용되지 않았으나 오랫동안 그 요리의 색을 주는 특징이 되었다.

향신료에서는 향뿐만 아니라 매운 맛을 지니는 것도 많으며, 미량이지만 조리상의 역할에 있어서 중요한 부분을 차지한다. 향신료는 대부분 식물의 일부나 전부를 말려서 사용하거나 그대로 사용하기도 한다. 이 종류는 100여 종 이상이 있고, 서양 조리에서는 허브 또는 향미채소라고도 한다.

향신료는 두 종류 이상 혼합되어 쓰인다. 그 대표적인 것으로 중국의 오향(계피, 산초, 정향, 진피, 팔각), 카레가루(후추, 고추, 넛맥, 계피, 고수, 카더먼 등 20가지 이상)가 있으며, 소스 등에 여러 종류의 향신료가 첨가되어 특유의 풍미를 낸다.

① 약미 … 생강, 겨자류, 무 등은 생선이나 육류 요리에 사용되어 잘 어울린다. 한국, 중국의 마늘, 파, 서양 채소인 피망, 셀러리 등도 요리에서 약미 효과를 낸다.

② 향료 … 장미꽃, 감귤류의 과일, 아몬드 등의 종실류, 생강의 뿌리 등을 수증기 증류에 의해서 얻은 천연향료와 이들 성분을 합성한 합성향료들도 식품가공시 식품의 향을 주는 데 이용된다.

4 ■ 조미의 방법

식품의 재료가 신선하고 재료 자체의 맛이 복잡한 것은 그 맛을 살려서 간단한 조미 방법을 택하여, 식염이나 간장 정도로 조미한다. 예를 들면, 서양 요리의 비프 스테이크(beef steak)는 조리 방법이나 조미보다 우선 재료 선택에 중점을 둔다. 재료가 좀 신선하지 않고 자체의 맛도 별로 없는 식품은 좋은 맛의 보충을 고려해서 조미료나 향신료도 여러 가지를 사용하고 좀 진한 듯한 새로운 맛을 내도록 한다.

이와 같이 조미로서 맛을 복잡 · 다양화할 때에는 그 조화가 중요하기 때문에 조미 기술이 필요하다.

실제로 조미할 때에는 다음과 같은 방법으로 한다.

① 식품에 조미료를 뿌리거나 친다.

② 식품을 조미액에 담근다.

③ 조미료를 식품에 섞는다.

④ 조미액에 식품을 넣고 가열한다.

⑤ 식사할 때에 식탁에서 조미한다.

식품의 종류에 따라, 이들 조미법 중 적당한 방법을 택하도록 하는 것이 좋다.

제 3 절 가열조리

1 ■ 가열조리의 목적

① 안전성의 강화 … 살균, 살충, 방부

② 식품의 소화성의 증가 … 전분의 호화, 단백질의 변성, 지방의 용출, 식품조직의 연화

③ 풍미의 증가

㉠ 식품 질감의 변화 : 전분의 호화, 단백질의 변성, 지방의 용출, 식품조직의 연화

㉡ 향미성분의 생성, 침출, 교류

㉢ 색의 변화, 소실, 생성

㉣ 향기 성분의 휘발, 소실, 생성

㉤ 수분의 증가, 감소

㉥ 불미 성분의 제거, 분해

㉦ 조미료의 침투, 흡착

㉧ 식품온도의 상승

2 ■ 가열조리의 종류

가열조리에서는 열원의 열이 전도, 대류, 복사 등의 세 가지 방식 중의 하나 또는 하나 이상이 혼합되어 식품으로 이행함으로써 가열된다. 또 위에서 말한 열의 이동과 다른 '마이크로파에 의한 가열'이라고 하는 새로운 방법도 있다.

식품을 가열하는 방법에는 직접가열과 간접가열이 있는데, 직접가열은 소위 굽기와 같이 직접 열원의 방사열로써 가열하는 것이고, 간접가열은 식품과 열원과의 사이에 중간체를 놓고 그 속에 열의 매개체를 넣어서 그 대류에 의하여 식품에 열을 이동하는 방법이다. 이때 그 열의 매개체로서 물 또는 조미료를 첨가한 물을 사용하는 경우를 끓인다고 하고, 수증기를 사용하는 경우를 찐다고 한다. 또 유지를 사용하는 것을 튀긴다고 한다.

한편, 가열할 때 물을 매개체로 하는 것을 습열조리라고 하며, 끓이기와 찌기 등이 여기에 속한다. 물을 열의 매개체로 하지 않는 것을 건열조리라 하는데, 굽기와 볶기, 튀기기 등이 여기에 속한다. 어느 경우에도 식품의 내부로는 전도에 의하여

<표 4-21> 식품 및 물질의 비열

(kcal /g℃)

물 질	온도(℃)	비 열	물 질	온도(℃)	비 열
채종유	20~30	0.47	공 기	16	23.99
설 탕	20	0.30	식염수(2%)	20	0.97
쇠고기	동결점 이상	0.68	크롬강철	0~100	0.11~0.13
생 선	동결점 이상	0.82	자 기	20~200	0.17~0.21
닭고기	동결점 이상	0.76	폴리에틸렌	20	0.53
양배추	동결점 이상	0.93	물	14~15	1

<표 4-22> 식품의 열전도도

(kcal / cm² · sec · ℃ · cm)

식 품	온 도(℃)	열전도도
쇠고기	0	1.14×10^{-3}
기름기 있는 고기	−5	2.28×10^{-3}
쇠기름 (수분 7%)	0	0.487×10^{-3}
돼지고기 (수분 76.8%)	0	1.14×10^{-3}
돼지기름	0	0.444×10^{-3}
생선 (각종의 평균)	0	1.03×10^{-3}

열이 이동한다.

이때에는 그 식품의 비열, 전도도가 관계되는데, 비열이 작은 것은 가열도 잘 되고 냉각도 잘 되며, 또 전도도가 작은 것은 열의 전도가 불량하다.

<표 4-21>과 <표 4-22>에 식품의 비열과 열전도도를 표시하였다.

식품의 가열조리에 있어서는 열원, 용기, 열매개체, 식품 등의 비열과 열전도 등 다양한 요소들에 의하여 온도가 변한다.

3 ■ 습열조리

(1) 끓이기

1) 특 징

① 물 또는 조미료를 첨가한 액체를 매개체로 하고 이들이 열의 대류에 의하여 가열된다.

② 가열 온도는 특별할 때(고농도의 설탕용액)를 제외하고는 100℃ 이상이 되지 않으므로 온도 관리가 쉽다.

③ 식품의 중심부까지 열이 전도되기 쉽고, 조직이 단단한 식품의 가열도 용이하다.

④ 국물에 조미료를 가했으므로 가열 중 재료식품에 조미료를 충분히 침투시킬 수 있다.

⑤ 끓이는 시간에 따라 식품의 수용성분이 국물 속으로 유출되는 양이 달라진다.

⑥ 영양분의 손실이 비교적 많고, 식품의 모양이 변형되기 쉽다.

⑦ 열원으로서 어떠한 연료도 사용할 수 있다.

⑧ 찜은 서양의 스튜(stew)와 유사한 조리법으로 초기에 국물을 많이 넣고 오래 끓여서 식품재료들을 무르게 익힌 음식으로서, 재료의 영양소나 맛을 보존할 수 있는 조리법으로 수조육류, 어패류, 채소류 등 다양한 재료를 이용할 수 있다.

⑨ 조림, 찌개, 국, 곰, 찜 등이 끓이기에 속한다.

2) 국물의 양

국물의 양이 많고 적음은 끓이기의 가장 중요한 요소의 하나로서 식품의 종류와 질, 써는 방법, 끓이는 방법 등에 따라 다르다. 끓이기는 조리를 마쳤을 때 국물이 없는 상태가 될 정도로 국물을 소량 붓는 경우와 재료식품이 충분히 잠길 정도로 다량의 국물을 붓는 경우가 있는데, 전자에는 조림이 있고, 후자에는 찌개와 국 등이 있다.

조림을 할 때에는 국물의 양이 적기 때문에 재료 전체가 국물에 잠기지 않는다. 그러므로 액면 위로 나와 있는 부분은 수증기로 익게 되는데, 이때 그대로 익히면 조미가 균일하게 되지 못하므로 때때로 식품의 위치를 바꾸든지 국물을 숟가락으로 떠서 식품 위로 끼얹어 주어야 한다. 국물을 많이 붓는 경우는 조미는 균일하게 되지만, 시간 · 연료와 조미료가 많이 필요하게 된다.

3) 가열 시간

식품은 그 성분과 조직 그리고 크기의 차이로 익는 속도가 각각 다르다. 가열 시간을 단축하기 위하여 식품에 칼집을 내서 효과를 내는 경우가 있는데, 특히 생선 조림 등에 이용한다.

끓이는 조리에서는 재료가 동시에 익도록 하는 것이 좋은데, 그러기 위해서는 익기 쉬운 것을 크게 썰고 익기 어려운 것은 작게 썰어서 가열 시간을 동일하게 하는 방법과, 같은 크기로 썰어서 가열 시간의 차이를 두는 방법이 있다. 모듬냄비의 재료를 준비할 때 잘 익지 않는 것은 먼저 삶아 두면 가열 시간도 단축되고 맛의 침투도 빠르다.

<그림 4-10>은 생감자와 익힌 감자를 5% 식염수에 4시간 담갔다가 각 감자에 있어서의 침투 식염량을 내층과 외층으로 나누어서 측정한 것이다.

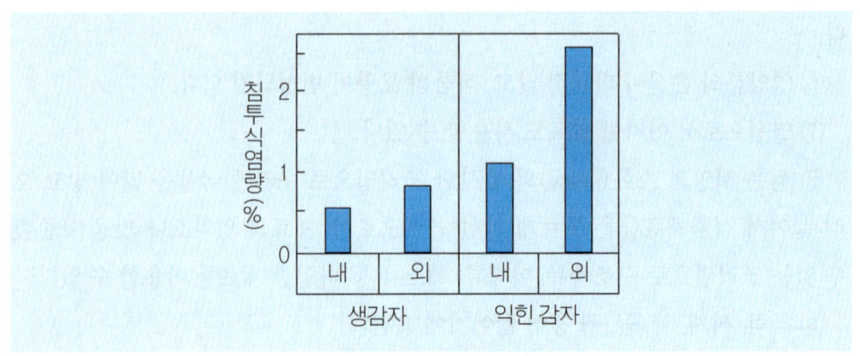

〈그림 4-10〉 식염의 침투량

4) 화력의 조절

처음에는 화력을 세게 하여 끓이다가 비등하기 시작하면 화력을 조금 줄이는 것이 좋다. 화력을 그대로 세게 해도 온도는 100℃ 이상이 되지 않으므로 연료의 낭비가 될 뿐 아니라 수분의 증발이 심해져서 탈 염려가 있고 또 격심한 비등은 식품의 모양이 으스러지고 국물 혼탁의 원인이 되므로 서서히 비등이 계속될 정도로 화력을 조절한다. 화력의 세기는 식품에서의 수분 유출에도 영향을 미친다. 단백질성 식품, 예를 들어서 쇠고기를 끓이는 경우 국물을 먼저 끓인 후 고기를 넣으면 고기 표면이 열에 의하여 응고되어 내부의 육즙의 용출을 막을 수 있다. 그리고 이때에 화력이 강하면 고기의 내부까지 수축되어 육즙의 유출이 적어진다. 육즙이 많이 유출되는 국물을 원할 때에는 고기를 찬물에 넣고 중불로 가열한다.

중량이 동일한 두 토막의 생선을 그 무게의 3배가 되는 끓는 물에 넣고 다시 끓을 때까지 더 가열한 후 한 토막은 센 불로, 또 다른 한 토막은 약한 불로 5분간씩 가열한 다음 탈수량을 측정했더니 각각 22%, 11%였다. 또 생선을 통째로 조리할 경우는 반드시 국물을 먼저 끓일 필요 없이 저온일 때부터 넣어서 가열해도 육즙의 용출이 비교적 적다. <표 4-23>은 그 한 보기이다.

통째로 생선을 끓일 경우 생선의 전 표면을 표피가 덮고 있어서 육즙의 유출이 적은 것으로 생각된다.

국물의 점도가 높은 경우는 액의 대류가 완만해서 바닥이 눋기 쉽다. 그러므로

〈표 4-23〉 생선을 넣을 때 국물의 온도와 생선 중량의 변화

생선의 형태	국물의 온도	생선 중량의 변화		
		가열전 g	가열후 g	후/전×100 %
통째로의 생선	실 온	134.0	117.0	87.3
	비 등	137.0	121.0	88.3
생선토막	실 온	87.5	67.0	76.6
	비 등	84.5	67.8	80.0

이런 때에는 자주 주걱으로 저어 주든지 이중냄비를 사용한다.

5) 냄비의 모양이나 용량과 식품재료

냄비의 모양이나 크기, 재료의 양과의 균형도 중요한 조건이 된다. 생선과 같이 모양이 부서지기 쉬운 식품은 평평하고 깊이가 깊지 않은 냄비가 좋고, 천천히 장시간 끓여야 하는 곰국의 경우는 국물의 증발을 막는 뜻에서 깊이가 깊은 모양의 냄비가 적당하다(그림 4-11).

재료의 양은 냄비의 용량에 대하여 반 정도가 좋다. 냄비가 너무 크면 증발이 심하여 중심부가 익기 전에 국물이 졸아서 눋는 경우가 있으며, 반대로 재료가 너무 많으면 열의 침투가 늦어서 불균형하게 익게 된다.

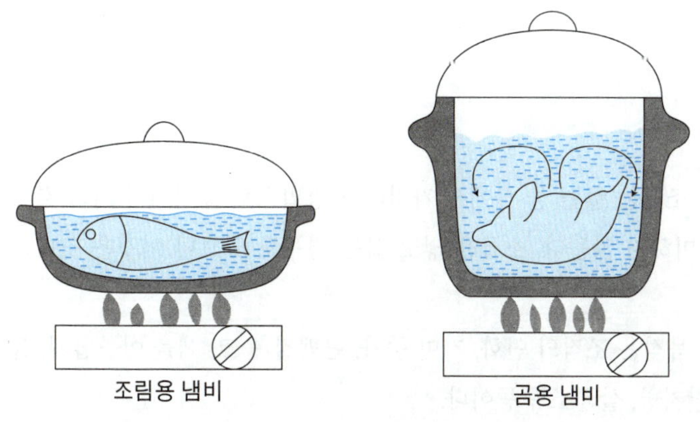

〈그림 4-11〉 냄비의 종류와 끓이기

6) 가열조리시의 조미

염미료로는 소금과 간장을 사용하는데, 소금의 용해도는 온도에 따른 변화가 없으므로 처음부터 넣는다. 간장은 짠맛 외에 맛난맛과 특유한 향을 가지고 있는데, 향은 장시간 가열하면 상실되므로 처음부터 전부 넣지 말고 2~3회로 나누어

넣도록 한다.

된장은 처음부터 넣고 끓인다. 이때 된장의 단백질 분자나 지방입자가 끓이는 국물 속에서 콜로이드 상태로 분산하고 있어서 일종의 이온교환수지와 같은 역할을 하여 불쾌한 향미성분을 흡착하기 때문이다.

다량의 설탕을 사용해야 하는 경우는 한꺼번에 넣지 말고 여러 번 나누어 넣는 것이 좋다. 그것은 설탕이 물에 대한 친화력이 크므로 재료를 고농도인 설탕액에 담그면 조직에서 수분이 침출하여 딱딱해져 버리기 때문이다. 그러므로 서서히 설탕의 농도를 높이면 조직을 굳게 하지 않고 끓일 수 있다.

식초는 휘발하기 쉬우므로 장시간의 가열은 피한다. 또 가열기구는 산에 강한 것을 택해야 한다. 화학조미료도 장시간 가열하면 효과가 없으므로 불에서 내려놓기 직전에 넣는다.

조리시의 조미 순서는 설탕, 소금, 식초의 순으로 해야 한다. 이들을 동시에 가하면 분자량이 작은 소금은 분자량이 큰 설탕보다 빨리 식품 속으로 침투되어 소금 속에 미량 함유된 칼슘이나 마그네슘이 식품의 조직을 경화해서 설탕의 침입을 막기 때문이다.

또 식초는 제일 나중에 넣어서 휘발을 최소로 줄이도록 한다. 같은 이유에서 진간장이나 일본식 된장도 가한 후에는 가열 시간을 짧게 하는 것이 좋다.

(2) 삶 기

1) 특 징

① 삶는 조리는 끓는 물 속에서 가열하는 방법으로 끓이기와 거의 같으나 끓이기처럼 조미하지 않는다. 소금을 넣고 삶는 경우도 있으나 이것은 조미의 목적이 아니다.

② 삶는 목적은 조직의 연화, 지미 증가, 단백질 응고, 색을 아름답게, 불미 성분의 제거, 탈지방, 살균소독 등이다.

③ 삶기는 식품을 가열한 후 그 물을 버리고 이용하지 않으므로 식품의 수용성 성분이나 영양소가 다량 용출될 수 있다.

④ 삶는 물의 양이 너무 많으면 시간, 열량, 수용성 영양소 용출 등의 낭비가 크고, 물이 너무 적으면 식품이 삶아지기 전에 물이 줄어서 잘 익지 않으므로 물의 양 조절이 중요하다.

⑤ 삶는 방법은 2가지가 있다. 냄비에 찬물일 때부터 식품을 넣고 삶는 것과, 물

을 끓인 후 식품을 넣고 삶는 방법이 있다. 후자는 주로 채소에 많이 사용되고 데친다고도 표현한다.

⑥ 삶기, 데치기 등이 속한다.

2) 삶는 방법

삶기의 목적은 전분의 호화, 단백질의 응고, 조직의 연화, 불미 성분의 용출 등이다.

각 식품별로 삶는 요령을 보면 다음과 같다.

① 면류 … 면류는 다량의 열탕 속에서 삶는데, 삶는 물의 양은 젖은 국수일 때와 마른 국수일 때에 따라 다르다. 젖은 국수는 삶으면 중량이 약 2배가 되지만, 마른 국수는 3~3.5배가 되고, 마카로니와 스파게티는 2.7~2.8배 정도가 된다.

일반적으로 국수를 삶을 때에는 그 중량의 5~7배의 물을 준비하고, 삶는 시간은 국수의 수분 함량, 재료의 질, 국수의 굵기, 용도 등에 따라 다르다.

삶은 후 튀긴다든지 볶는다든지 또는 끓이는 등 재가열할 때에는 조금 단단하게 덜 삶는다. 국수를 삶을 때 국수를 넣고 바로 저어 주지 않으면 국수가 서로 뭉칠 수가 있으므로 주의해야 한다. 또 국수는 삶는 중에 익으면서 냄비 밑에 눌어붙는 경우가 있으므로 때때로 저어 주도록 한다. 국수를 넣고 한 번 끓으면 냉수를 한 컵 붓고 다시 끓으면 국수가 익었는지 확인한다.

삶은 국수의 물을 따라 버리고, 그대로 두면 서로 부착하므로냉수로 잘 씻어서 표면의 전분호(전분풀)를 제거하도록 한다. 그러나 스파게티, 마카로니 등은 씻으면 질척해져서 맛이 없으므로 삶은 물을 따라 버리고 나면 곧 다음의 조리조작을 하도록 한다. 때로 그냥 방치해 두어야 하는 경우에는 버터(butter), 샐러드 오일(salad oil), 올리브 오일(olive oil) 등을 묻혀 두면 좋다.

② 채소류 … 채소를 데칠 때에는 다량의 끓는 물을 준비한 후 여기에 채소를 넣고 뚜껑을 덮지 않고 가열한다. 다량의 물을 사용하는 것은 찬 채소를 넣을 때 삶는 물의 온도 변화를 최소한으로 줄여서 데치는 시간을 단축하여 비타민의 파괴를 막기 위해서이고, 뚜껑을 덮지 않는 것은 채소 중에 함유된 휘발성 유기산이 가열로 인하여 휘발하다가 뚜껑에 닿아서 액화하여 삶는 물 속에 다시 떨어져 물이 산성이 되는 것을 방지하기 위해서이다.

채소의 녹색 색소인 클로로필(chlorophyll)은 열에 의해 분해하므로 가열 시간이 길수록 변색의 속도도 증가되고, 또 산성에서는 황갈색으로 변색된다.

<표 4-24>는 pH에 의한 녹색도의 변화를 나타낸 것이다.

〈표 4-24〉 pH에 의한 녹색도의 변화

(99±1℃에서 측정)

pH \ 가열시간	1 분	3 분	5 분	10 분	15 분
7.8	100	100	100	100	100
6.9	100	91	89	83	83
6.0	100	83	71	67	63
5.0	83	63	50	33	–
4.2	71	50	33	–	–
3.4	63	33	–	–	–

(생잎의 녹색도를 100으로 함. 녹색도 50 이하는 식용가치 없음)

〈그림 4-12〉는 시금치 150g을 3~6배의 물로 삶았을 때 삶는 물의 온도 변화를 나타낸 것인데, 삶는 물이 많을수록 온도의 저하가 작고, 회복이 빠름을 알 수 있다.

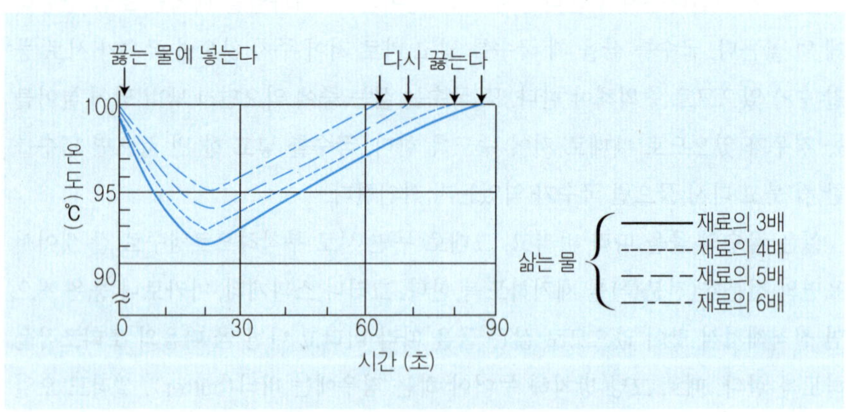

〈그림 4-12〉 시금치 삶는 물의 양과 온도의 변화

삶은 후 곧 냉수에 담근다든지, 펴서 식힌다든지 하는 것도 채소의 색을 곱게 유지하는 데 필요하다. 시금치를 삶든지 물에 담그든지 하면, 함유되어 있는 수산을 제거하게 된다. 수산은 체내에서 칼슘과 결합하여 불용성 수산칼슘을 형성하므로 되도록 없애는 것이 좋다.

③ 감자류 ··· 감자는 여러 가지 조리를 위해서 삶는 경우가 많다. 껍질째 그대로 삶으면 시간과 연료의 소비는 많지만 영양분의 손실을 막을 수 있고, 지미성분의 손실도 없어서 맛이 좋다. 삶는 물은 감자가 충분히 잠길 정도로 붓는다.

토란은 가열 중 점성물질이 용출하므로 조리 전에 먼저 삶는 경우가 있다. 이때 끓는 물에 넣고 2분쯤 가열한 후 삶은 물은 버리고 냉수로 씻으면, 그 후 끓이는 조리에서 국물이 걸쭉해짐을 막을 수 있다.

가열 중 삶는 물이 끓어 넘는 것을 방지하기 위해서 삶는 물에 소량의 소금, 식초 또는 명반을 넣는다. 이렇게 하면, 토란이 희게 되고 표면의 조직이 약간 단단해진다. 첨가량이 너무 많으면 맛이 떨어지므로 주의해야 한다.

④ 블렌칭(blenching) … 채소류를 냉동할 때의 전처리로서 살짝 데치는 것을 말한다. 일반적으로 80~100℃의 열탕 또는 증기를 이용한다. 식물 조직 중에 존재하는 효소는 −20℃와 같은 저온에서도 활성을 보유하고 있으므로 동결저장 중에도 제품의 품질을 악화시킨다. 블렌칭의 목적은 효소를 불활성시키는 것이므로 조직이 연해질 때까지 가열할 필요는 없다.

냉동 채소를 해동하거나 조리할 때에는 블렌칭한 것을 염두에 두고 가열 시간을 정한다.

3) 영양소의 변화

끓일 때 영양소의 변화에 대해서는 비타민 B_1에 대하여 <표 4−25>와 같은 실험 보고가 있다.

<표 4−25> 소금, 간장, 설탕으로 조미하고 끓일 때 비타민 B_1의 변화

(10분간 끓임)

조미료의 종류		B_1 함유량 (㎍%)			B_1 잔존율 (%)		
		콩	끓인국물	합 계	콩	끓인국물	합 계
비교	생콩	312.8	0	312.8	100.0	0	100.0
	물에 넣고 끓임	255.9	31.9	287.3	81.8	10.2	92.0
식염	2%	262.8	27.5	290.3	84.0	8.8	92.8
	5%	254.0	31.3	285.3	81.2	10.0	91.2
간장	5%	254.0	31.3	285.3	81.2	10.0	91.2
	20%	249.3	33.2	282.5	79.7	10.6	90.3
설탕	5%	254.6	30.7	285.3	81.4	9.8	91.2
	20%	256.8	28.5	285.3	82.1	9.1	91.2

위의 실험 결과에 의하면 어느 조미료에 있어서나 별 차이가 없고, 물만 넣고 끓인 경우와도 같다. 그리고 완두 50g을 끓는 물 30cc 속에 넣고 삶은 후 설탕 2.5g과 간장 5cc를 넣고 다시 5분 및 15분 끓인 후 비타민 B_1의 변화는 <표 4−26>과 같다.

<표 4-26> 설탕, 간장의 혼합미에 의한 비타민 B_1의 변화

조미의 종류		B_1 함유량 (㎍%)			B_1 잔존율 (%)		
		콩	끓인국물	합 계	콩	끓인국물	합 계
생콩		312.8	0	312.8	100.0	0	100.0
물에 끓임	10분	255.9	31.9	287.8	81.8	10.2	92.0
	20분	235.5	38.2	272.7	75.3	11.9	87.2
조미해서 끓임	조미후 5분	255.9	31.3	287.2	81.8	10.0	91.8
	조미후15분	234.6	31.9	266.5	75.0	10.2	85.2

혼성조미를 하여도 물만 넣고 삶는 경우와 별 차이가 없다. 삶을 때 일반 성분의 변화는 <표 4-27>과 같으며, 삶을 때에는 수용성 성분의 손실이 크다.

<표 4-27> 삶기에 의한 각종 식품 성분 잔존율

(%)

식 품 명	열 량	단백질	지 질	당 질	인	칼 슘
수조육류	80.09	91.06	53.01			
소 · 돼지고기	77.74	94.69	49.52			
닭고기	88.13	96.22	72.20			
어 · 패 · 연체류	84.69	85.31	80.04	30.03		
어 류	88.35	90.38	73.34			
패 류	79.56	80.02	70.29	90.12		
연체류	86.15	85.54	96.49			
채소류	76.78	78.72	72.32	74.12		
엽채류	72.83	78.78	73.47	65.13		
경채류	83.49	78.79	93.32	83.96		
근채류	84.11	77.66	75.80	85.48	82.35	80.26
해조류	68.20	69.95	66.61	67.01		
콩 류	95.85	95.08	91.42	95.99		
알 류	94.87	95.82	92.67			
대두가공품	83.76	89.83	82.92	13.80		
패류가공품	22.89	22.96	31.84			

시금치와 고구마를 삶았을 때의 비타민 B_1의 변화는 <표 4-28>과 <표 4-29>와 같이 전체적으로 평균 90%의 잔존율을 보였다.

식품은 써는 크기에 따라 삶아지는 정도가 다를 뿐만 아니라 비타민의 변화에도 차이가 있다. 약 10g 정도로 작게 자른 감자와 33g 정도로 크게 자른 감자를 끓이는 시간에 따라 비타민 B_1의 변화를 알아본 결과는 <표 4-30>과 같다.

비타민 B_2에 대해서는 시금치를 데쳤을 때 <표 4-31>과 같은 변화를 보였다.

<표 4-28> 시금치를 데쳤을 때 비타민 B_1의 변화

데친 시간(분)	B_1 함유량 (㎍%)			B_1 잔존율 (%)		
	시금치	데친물	합 계	시금치	데친물	합 계
0(生)	70.1	0	70.1	100.0	0	100.0
2	50.4	15.2	65.6	71.9	21.7	93.6
5	41.6	20.9	62.5	59.3	29.8	89.1
12	35.5	20.4	55.9	50.7	29.1	79.8

<표 4-29> 고구마를 삶았을 때 비타민 B_1의 변화

삶은 시간(분)	B_1 함유량 (㎍%)			B_1 잔존율 (%)		
	고구마	삶은물	합 계	고구마	삶은물	합 계
0(生)	75.2	0	75.2	100.0	0	100.0
7	64.2	9.1	73.3	85.4	12.1	97.5
10	58.8	10.6	69.4	78.2	14.1	92.3
30	52.2	12.4	64.6	69.5	16.5	86.0

<표 4-30> 감자의 크기와 삶는 시간에 따른 비타민 B_1의 변화

삶은 시간(분)		B_1 함유량 (㎍%)			B_1 잔존율 (%)		
		감 자	삶은물	합 계	감 자	삶은물	합 계
생감자		65.2	0	65.2	100.0	0	100.0
크게 자른 것	5	58.4	5.0	63.4	89.5	7.8	97.3
	10	47.5	9.0	56.5	72.9	13.8	86.7
	20	38.3	11.0	49.3	58.7	16.9	75.6
	40	26.2	13.0	39.2	40.2	19.9	60.1
작게 자른 것	5	51.9	10.0	61.9	79.6	15.3	94.9
	10	43.2	12.0	55.2	66.3	18.4	84.7
	20	34.1	12.0	46.1	52.3	18.4	70.7
	40	22.8	13.0	35.8	35.0	20.0	55.0

<표 4-31> 시금치를 데쳤을 때 비타민 B_2의 변화

데친 시간 (분)	시금치 중 B_2량 (mg)	잔존율 (%)	데친물 중 B_2량 (mg)	용출률 (%)
0	0.195	100	0	0
5	0.140	72	0.053	28
10	0.117	60	0.075	39
15	0.098	50	0.093	48
20	0.084	43	0.105	55

삶을 때 니아신의 변화를 몇 종류의 식품에 대하여 실험한 결과는 <표 4-32>와 같이 감자를 제외하고는 식품과 삶은 물 속의 니아신을 합하면 90% 이상의 잔존율을 보이고 있다.

〈표 4-32〉 삶기에 의한 니아신의 변화

식품명	삶기 전의 니아신 함량 (mg%)	삶은물로의 이행률 (%)	조리후 식품과 삶은 물의 잔존율 (%)
쇠고기	3.6	74	111
돼지고기	2.6	63	97
아지	2.1	61	108
오징어	3.9	44	98
감자	0.8	16	36
토란	0.8	13	100
시금치	0.9	50	108
배추	0.6	50	100
양배추	0.3	50	93
당근	0.4	49	100
무	0.2	50	100
파	0.7	50	114

또 식품의 크기와 삶는 물의 양에 따른 니아신의 변화를 알아보기 위하여 감자를 사방 1cm로 썰어서 그 100g에 대하여 물을 동량(同量), 2배량, 4배량을 가하여 10분간 삶은 후 니아신의 양을 측정해 보았더니, 그 결과는 <표 4-33>과 같다.

물의 양이 감자와 동량인 경우는 니아신이 국물로 13% 용출했고, 감자에 80% 이상 잔존해 있는 데 비하여 2배, 4배일 때에는 국물에 각각 37.3%, 33.0%가 용출하였다. 이들 용출량의 차이가 별로 없는 것은 1cm^{3}로 썰면 2배 수량일 때 이미 용출량이 포화된 것으로 생각된다.

비타민 C의 변화에 대해서는 채소를 삶았을 경우에 대하여 <표 4-34>와 같은 실험 보고가 있다.

<표 4-33> 1㎤의 감자를 삶았을 때 니아신의 잔존율

물의 양	함유량 (mg%)				잔존율 (%)		
	생(生)	감자	삶은물	합 계	감자	삶은물	합 계
동 량	1.08	0.87	0.28	1.15	80.5	25.9	106.4
	0.91	0.83	0.06	0.89	91.1	6.5	97.6
	1.07	0.78	0.13	0.91	72.8	12.1	84.9
	1.03	0.87	0.09	0.96	83.5	8.7	92.2
		평	균		82.0	13.3	95.3
2 배 량	0.77	0.53	0.28	0.81	74.6	39.4	114.0
	1.40	0.80	0.64	1.44	57.1	45.6	102.7
	1.40	0.84	0.47	1.31	60.0	33.5	93.5
	0.71	0.45	0.29	0.74	63.3	40.8	104.1
		평	균		63.8	37.3	101.1
4 배 량	1.06	0.91	0.19	1.10	85.8	17.9	103.7
	0.88	0.48	0.33	0.81	54.5	37.5	92.0
	0.87	0.56	0.36	0.92	64.3	41.3	105.6
	1.15	0.64	0.41	1.05	55.7	35.6	91.3
		평	균		65.0	33.0	98.0

<표 4-34> 채소를 삶았을 경우 비타민 C의 잔존율

식품명	총 비타민 C		환원형 비타민 C		산화형 비타민 C	
	채소+물 (%)	채소 (%)	채소+물 (%)	채소 (%)	채소+물 (%)	채소 (%)
양배추	83	39	73	33	10	6
시금치	60	34	53	31	7	3
피 망	88	86	85	83	3	3
콩나물	52	36	39	26	13	10
강낭콩	96	87	90	81	6	6

(3) 찌 기

1) 특 징

① 주로 수증기의 잠재열에 의해 가열되는 조리법이다. 압력을 더하지 않는 한 100℃를 넘지 않고, 간접적인 가열법이므로 연료와 시간이 다소 많이 소비된다(끓이는 것보다 1/3~1/2의 시간이 더 걸린다).

② 식품의 모양이 흐트러지지 않는다. 즉, 가열된 수증기가 재료의 사이사이로 열을 전하고 올라가므로, 식품을 움직일 필요가 없다.

③ 수용성 성분의 손실이 끓이기에 비하여 작다. 또 식품이 지니고 있는 풍미도 그대로 남는다. 이런 점은 불미 식품에는 적당하지 않은 가열법이라 할 수 있다.

④ 가열 중 조미가 어려우므로 가열 전이나 후에 조미를 해야 한다.

⑤ 식품에 따라 가열 후의 중량이 다르다. 수증기가 차가운 식품에 닿으면 열을 식품에 주고 수증기는 액화하여 식품 표면에 부착하는데, 식품에 따라서는 이 수분을 흡수하기도 한다. 예를 들면, 찬밥을 찔 때 중량이 약 7% 증가하는 것은 이 때문이다. 새로 지은 밥보다 찐 찬밥의 맛이 못한 것은 수분 흡수로 밥의 텍스처(texture)가 나빠졌기 때문이다.

⑥ 찌기에 사용되는 찜통은 여러 가지가 있으나 가열목적에 맞는 것을 선택한다.

- 고온·장시간 가열이 필요한 것 → 밀폐성이 있는 금속성 찜통
- 저온 완만가열 또는 그다지 밀폐성이 요구되지 않는 경우 → 대나무 찜통 또는 시루

감자나 고구마와 같은 식품에서는 표면에 부착한 물방울이 흡수되지 않으므로 중량은 거의 변하지 않는다. 식품에 흡수되지 않은 물방울은 식품의 표면을 따라 찌는 열탕 속으로 떨어지는데, 이때 식품의 수용성 성분이 용출된다.

<그림 4-13>은 300g인 고구마 1개를 A : 통째, B : 2개, C : 4개로 잘라서 찐 경우에 가열 시간, 찐 열탕 중 수용성 성분량, 소비 가스량을 나타낸 것이다. 작게 자를수록 가열 시간이 짧은 데에도 불구하고 찐 열탕 중 수용성 성분이 많은 것은 표면적이 넓기 때문이다. 육류나 생선류는 열에 의하여 수축되므로 육즙이 유출되어 중량이 감소한다. 이 육즙은 지미성분, 지방 등을 함유하고 있으므로 육류나 생선을 찌는 경우에는 육류나 생선을 그릇에 담아서 가열한 후 이 즙을 이용하도록 한다.

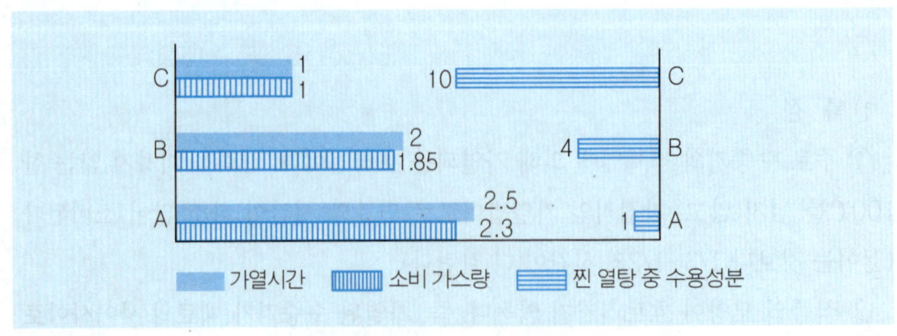

〈그림 4-13〉 고구마의 크기별 비교

2) 화력과 물의 조절

물이 끓어서 찜 그릇 안의 온도가 높아져서 수증기가 발생할 때까지는 센 불로 가열한다. 그 다음에 식품재료를 넣는데, 찬 것이 들어갔기 때문에 찜 그릇 속의 온도가 내려가므로 다시 그릇 속의 온도가 상승할 때까지 센 불로 가열하고, 그 후에는 물이 계속 끓는 정도인 약한 불로 가열을 계속한다. 찜 그릇 안의 온도가 충분히 오를 때까지는 증기가 그릇의 내벽이나 뚜껑에 닿아서 액화하여 떨어지므로 뚜껑 밑에 마른 헝겊을 덮기도 한다.

찌는 데 사용하는 물은 적당한 양을 준비한다. 필요 이상인 다량의 물은 찌는 시간과 연료의 불경제일 뿐 아니라 하부에 끓는 물이 넘쳐 위로 올라와서 재료를 적셔서 조리에 악영향을 미친다. 찌기에서 100℃로 가열하기는 쉬운데, 100℃ 이하로 가열해야 할 경우는 온도 관리가 어렵다.

3) 식품별 찌는 요령

① 감자 … 감자는 깨끗이 씻어서 껍질째 통째로 찌거나 잘라서 찌는데, 자르는 편이 시간이나 연료가 절약되지만 맛은 통째로 찌는 편이 좋고, 영양분의 손실도 적다. 그 이유는 앞에 적은 바와 같다.

② 찐빵, 만두 … 전분의 호화와 팽화가 목적이다. 가열하는 화력의 차이로 빵을 찐 실험 결과는 <표 4-35>와 같이 팽화률은 약한 불인 경우가 센 불인 경우보다 크다.

〈표 4-35〉 화력별 팽화율과 소비 가스량

(가루 : 물=1:1, 실온=20℃)

화 력	찐 시간	팽화율	소비 가스량
센 불	6(분)	224(%)	36(L)
중 불	6	225	18
약한 불	6	228	9

찐빵을 맛있게 찌기 위한 가열 조건은 밀가루 전분이 호화하는 85℃ 정도로는 탄력이 작고 입 안에 자꾸 붙으므로 내부 온도가 90℃가 될 때까지는 가열할 필요가 있다. 너무 약한 불을 사용해서 밀가루 전분의 호화에 오랜 시간이 걸리면 찐 후의 빵의 모양이 나쁘다. 그러나 또 지나친 센 불은 찐빵이나 만두의 겉껍질에 균열이 생기는 경우가 있다. 그러므로 화력은 중불로, 찌는 시간을 조금 길게 하면 팽화율, 맛, 외관 등이 만족스럽게 된다.

③ 떡 … 처음에는 센 불로 가열하여 가열된 수증기가 미세한 쌀 분말 사이사이

의 공간을 따라 잘 통과할 수 있도록 해야 한다. 보통 시루를 사용하는데, 시루와 솥(또는 냄비)의 접촉 부분에서 수증기가 새어나오지 않도록 하는 것도 중요하다. 또 솥 안의 물의 양도 적당히 조절해야 한다. 너무 많으면 물이 끓을 때 시루 내부에까지 물이 오르게 되고, 물의 양이 모자라면 도중에 보충해야 한다. 이때 가열을 중단하면 쌀가루 사이로 상승하던 수증기가 쌀 분말층 중간에서 냉각되어 액화된 물이 쌀 분말을 적셔서 수증기의 통로가 막히므로 그 후 아무리 가열해도 떡이 잘 쪄지지 않는다.

물이 충분히 끓어서 수증기가 쌀 분말층을 완전히 통과한 후에는 화력을 줄여서 뜸을 들여 쌀 분말의 호화를 완결시킨다.

4) 찔 때 영양소의 변화

찔 때의 일반 성분의 변화는 <표 4-36>과 같다. 찔 때의 영양소의 변화가 큰 것은 수분의 증감이다. 표면이 마른 1개 50g인 만두를 찌면 주로 껍질 부분이 물을 흡수해서 변형과 동시에 중량과 용량이 증가한다.

실험에 의하면, 만두를 30분간 찔 때 약 7g의 물을 흡수하는 결과를 보였다.

<표 4-36> 찌는 조리에 의한 각종 식품 성분 잔존율

식 품 명	열 량	단백질	지 질	당 질	무기질	인	칼 슘
수조육류	83.23	90.23	66.30				
소 · 돼지고기	83.52	91.32	65.40				
닭고기	87.12	93.94	73.60				
어 · 연체류	86.56	87.58	87.84				
어 류	92.54	94.75	85.25				
연체류	80.57	80.41	90.42				
채소류	85.52	82.66	79.07	86.16			
엽채류	90.91	91.91	100.00	92.91			
경채류	77.01	86.17	50.00	76.01			
근채류	84.11	77.66	75.80	85.48		82.35	80.26
알 류	96.15	99.76	93.63		94.28	99.38	100.00
대두가공품	79.16	84.56	76.49				

① 지방 … <표 4-36>에서도 명백히 알 수 있는 바와 같이 지방이 용출되어 찌는 물 속으로 유입한다. 뱀장어를 찌는 것은 기름을 빼는 효과를 얻기 위해서이다.

② 비타민 B_1 … 고구마를 증기가 오른 후 15분간 쪘을 때의 변화는 <표 4-37>과 같이 잘게 썰었을 때 손실이 더 많다.

<표 4-37> 고구마를 쪘을 때 비타민 B_1의 변화

써는 방법	B_1 (㎍)	B_1 잔존율 (%)
날것 그대로	133.2	100.0
크게 썬 것	113.1	84.8
작게 썬 것	82.3	61.8

또 각종 식품을 적당히 쪘을 경우 비타민 B_1의 변화는 <표 4-38>과 같이 시금치를 제외하고는 10% 전후의 손실을 보이고 있다.

찌는 경우와 삶는 경우를 비교해 보기 위하여, 감자를 1cm 두께로 썰어서 쪘을 때와 삶았을 때를 비교한 결과는 <표 4-39>와 같다.

<표 4-38> 각종 식품을 적당히 쪘을 때 비타민 B_1의 변화

식품명	생식품중 B_1 (㎍)	형 상	처리시간 (분)	B_1 (㎍)	B_1 잔존율 (%)
고구마	75.2	1cm 두께	10	65.8	87.6
감자	131.6	1cm 두께	12	115.8	88.0
호박	60.8	1cm 두께	15	54.0	88.8
시금치	92.8	뿌리째	15	72.6	78.2
양파	29.2	그대로	20	27.1	92.8
완두	152.7	줄기만 따고 껍질째	15	134.2	87.9

<표 4-39> 감자를 찌는 경우와 삶는 경우의 비타민 B_1양의 비교

끓인 시간 (분)	찌 기 (㎍)	삶 기 (㎍)		찌 기 (%)	삶 기(%)	
		감자	감자와 삶은 물		감자	감자와 삶은 물
0	85.0	85.0	85.0	100.0	100.0	100.0
10	-	67.3	80.7	-	74.9	94.9
12	67.5	-	-	79.4	-	-
15	-	61.4	79.1	-	72.3	93.1
30	65.6	53.5	74.3	77.6	62.7	87.4

30분간 가열했을 때 찌는 경우가 삶는 경우보다 비타민 B_1의 잔존율이 많은데, 삶는 국물까지 이용한다면 오히려 삶았을 때 비타민의 손실이 적게 된다.

③ 니아신 … 쪘을 경우 각 식품 중 니아신 양의 변화는 <표 4-40>과 같다.

이 표에 의하면 비타민 B_1의 경우와 같이 시금치를 제외하고는 10% 정도로 감소한다.

<표 4-40> 찌는 경우 니아신의 잔존율

식품명	조리시 사용량 (g)	조리시간 (분)	함유량 (mg%)		잔존율 (%)
			날 것	찐 것	
돼지고기	20	5	6.70	5.80	87.0
아 지	50	5	4.77	4.30	90.1
감 자	90	20	1.44	1.36	95.1
시 금 치	50	5	0.80	0.53	66.2

<표 4-41> 찌는 경우 각 식품의 비타민 C 잔존율

식품명	찐시간 (분)	C잔존율(%)	식품명	찐시간(분)	C잔존율(%)
당 근	20	70~86	콩	–	81
감 자	30	77~82	시 금 치	5~6	50~67
고 구 마	25~64	87~100	냉동시금치	10	71~73
완 두 콩	12	68	양 배 추	20	67

④ 비타민 C … 찌는 경우 비타민 C의 변화는 <표 4-41>과 같다. 또 찌는 시간이 길면 비타민의 손실도 증가한다.

4 ■ 건열조리

(1) 굽 기

1) 특 징

굽기는 건열조리의 일종으로, 끓이거나 찌기 등의 습열조리에 비하여 다음과 같은 특징이 있다.

① 100℃ 이상의 고온인 가열조리이다.

② 습열조리에는 가열 온도에 최고 100℃라는 한도가 있는데, 굽기에는 그 제한이 없어서 온도 조절이 어렵다.

③ 가열 중 눌어서 식품 특유의 풍미를 낸다. 예를 들면, 누린내가 나는 익히지 않은 수조육류를 구우면 좋은 풍미로 바뀐다. 가열 중에 조미료의 맛이 더해지면 맛은 더욱 복잡해진다.

④ 식품은 수분을 잃어서 중량은 감소하고, 성분은 농축되어 보존성이 커진다.

2) 굽는 정도

식품은 그 종류나 수확의 시기, 신선도 등에 따라 성분이나 조직이 다르므로 굽는 정도도 각각 다르다. 다 구워진 후 표면은 적당한 갈변화가 되어 있고, 내부에는 적당한 수분을 보유하고 있으며, 골고루 구워진 상태가 이상적이다.

① 비교적 강한 불로 굽는 편이 좋은 경우 … 어패류, 수조육류 등과 같이 수분을 75~85% 정도 함유하고 있는 것, 토스트(toast) 등 눌은 맛을 내는 목적이 있는 것은 비교적 강한 불로 굽는 것이 좋다. 단백질성 식품을 굽는 정도는 단백질의 응고 온도로 정하면 된다. 그 응고 온도는 65℃이므로 단시간에 가열하는 불고기의 요령은 강한 불로 단시간 가열해서 표면의 단백질을 응고시켜 고기 내부의 지미를 가진 육즙의 용출을 방지하는 것이다. 반대로 약한 불로 가열하면 육즙이 용출되어 육질이 빡빡하고 맛이 없다.

토스트를 만들 때 빵 표면은 눌은 맛이 나서 고소하고, 내부는 적당히 부드럽게 되었을 때 맛이 좋다. 이와 같은 상태를 만들기 위해서는 불의 조절도 중요하지만 빵을 적당한 두께로 잘라야 한다. 이러한 점은 불고기에 있어서도 마찬가지이다.

② 비교적 약한 불로 굽는 편이 좋은 경우 … 핫케이크(hot cake), 고구마 등 전분성 식품이라든지 김과 같이 수분의 함량이 적은 식품을 들 수 있다. 구운 고구마는 찐 고구마에 비하여 훨씬 맛이 좋다. 그 이유는 굽는 동안에 수분이 증발해서 고구마의 성분이 농축되고, 찌는 것에 비하여 완만한 열의 침투로 당화효소(amylase)의 작용이 장시간 지속되어서 고구마의 감미가 증가하기 때문이다.

3) 굽는 방법과 기구

굽는 법은 크게 직화구이와 간접구이로 나눈다.

① 직화구이 … 직화구이는 석쇠나 꼬챙이를 사용하여 직접 불 위에서 굽는 방법으로서 주로 복사열에 의한다. 구울 때에는 화력과 열원에서의 거리를 조절해야 한다. 석쇠를 사용할 때는 석쇠를 불에 놓아서 충분히 달군 후 식용유를 바르고 재료를 놓으면 재료가 석쇠에 달라붙지 않는다. 이 조리법은 원시시대부터 사용된 것으로 가장 간단하다. 생선이나 고기를 석쇠에 얹거나 꽂이에 꿰어 가열하여 식품이 지닌 본래의 맛이 가장 잘 보존되는 조리법이다.

② 간접구이 … 간접구이는 냄비나 철판, 오븐(oven), 알루미늄 호일(aluminium foil) 등을 사용하는데, 주로 전도열, 복사열, 대류열에 의하여 가열되고, 어떤 연료로도 가능하다. 냄비나 철판 등에 눌어붙는 것을 막기 위해서 소량의 기름을 사용하기도 한다. 직화구이로 하면 지방의 손실이 많은 육류나 어류 또는 곡

류처럼 직접 구울 수 없는 것을 조리하는 법이다.

㉠ 냄비나 철판을 사용할 때에는 두께가 두꺼워야 열용량이 커서 온도의 변화가 적어 잘 구워진다.

㉡ 오븐에서의 열의 전달은 주로 가열된 공기의 대류에 의한다. 공기의 열전도율은 극히 낮아서 습열가열에 비하여 가열 시간이 더 걸린다.

㉢ 알루미늄 호일로 싸서 구울 때는 식품에서 방출되는 수증기가 안에 머물러서 찌는 작용을 겸한다.

4) 구울 때 영양소의 변화

구울 때 일반 성분의 변화는 <표 4-42>와 같다.

비타민 B_1에 대해서는 고구마를 2등분해서 하나는 날것으로 측정하고, 또 하나는 0.8mm 두께로 썰어서 프라이팬에서 구운 후 비타민 B_1을 측정하였다. 그 결과 <표 4-43>과 같이 약 20%의 감소를 보였다.

<표 4-42> 굽기에 의한 각종 식품 성분 잔존율

(%)

식품명	열량	단백질	지질	당질
수조육류	91.35	95.03	79.00	
소·돼지고기	93.37	91.98	89.03	
닭고기	93.93	98.99	95.60	
어·연체류	85.32	93.34	83.59	
어 류	79.60	95.75	79.50	
연체류	91.04	90.92	87.67	
채소류	87.75	78.86	61.91	86.79
대두가공품	83.13	96.76	78.33	38.54
패류가공품	28.15	28.15	32.65	

<표 4-43> 고구마를 구울 때 비타민 B_1의 변화

식품명	중량(g)	B_1 (㎍)	B_1 잔존율(%)	수분(%)
생고구마	100	148.5	100.0	65.7
썰어서 구운 것	82	122.7	82.6	58.2

비타민 B_2는 쇠간으로 조리를 해서 <표 4-44>와 같은 결과를 얻었다. 이때 소금구이에 의한 비타민 B_2의 감소는 육즙의 손실에 의한 것으로 본다.

니아신에 대해서는 돼지고기를 가지고 실험한 결과, <표 4-45>와 같이 90% 정도의 잔존율을 보였다.

〈표 4-44〉 쇠간의 각종 조리시 비타민 B_2의 변화

조리방법*	사용한 쇠간의 양 (g)	조리품 중 B_2 양(mg)	쇠간 100g을 사용했을 때 조리품 중 B_2 양 (mg)	손실률 (%)
건 조	25	0.546	2.184	0
버터볶음	50	1.028	2.056	4
튀 김	50	1.012	2.024	5
소금구이	50	0.952	1.904	11

* 건조 : 60℃인 건조기로 2시간 건조. 소금구이 : 가스오븐으로 15분간 구움.
버터볶음 : 마가린으로 4분간 볶음. 튀김 : 콩기름으로 7분간 프라이함.

〈표 4-45〉 굽기에서 니아신의 잔존율

식품명	조리시 사용량 (g)	조리시간 (분)	함유량 (mg %)		잔존율 (%)
			생 것	구운것	
돼지고기	10	5	5.96	5.23	87.7
아 지	50	4	4.15	3.87	93.2

그러나 굽기에서는 굽는 법, 눌리는 정도에 따라 잔존율의 차가 크다고 생각된다.

(2) 볶 기

1) 특 징

볶기는 굽기와 튀기기의 중간에 속하는 가열방법이라고 할 수 있다. 볶을 때에는 가열 중 주걱으로 젓기가 용이하게 하기 위하여 식품재료의 크기를 알맞게 자른다. 기름과 냄비의 고온을 이용하여 단시간으로 가열하는데, 기름은 식품이 냄비에 눌어붙는 것을 방지할 뿐 아니라 식품 중에 스며들어서 식품의 맛을 내게 한다. 볶기는 고온으로 단시간 가열하는 것이므로, 식품의 색도 곱게 보유되고, 영양소의 손실도 적다. 가열 중 수분이 증발되므로 식품성분은 농축되고, 당분의 일부는 캐러멜화되는 경우도 있어서 풍미가 증가된다. 여러 가지 식품을 함께 볶으면 보다 더 복잡한 맛을 낼 수 있다.

가열 중 조미할 수 있는데, 식품이 기름의 얇은 막으로 싸여 있으므로 끓이는 경우보다는 조미료의 침투가 늦기 때문에 조미할 때 주의해야 한다.

2) 볶기에 사용하는 기름

볶기에 사용되는 기름은 식용유이면 어느 것이나 좋은데, 우리 나라에서는 보통 식물성 유지를 많이 사용하고 있다. 중화요리에는 라드(lard)가 흔히 사용되고, 서양 요리에서는 버터와 올리브기름을 많이 쓴다.

기름의 사용량은 식품의 종류, 크기 등에 따라 다르지만, 일반적으로 식품 양의 5~10%가 적당하다. 양배추를 1mm 정도로 채 썰어서 밑의 지름이 18cm인 철제 프라이팬을 사용하여 볶은 결과, 기름의 양과 볶은 제품의 성상은 <표 4-46>과 같다.

〈표 4-46〉 유량과 볶은 제품의 성상

유량 (%)	볶은 제품의 성상
1	타서 윤이 없다.
3	냄비에 기름이 남지 않고, 제품에 윤이 난다.
5	냄비에 기름이 약간 남고, 적당한 제품이 된다.
7.5	냄비 전체에 기름이 떠서 파상(波狀)으로 남는다
10	기름이 많아서 튀김과 같은 상태가 된다.

버터나 마가린은 약 15%의 수분을 함유하고 있으므로, 기름보다 다소 많은 양을 사용해야 볶을 때 식품이 타지 않는다.

볶기에 사용한 기름은 대부분 재료에 흡수되는데, 그 일부는 가열기구에 묻는다든지 재료의 수분이 증발할 때 미립자가 되어 날라가기도 한다. 그러나 너무 많이 사용한 경우에는 기름이 그대로 남는다.

볶을 때에는 유지가 엷은 막이 되어 가열되므로 공기와의 접촉면적이 넓어서, 산패되기 쉬운 조건이 된다. 냄비에 5mL의 기름을 잘 두르고 가열하여 볶음밥을 조리한 후 기름의 변화에 대하여 조사한 결과는 <표 4-47>과 같이 기름이 열화됨을 알 수 있다.

또 기름을 절약하기 위하여 튀김에 사용해서 가열 열화된 기름을 볶기에 쓰는 경우가 있는데, 이에 대하여 실험한 결과를 보면 <표 4-48>과 같다.

이로써, 가열열화유는 볶기에 사용하면 더욱 열화되어 식용에 부적당하다는 것을 알 수 있다.

3) 볶는 요령

볶기에 사용하는 냄비의 크기는 볶는 식품의 양과 균형이 맞아야 한다. 냄비에 비하여 식품을 너무 많이 넣으면 충분히 식품을 저어 줄 수 없어서 열의 전달이

〈표 4-47〉 볶기에 사용한 콩기름의 특징과 구성지방산

시료유	가열 습도	가열시간 (분)	산가	요오드가	TBA값	구성지방산(%)					
						팔미틴산	스테아린산	올레인산	리놀산	리놀레인산	중합물
미가열 콩기름			0.08	129.2	0.007	10.7	4.7	24.1	52.8	7.8	0
가열 기름	100℃	1.5	0.10	125.9	0.018	11.1	4.0	23.1	52.3	7.3	2.2
		3.0	0.15	125.5	0.026	11.0	4.3	24.0	49.5	7.6	3.6
		5.0	0.18	125.7	0.039	10.3	4.3	22.9	47.4	7.2	7.9
	180℃	1.5	0.28	123.4	0.119	10.3	4.5	22.0	48.6	7.7	6.9
		3.0	0.33	122.5	0.157	10.3	4.0	22.3	46.5	7.0	9.9
		5.0	0.49	120.0	0.314	10.0	3.2	22.1	45.7	6.1	13.0
		1.5	0.38	123.3	0.011	10.9	4.7	22.4	50.9	7.4	3.7
볶음밥에 사용한 기름		3.0	0.43	123.2	0.011	10.5	4.1	23.2	49.8	7.5	4.9
		5.0	0.53	124.5	0.019	10.3	4.1	22.9	50.0	7.4	5.3

〈표 4-48〉 가열열화유를 볶음에 사용했을 경우 여러 특징의 변화

시 료	산 가	요오드가	TBA값
가열해서 품질이 나빠진 기름	0.64	116.5	0.182
실온에서 재료 100g을 볶은 후의 기름	0.70	114.4	−
실온에서 재료 200g을 볶은 후의 기름	0.84	113.3	−
180℃에서 재료 100g을 볶은 후의 기름	0.75	114.4	−
180℃에서 재료 200g을 볶은 후의 기름	0.77	114.5	−
180℃에서 1.5분 가열	0.75	115.5	0.278
100℃에서 1.5분 가열	0.81	114.8	0.346

균일하지 못하므로 잘 볶이지 않는다. 일반적으로 냄비 용량의 반 정도로 식품을 넣는 것이 적당하다. 또 냄비는 두툼해서 열용량이 크고 저어 주기 쉬운 모양의 것이 좋고, 주걱으로 자주 내용물을 위와 아래가 섞이게 저어 주어야 한다.

냄비의 밑부분만이 고온이고 기타 부분은 저온이어서 온도의 분포가 균일하지 않으므로 자주 저어서 모든 재료가 고온으로 고루 가열되도록 해야 한다.

볶을 때에는, 냄비를 충분히 가열한 후 기름을 뜨겁게 하여 재료를 넣는 것이 좋다. 양배추를 사용해서 실온일 때 재료를 넣고 볶기 시작한 경우와 냄비를 180℃로 가열한 후 볶기 시작한 경우의 재료의 온도 변화와 중량의 변화를 측정한 결과는 〈그림 4-14〉, 〈표 4-49〉와 같다.

볶기가 완료될 때까지의 시간은 냄비를 가열한 후 기름을 넣고 볶는 편이 시간이 단축된다. 또 냄비에 비하여 재료의 양이 많은 경우는 먼저 180℃로 가열하고

〈표 4-49〉 조리온도와 볶기

가 열 조 건	사용량(g)	발산수분량(%)	유리 유량(mL)
실온에서 재료를 넣음	100	19.0	0
	150	15.0	0.5
	200	9.5	0.5
180℃에서 재료를 넣음	100	18.5	0
	150	16.5	0
	200	14.0	0.4

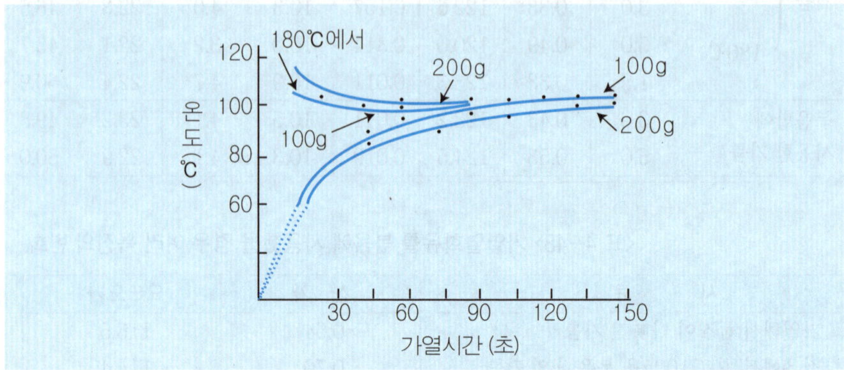

〈그림 4-14〉 양배추를 볶을 때 재료와 온도의 변화

볶는 편이 재료의 무게 감량은 많으나 남은 기름량과 식품에서 나온 수분의 양이 적다.

4) 볶을 때 영양소의 변화

볶기는 가열 시간이 짧기 때문에, 영양소의 손실은 비교적 적다.

비타민 B1에 대하여 조사한 결과는 <표 4-50>과 같다. <표 4-51>에 의하면 많이 눌면 비타민 B1의 손실이 증가됨을 알 수 있다.

〈표 4-50〉 각종 채소를 볶았을 때 비타민 B1의 변화

식 품 명	생 것		볶은 것	
	수분 (%)	B1 (㎍%)	B1 (㎍)	B1 잔존율 (%)
고구마	64.5	75.2	69.8	92.8
감 자	81.1	131.6	119.6	90.9
강낭콩	79.6	152.7	137.6	90.1
양 파	92.8	29.2	23.6	80.8
파	83.5	30.7	29.5	95.5
시금치	91.7	92.8	73.5	79.2

<표 4-51> 감자를 볶았을 때 비타민 B_1의 변화

볶은 정도	B_1 (㎍)	B_1 잔존율(%)
생감자	131.6	100.0
누른기가 없음	119.6	90.9
누른기가 약간 있음	108.1	82.1
심하게 눌었음	88.8	67.5

<표 4-52> 각종 식품을 볶았을 때 니아신의 변화

식 품 명	조리시 사용량(g)	조리시간 (분)	함유량(mg%)		잔존율 (%)
			생 것	볶은 것	
돼지고기	10	5	5.57	3.50	62.8
아 지	50	4	4.50	4.07	90.4
감 자	100	3	1.22	1.06	86.8
시 금 치	50	2	0.93	0.66	82.2

<표 4-53> 채소를 볶았을 때 비타민 C의 변화

식 품 명	총 비타민 C (%)		환원형(%)		산화형(%)	
	식품+국물	식품	식품+국물	식품	식품+국물	식품
양 배 추	87	79	75	69	12	10
무		87		70		17
시 금 치	77	66	65	56	12	10
완 두 콩	80	65	56	44	24	21
피 망		95		82		13

니아신에 대한 실험 결과는 <표 4-52>와 같이 손실량이 적었으나 돼지고기만은 잔존율이 떨어졌다. 그 이유는 육즙의 용출에 의한 것으로 해석된다.

비타민 C에 대해서는 몇 가지 채소에 대하여 실험하여 <표 4-53>과 같은 결과를 얻었다.

(3) 튀기기

1) 특 징

① 튀기기는 기름을 열의 매개체로 하여 가열하는데, 기름에는 상압에서 비등점이라는 최고온도의 한계가 없어서(발연점이 있음) 이용하는 온도 범위가 120~200℃로 넓다. 또 기름의 비열이 작아서(0.47) 온도가 쉽게 오르내리기 때문에 온도 관리가 어렵다.

② 고온으로 가열하므로 가열 시간이 짧아서 비타민의 파괴가 적다.

③ 식품을 적당한 양으로 나눠 튀기기 때문에 조리시간이 오래 걸린다.

④ 가열 중 재료의 수분은 증발되고, 기름이 흡수된다. 즉, 튀기기는 물과 기름의 교대라고 할 수 있다.

⑤ 튀기는 식품의 맛에 기름의 향미가 가해져서 풍미와 텍스처가 증가된다.

⑥ 가열 중 조미가 어려우므로 가열 전에 하든지, 가열 후 간장이나 소스 등을 곁들인다.

⑦ 기름에 의하여 열량가가 높아지고 지용성 비타민의 흡수가 높아진다.

2) 종 류

튀기기는 크게 두 가지로 나누는데, 그대로 튀기는 경우와 껍질을 입혀서 튀기는 경우이다.

① 그대로 튀기기 … 식품을 그대로 튀기는 방법이다. 이것은 껍질을 입히는 것에 비해 식품이 탈수되기가 쉽다. 그러므로 기름의 온도가 너무 높아 탈수가 너무 빨리 일어나서 전분이 충분히 호화되지 않는 경우가 발생될 수도 있다. 탈수되는 것을 목적으로 튀기는 경우는 감자칩(potato chip), 고구마칩이라든지 보존성을 높이기 위한 생선튀김 등에 사용된다. 튀기는 정도는 목적에 따라 다르므로, 가열 온도와 시간을 가감한다.

이 튀기기 방법으로는 일반적으로 식품의 맛이 농축되어 맛이 좋아지고, 식품의 누른 색과 맛도 쉽게 낼 수 있다.

② 껍질을 입혀서 튀기기 … 재료 식품에 여러 가지 껍질을 입혀서 튀기는 방법이다.

㉠ 껍질로서 밀가루나 콘스타치(corn starch)를 분말 상태 그대로 사용하는 경우 : 이 경우에는 이들 분말이 식품 표면의 물을 흡수해서 이 수분에 의하여 전분은 가열시 호화된다. 만일 분말이 너무 많으면 호화되지 않은 전분은 접착력이 없어서 기름 속으로 떨어져 나와 기름을 더럽히는 원인이 된다. 이 방법은 껍질의 수분이 적기 때문에 장시간 튀겨서는 안 된다. 그러므로 가열 시간이 짧아도 되는 동물성 식품에 많이 이용한다.

㉡ 밀가루를 물에 갠 것을 껍질로 사용하는 경우 : 껍질에 수분이 65~70% 함유되어 있으므로 앞의 방법보다는 식품의 탈수가 적고 식품이 눋지도 않는다. 또한 식품의 풍미도 잘 보유된다고 할 수 있다. 어패류와 야채 튀김류에 많이 사용한다.

㉢ 식품에 밀가루, 달걀 갠 것, 빵가루의 순으로 껍질을 입혀서 튀기는 경우 : 이 경우에는 껍질의 표면에 건조된 빵가루를 입히면 쉽게 탄다. 그러나 식빵을 이용하여 마르지 않은 빵가루를 만들어 껍질로 사용하면 더욱 고소하고 타지 않는다. 마른 빵가루의 수분은 약 25% 정도이므로 단시간에 눌어서 색과 맛을 낸다. 그러므로 마른 빵가루보다 생빵으로 만든 젖은 빵가루가 덜 타고 고소하다.

3) 튀김 껍질

튀김 껍질은 단백질, 즉 글루텐(gluten)의 양이 적은 것이 좋으므로 박력분을 사용한다. 때로는 콘스타치를 섞는 경우도 있다.

글루텐의 함량이 적은 것을 쓰는 이유는 다음과 같다. 즉, 밀가루 단백질은 흡수가 빠르고, 글루텐 형성에 쓰인 물은 단백질과 잘 결합되어 있다. 한편 밀가루의 주성분인 전분은 물의 흡수가 늦다. 그런데 이와 같은 껍질이 고온으로 튀겨지면 곧 증발하는 물은 글루텐 형성에 참가하지 않았던 물이고, 글루텐을 형성하고 있는 물은 잘 증발하지 않는다. 그러므로 글루텐이 많은 것은 탈수가 잘 되지 않고, 튀기기의 특징인 물과 기름의 교차가 적으며, 기름의 흡수도 잘 되지 않아 바삭바삭하게 튀겨지지 않는다.

밀가루를 갤 때 달걀을 사용하는 경우가 있다. 이것은 달걀이 열에 의하여 응고해서 껍질에 어느 정도의 경도를 주는 것이다. 또 중조를 넣는 경우가 있는데, 이것은 고온인 기름 속에서 곧 탄산가스를 발생하여 껍질이 식품 겉에 덩어리로 뭉쳐지는 것을 막게 되므로 껍질의 표면적이 넓어져 물과 기름의 교차가 잘 되어서 껍질이 딱딱해지는 경향이 있다.

달걀을 넣은 것과 중조를 넣은 것을 비교하면, 튀겨낸 직후는 달걀을 넣은 것이 경도가 적당하지만 중조를 사용한 것은 너무 굳다. 그러나 시간이 지나면 달걀을 넣은 것은 흡습하여 맛이 떨어지는데, 중조를 사용한 것은 변하지 않아서 달걀을 넣은 것에 비해 맛이 좋다. 그러므로 튀기면서 먹을 경우에는 달걀을 넣는 편이 좋고, 튀긴 후 조금 있다가 먹을 경우에는 중조를 넣는 것이 좋다. 중조의 사용량은 밀가루의 0.2% 정도가 적당하다.

4) 튀길 때 온도와 시간

튀길 때 기름의 온도와 시간의 적부는 조리 상태에 영향이 크다. 기름의 온도는 식품에 따라 다를 뿐만 아니라 튀기는 재료의 종류에 따라서도 다르다. 돼지고기

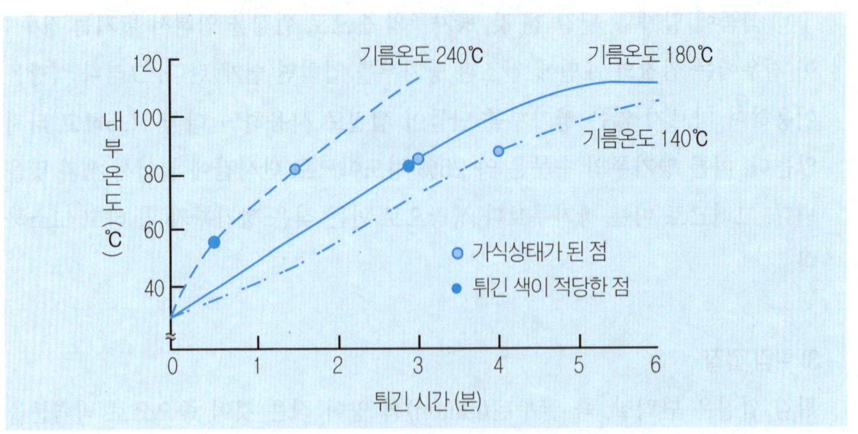

<그림 4-15> 돼지고기 커틀릿의 내부 온도 변화

를 2cm 두께로 썬 다음 빵가루를 입혀서 기름의 온도를 각각 140℃, 180℃, 240℃로 가열하여 튀겼을 때, 돼지고기 내부의 온도 변화는 <그림 4-15>와 같다.

이 그래프에 의하면, 240℃로 가열하는 경우 중심부까지 가열되는데 1.5분 걸리고, 껍질이 보기 좋게 튀겨지는 데는 30초 걸리며, 그 이상이 되면 탄다. 그러므로 기름의 온도가 240℃인 경우는 튀김의 색이 알맞을 때 꺼내면 내부의 고기가 설익고, 내부의 고기를 잘 익히려면 겉이 타니까 결국 튀기는 기름의 온도가 너무 높은 것이다. 또 140℃로는 4분쯤 후에 내부는 잘 익는데, 껍질의 색이 곱게 되지 않으므로 기름의 온도가 너무 낮은 것이다. 기름의 온도가 180℃인 때는 돼지고기가 잘 익기까지의 시간과 껍질이 곱게 튀겨지기까지의 시간이 같아서 3~3.5분간 튀기면 훌륭한 돼지고기 커틀릿(cutlet)을 얻게 된다. 그러므로 180℃가 가장 적당한 튀김 온도인 것이다.

일반적으로 재료 식품의 두께가 두꺼울수록, 기름의 온도가 낮을수록 내부 온도의 상승이 늦다. 또 튀김의 색은 기름의 온도가 높을수록 빨리 진해진다.

튀기기에 적당한 온도와 시간은 재료 식품의 종류, 크기, 껍질의 수분 함량, 두께 등에 따라 다르지만 일반적으로 각 튀김 조리에 있어서의 기름의 온도와 시간은 <표 4-54>와 같다.

5) 튀길 때 영양소의 변화

튀기기에 있어 영양소의 변화는 지방량의 증가로 열량이 증가된다.

튀기기는 가열 시간이 짧으므로 영양소의 손실이 비교적 적고, 비타민류에 있어서는 물을 사용하지 않으므로 수용성 비타민의 용출도 없어서 비타민의 손실도

<표 4-54> 튀길 때 기름의 온도와 시간

종 류	기름 온도(℃)	소요시간	비 고
크로켓	190~200	1분 전후	
굴튀김	190~200	1분 전후	
크루통	180~190	30초	
닭튀김	150~180	1분30초~2분30초	뼈째 그대로 튀김
생선튀김	180	2분 전후	생선 두께 1~1.5cm
커틀릿	160	2.5분 전후	고기 두께 0.8cm, 생선 두께 1~1.5cm
도 넛	160	3분	
감자칩	140~160	3~4분	

적은 조리법이다.

비타민 B_1의 변화량을 측정하기 위하여 각종 식품에 밀가루로 껍질을 입혀서 튀긴 후 껍질을 제외하고 비타민 B_1을 측정하였더니 그 결과는 <표 4-55>와 같았다.

니아신에 대하여는 <표 4-56>, 비타민 C에 대하여는 <표 4-57>에 각각 그 실험 결과를 표시하였다.

<표 4-55> 각종 식품을 튀겼을 때 비타민 B_1의 변화

식품명	수분 (%)	생식품 중 B_1 (㎍)	온도 (℃)	시간 (분)	B_1 (㎍)	B_1 잔존율 (%)
고구마	67.8	89.0	160	3	82.4	92.6
감 자	81.1	131.6	155	4	114.8	87.0
당 근	84.0	41.6	160	3	38.8	93.3
연 근	79.0	69.3	160	3	63.2	91.2
마른강낭콩	13.2	412.5	150	4	376.0	91.2

<표 4-56> 튀겼을 때 니아신 잔존율

식품명	조리시 사용량(g)	조리시간 (분)	함유량(mg%)		잔존율 (%)
			생 것	튀긴 후	
돼지고기	10	3	5.47	4.05	74.0
아 지	50	2	5.20	4.20	80.7
감 자	100	1	1.35	1.22	90.4

<표 4-57> 채소를 튀겼을 때 비타민 C의 잔존율

식품명	총 비타민 C (%)		환원형(%)		산화형(%)	
	기름+껍질+식품	식품	기름+껍질+식품	식품	기름+껍질+식품	식품
강낭콩	94	90	79	76	15	14
피 망	92	82	84	76	8	6

6) 튀길 때 기름 사용시 주의사항

① 음식 찌꺼기를 제거하기 위하여 튀기면서 기름을 자주 체로 걸러 준다.

② 다 사용한 기름은 깨끗이 걸러 암냉소에 보관해야 한다.

③ 기름을 거를 때는 꼭 스테인리스 기구를 사용하여야 한다.

④ 발연점이 낮은 기름, 어두운 색 기름, 오래 가열한 기름은 폐기시킨다.

⑤ 튀김기는 사용하지 않을 때 냄비 뚜껑을 덮어 놓는다.

⑥ 튀김기는 사용하지 않을 때 온도를 낮추거나 스위치를 끈다.

⑦ 음식의 맛과 향, 건강에 영향을 미치기 때문에 꼭 좋은 기름을 사용한다.

⑧ 한 냄비의 기름으로 여러 재료들을 튀길 때에는 야채류, 어패류, 육류(쇠고기 → 닭 → 돼지고기) 순으로 튀겨 주는 것이 좋다.

튀김냄비는 온도를 일정하게 유지하기 위해서 냄비의 두께가 두꺼워 열용량이 큰 것이 좋다. 냄비의 재질도 기름에 영향을 준다. 특히 동냄비는 산화 촉매작용이 커서 기름의 변질을 촉진시키므로 적당하지 않다. 스테인리스, 테프론 가공한 것은 거의 영향을 주지 않는 것으로 알려져 있다. 요즘에는 유리나 도기, 법랑 제품도 많이 사용되고 있다.

7) 튀김 방법과 요령

튀김 온도와 시간이 튀김요리에 미치는 영향이 크다. 단백질 식품은 고온 단시간에 가열하여야 한다. 기름량을 많이 하고 한 번에 식품량을 적당히 넣어 온도를 유지할 수 있게 한다.

육류나 생선을 통째로 튀길 때는 처음에는 저온에서, 두 번째 튀길 때는 고온에서 튀겨 풍미를 더한다. 수분이 많은 채소나 녹색채소 등은 탈수와 색을 좋게 하는 것이 목적이므로 비교적 저온에서 1~2분 가열한다.

5 ■ 마이크로파 가열

(1) 마이크로파 가열의 특징

① 가열이 대단히 빠르다. 단시간에 고온이 되므로 고구마를 익히는 경우 당화효소가 활성을 빨리 잃어서 감미도는 저하되는데, 산화효소의 조기 파괴로 색은 곱게 조리된다.

② 식품의 중량이 많이 감소된다. 대부분은 수분의 증발에 의한 것인데, 뚜껑을 사용하면 다소 방지할 수 있다.

③ 눌릴 수가 없으므로 눌릴 필요가 있는 조리는 종래의 방법으로 가열 전에 눌리든지 가열 후에 눌린다.

④ 단일 식품은 균일하게 가열되는데, 식품별로는 선택적으로 가열된다.

예를 들면, 달걀에서 노른자위는 먼저, 흰자위는 늦게 가열된다. 또 소시지를 사이에 넣은 빵은 소시지와 빵의 온도 상승이 달라서 빵보다 소시지의 온도가 더 빨리 오른다.

⑤ 조리실의 온도가 오르지 않는다.

(2) 마이크로파 가열의 용도

① 생식품의 가열조리

② 조리식품의 재가열

③ 냉동식품의 해동과 조리

④ 냉동조리식품의 해동과 재가열

생식품의 가열은 식품 각각의 특성에 의하여 가열 시간, 가열 방법을 고려할 필요가 있다(표 4-58).

냉동식품의 해동에 있어서도 문제가 있는데, 열이 표면으로 모이는 경향이 있어서 뾰족한 부분에 국부과열이 일어나 그곳만 해동이 되고 끓기까지 하는 경우가 있다. 그러므로 마이크로파로 해동을 할 경우에는 한 번에 계속하지 말고 중단했다가 반복하는 등의 배려가 필요하다.

〈표 4-58〉 전자레인지 조리시간

식 품 명		수량(g×개수)	초온 (℃)	가열시간
날것인 경 우	닭 구 이	30×10	20	4 분
	도 미 찜	280×1	20	3 분
	고 구 마	200×1	20	3 분
재가열	핫 케 익	100×1	20	20 초
	중국만두	90×2	20	30 초
	햄 버 거	90×5	20	120 초
	스파게티	200×1	20	60 초
	볶 음 밥	320×1	20	50 초

(3) 마이크로파 가열시 성분변화

마이크로파 가열은 가열 시간이 짧고 물을 사용하지 않아도 가열되므로 수용성 비타민류가 안전하다. 비타민 C에 대하여 야채류를 분자 전자레인지에서 랩에 싸서 가열한 경우와 재래의 방법으로 삶은 경우를 비교한 실험결과는 <표 4-59>와 같다.

〈표 4-59〉 전자레인지와 보통냄비 조리의 경우 비타민 C의 잔존율

식 품 명	전자레인지 (%)	보통냄비에 삶음 (%)
엽 채 류	87.3	61.6
과 채 류	90.5	85.5
근 채 류	94.3	71.2
감 자 류	90.3	80.2
두 류	84.5	71.8

고구마를 가열할 때 당분량의 변화를 알아보기 위하여 분자 전자레인지와 찜통에서 각각 가열하여 그 결과 당분의 양을 말토오스(maltose)로 나타냈다(표 4-60).

〈표 4-60〉 전자레인지와 찜통 조리의 경우 고구마의 maltose량

시료번호	날당 고구마 의량 (%)	가 열 방 법											
		레인지(껍질 벗김)			레인지(껍질 안벗김)			찜 (껍질 벗김)			찜 (껍질 안벗김)		
		무게 (g)	가열시간 (분)	당량 (%)	무게 (g)	가열시간 (분)	당량 (%)	무게 (g)	가열시간 (분)	당량 (%)	무게 (g)	가열시간 (분)	당량 (%)
1	3.81	157	2.0	3.81	188	3	8.65				186	30	13.27
2	4.49	90	1.5	5.75	242	3	8.49				208	35	16.01
3	2.82	120	2.0	5.39	201	3	7.99				249	40	12.98
4	3.66	91	2.0	6.93	217	3	8.53	109	25	11.09	263	40	15.81
5	3.47	173	3.0	8.99	223	3	10.33	155	33	12.17	237	37	13.67

제5장 ◉ 식품과 조리

제 1 절 당질계 식품의 조리

1 ■ 당질의 조성과 분류

당질은 주로 탄소, 수소, 산소의 세 원소로 구성되어 있으며, 수소와 산소의 비율은 2 : 1, 즉 물과 같은 비율로 되어 있기 때문에 탄수화물 또는 함수탄소라고 불리기도 한다.

당질의 화학적인 특징은 분자 내에 1개 이상의 히드록시기(-OH)와 1개의 알데히드기(-CHO) 또는 케톤기(-C=O)를 가지고 있으며, 이러한 화합물이 2개 이상 축합한 것도 역시 당질이다.

알데히드기 또는 케톤기 1개를 가지는 당질은 단당류라 하고, 단당류가 2개 결합한 것을 이당류라 한다. 당질은 다음과 같이 분류할 수 있다.

① 단당류

㉠ 3탄당 : 글리세로오스(glycerose), 디히드록시아세톤(dihydroxy-acetone)

㉡ 4탄당 : 에리트로오스(erythrose)

㉢ 5탄당 : 리보오스(ribose), 크실로오스(xylose), 아라비노오스(arabinose)

㉣ 6탄당 : 포도당, 과당, 갈락토오스(galactose), 만노오스(mannose)

② 이당류 … 자당(포도당+과당), 맥아당(포도당 2분자), 젖당(포도당+galactose)

③ 삼당류 … 라피노오스(raffinose : 포도당+과당+galactose), 멜레지토오스(melezitose : 포도당 2분자+과당)

④ 사당류 … 스타키오스(stachyose : 포도당+과당+galactose 2분자)

⑤ 다당류 … 전분(starch), 이눌린(inulin), 글리코겐(glycogen), 덱스트린(dextrin), 셀룰로오스(cellulose), 펙틴(pectin)

2 ■ 조리에 관계있는 당질

(1) 성　질

단당류나 이당류는 다당류와 다른 성질과 조리성을 가지고 있다.

① 수용성이다 … 분자량도 크지 않고, 친수성인 히드록시기(-OH)를 가지고 있으므로 물에 잘 녹는다.

② 단맛이 있다 … 특히 자당, 과당, 포도당이 달다. 자당의 단맛은 구조변화가 없어서 불변이지만, 과당이나 포도당은 α와 β의 구조에 따라 단맛이 달라진다.

③ 삼투압을 높인다 … 삶은 콩에 설탕을 넣으면 콩 표면에 주름이 잡히는 것을 볼 수 있다. 이것은 설탕 용액의 삼투압이 높아져서 콩 속의 수분이 외부로 나왔기 때문이다.

전골 요리를 할 때 설탕과 간장을 넣으면 고기와 채소에서 수분이 나오는 것을 보게 되는데, 이것도 삼투압 현상에 의한 것이다. 또 식품을 설탕에 절여 보존하는 방법도 삼투압을 높여서 세균의 발육을 억제시켜 방부 효과를 내게 하는 것이다.

④ 단백질의 열응고 온도의 변화 … 설탕을 가하면 단백질의 열응고 온도가 올라가고, 설탕을 더 많이 가하면 응고현상을 볼 수 없게 되는 경우가 있다. 이 점은 달걀을 가지고 과자나 커스터드를 만들 때 유의해야 할 성질이다.

⑤ 설탕의 전화 … 설탕은 유기산의 존재 아래에서 가열하면 포도당과 과당으로 분해한다. 이것을 당의 전화(轉化)라고 하는데, 전화하면 단맛이 더해지고, 또 자당의 결정화를 막는다.

⑥ 과포화되기 쉽다 … 자당과 포도당은 과포화액을 만들기 쉽다. 이 성질은 설탕을 정제하는 데는 불편하지만 시럽을 만드는 데 이용된다.

⑦ 발효 … 당류는 효모에 의해서 발효한다. 각종 알코올 음료 및 김치류는 이 발효작용을 이용하여 만든 것이다.

⑧ 색소와 방향의 형성 … 환원성이 있는 설탕이나 포도당을 아미노산과 가열하면 구수한 방향(芳香)과 갈색의 색소를 형성한다.

(2) 단당류

1) 포도당

축합한 것들을 합하면 포도당(glucose)은 지상에서 가장 많이 존재하고 있는 유기화합물이다. 유리 상태로는 과일, 특히 포도에는 최고 20%까지 함유되어 있다.

결합형으로는 자당, 젖당, 전분, 글리코겐(glycogen), 셀룰로오스(cellulose) 또는 배당체로서도 널리 존재하고 있다. 또 인체의 혈액 중에는 평균 0.1% 함유되어 있으며, 식후에는 상승(0.13~0.15%) 하지만 공복시에는 저하(약 0.7%)한다.

포도당에는 α형과 β형이 있는데, 그 단맛의 비율은 3 : 2이다. 물에 용해시키면 α형은 β형으로 변하여 α와 β의 양형이 같은 농도가 되어서 평형을 유지한다. 그리하여 포도당은 결정 또는 덩어리형인 때가 달고, 수용액으로 하면 단맛이 감소한다. 포도당은 조리시에 감미료로, 색깔 내는 데와 윤기를 내는 데도 쓰이고 있다.

채소류를 끓이면 단맛이 증가하는데, 이것은 채소 속에 포도당이 증가하기 때문이다. 예를 들면, 생 양배추는 포도당을 약 33% 함유하고 있는데, 끓여서 익히면 50%로 증가한다.

2) 과 당

과당(fructose)은 포도당과 같이 과일 중에 존재하고, 특히 벌꿀에 많으며, 자당의 반을 차지하는 구성분자이다. α형과 β형이 있으며, 수용액 중에서 평형을 이루는데 고온에서는 α, 저온에서는 β가 안전하다. 단맛은 α와 β가 1 : 3이다. 그러므로 저온에서는 달지만 고온이 될수록 단맛이 감소한다.

과당은 포도당보다 결정되기가 어렵고 흡습성은 매우 높다. 벌꿀이 결정화되지 않고 액체 상태인 것은 과당이 흡습성이 높아 공기 중 습기를 흡수하고 스스로 용해되어 액상을 나타내기 때문이나, 꿀의 포도당 함량이 많을 경우에는 결정을 형성하기도 한다. 설탕의 흡습성은 과당이 미량 섞여 있기 때문이나 순수한 설탕은 흡습성이 거의 없다.

(3) 이당류

1) 자 당

자당(sucrose, 서당)은 사탕수수의 줄기와 사탕무의 뿌리에 많으며, 결정성으로 물에 녹아 단맛이 강하다. 온도에 따라 단맛이 변하지 않는데, 160℃ 이상으로 가열하면 녹으며, 200℃ 이상이면 갈색 비결정성의 캐러멜이 된다.

일상생활에서 설탕이라고 불리며, 조리에는 감미료, 방부제, 발색제 또는 윤을 내는 데 쓰일 뿐만 아니라 콜로이드 식품의 안정제, 단백질의 열응고 방지제로 사용된다.

2) 맥아당

맥아당(maltose)은 단독으로 자연계에 존재하지 않으며, 전분을 산이나 맥아의 아밀라아제(amylase)로 가수분해하면 맥아당을 얻을 수 있는데, 감주(식혜)나 물엿의 단맛이 이것이고, 캐러멜과 어린이 영양식품 등에 쓰인다.

3) 젖 당

젖당은 사람의 젖에는 5.0~7.0%, 우유에는 3.6~5.2% 포함되어 있다. 단맛이 적고 α, β의 두 종류가 있는데, α 젖당(α-lactose)은 결정수 1분자를 가지고 있으며(결정성), β 젖당은 결정수가 없다(비결정성). 분유가 흡습하면 β가 α로 되어 결정을 이루는데, 이때 입자 중의 지방이 표면에 나와서 표면을 덮어 물에 불용성인 피막을 만든다. 그러므로 분유는 수분이 7~8% 이하가 되도록 주의해서 저장해야 한다.

(4) 다당류

단당류가 다수 축합한 고분자화합물이다. 다당류에는 열량소인 전분과 불소화성인 셀룰로오스(cellulose)가 있다. 셀룰로오스는 적당히 섭취하면 장(腸)의 연동운동을 촉진해서 장내의 유해물질을 잘 배설하게 하고, 혈중 콜레스테롤(cholesterol)을 낮추는 등의 효과가 있다.

3 전　분

(1) 전분의 종류와 조리성

전분은 식물 조직 중에 저장되어 있는 다당류로서 뿌리, 줄기, 씨 등의 조직 세포 중에 있으며, 주된 전분 식품 중의 함유량은 <표 5-1>과 같다.

〈표 5-1〉 전분 함유량

(%)

식품명	함유량	식품명	함유량
감　자	15~20	팥	35
고구마	20	완두콩	40
토　란	15	제비콩	35
당　근	0.2	현　미	73
가　지	0.8~1.3	백　미	75
콩	0.4~0.9	밀	68

전분 입자의 모양과 크기는 식물에 따라 다르며, 현미경으로 쉽게 감별할 수 있다(그림 5-1).

대부분의 전분 입자는 아밀로오스(amylose)와 아밀로펙틴(amylopectin)으로 되어 있다. 아밀로오스는 α-D 글루코오스(glucose)가 1, 4결합으로 다수 축합해서 사슬 모양으로 이루어진 다당류이다. 사슬은 보통 포도당(glucose)이 250~1,000개 이어졌으며, 긴 사슬은 코일상으로 되어 있다.

아밀로펙틴은 아밀로오스의 사슬 군데군데에서 다른 아밀로오스 사슬이 α-1, 6 결합에 의하여 가지를 이루었는데, 이 가지 사이는 포도당이 6~18개 정도이다. 요오드(I_2)에 의하여 아밀로오스는 짙은 청색을, 아밀로펙틴은 적색 내지 자색을 띤다.

전분은 물에 녹지 않고 침전하는데 물과 같이 가열하면 호화해서 점도가 있는 호화액(풀)이 되고, 농도가 높은 호화액은 냉각하면 점탄성이 있는 겔(gel)을 형성한다. 조리의 용도에 따라 전분의 종류와 농도를 택하여 효과적으로 이용할 수 있다.

<표 5-2>에서 보는 바와 같이 전분 입자는 종류에 따라 모양, 크기, 조성이 다르고 호화 온도도 다르다.

전분의 중요한 조리성은 다음과 같다.

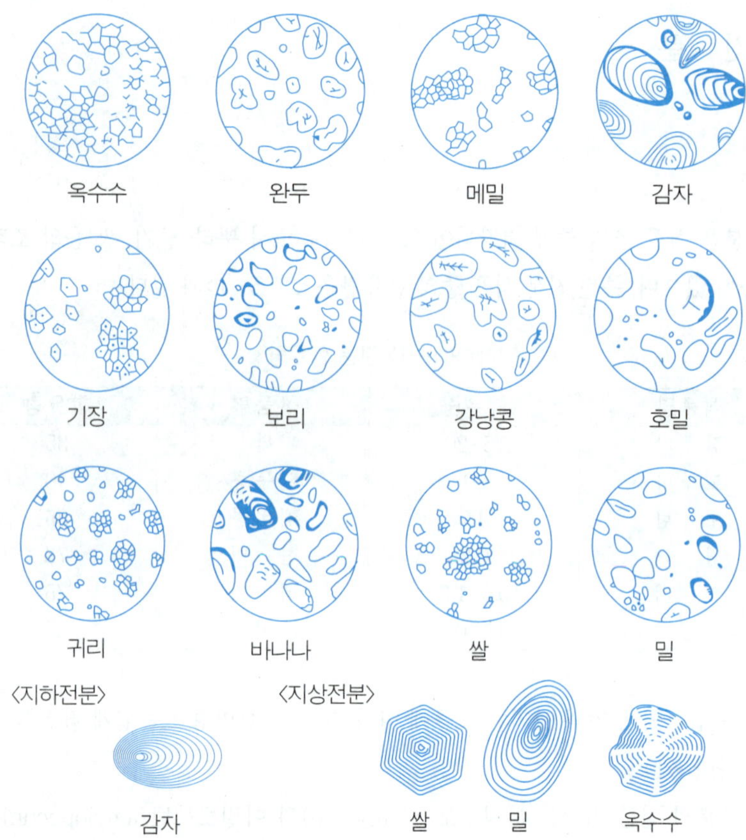

〈그림 5-1〉 전분 입자의 크기와 종류

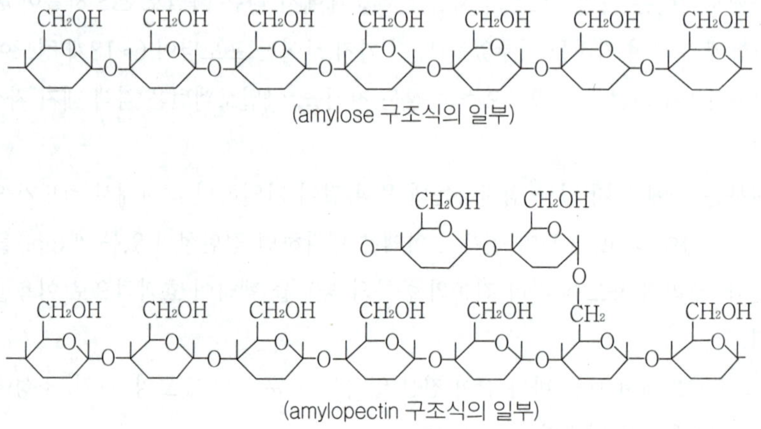

(amylose 구조식의 일부)

(amylopectin 구조식의 일부)

〈그림 5-2〉 아밀로오스와 아밀로펙틴의 구조와 모양

<表 5-2> 전분의 종류와 특성

특성 \ 종류	고구마	감 자	옥수수	보 리	쌀
전분입자의 모양	다 면 형 단 · 복립	난 형 단 립	다면형 단 립	凸렌즈형 단 립	다면형 복 립
지름(μ)	10~25	15~100	5~25	2~35	2~8
아밀로오스 함량(%)	18.0	20.0	26.0	25.0	18.5
호화 온도(℃)	72.5	64.5	86.2	87.3	63.6

① 국물의 점성을 높여서 입 안에서의 촉감을 좋게 한다.

② 조미료와 재료가 잘 섞이도록 하고 유지(油脂)의 분산을 도와서 유화가 잘 된다.

③ 음식 온도의 강하를 지연시킨다.

④ 녹말가루가 익으면 투명한 겔을 만드는 것처럼 조리 후 윤기가 나게 한다.

(2) 전분의 호화

보통의 전분에는 아밀로오스 10~20%와 아밀로펙틴 80~90%의 비율로 존재하는데, 이들은 서로의 인력에 의하여 아밀로펙틴의 가지와 아밀로오스의 사슬 등이 모여서 규칙 바른 분자집단을 이루고 있다. 이것을 미셀(micelle)이라고 한다(그림 5-3).

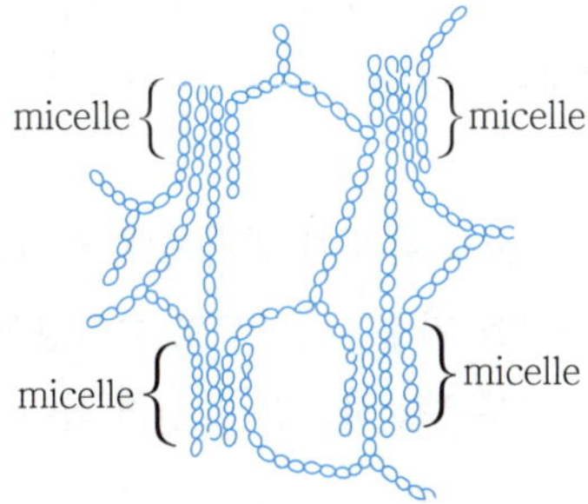

<그림 5-3> 미셀의 구조

미셀은 다수의 분자가 밀착하고 있기 때문에 분자 사이로 물이 끼어들어가지 못하며, 따라서 물에 불용성이다. 그러나 가열하면 분자가 흩어져서 그 사이로 물이 들어가 겔(gel)을 생성한다. 이와 같은 현상을 전분의 호화(gelatinization)라고 한다. 생전분 상태인 것은 β 전분이라고 하는데, 전분 또는 전분계 식품은 거의

가열해서 호화시킨 후 식용으로 하고 있다.

호화의 과정은 가열에 의하여 물 분자의 운동이 활발해지면서 전분 분자 사이에 물 분자가 끼어들어가 수소결합의 해리를 촉진시킨다. 그 결과 미셸 구조가 흩어지고 전분 분자가 수화(水和)하여 전분 입자가 크게 팽윤하는 것이다.

호화된 전분(α 전분)은 β 전분에 비하여 분자간의 간격이 넓어서 소화효소가 침투하기 쉬우므로 소화가 잘 되고 맛도 있다.

호화의 조건은 다음과 같다.

① 가열 온도 … 쌀의 호화는 60~65℃에서 시작되는데, 호화가 완료하려면 65℃에서 수시간 걸린다. 80℃ 이상에서는 현저히 빨라지는데 98℃에서는 20~30분이면 호화가 완료된다. 온도가 더 높으면 호화는 더욱 빨리 되고 완전히 된다. 압력솥을 이용하여 고압에서 밥을 지으면 맛이 있는 까닭은 바로 이 때문이다.

② 수분의 양 … 전분이 호화하기 위해서는 전분에 수분이 30~40%는 있어야 한다. 즉, 가하는 수량이 많을수록 호화는 잘 된다.

③ 가열 전의 침수 시간 … 물이 전분 입자의 내부까지 침투하려면 약 5분 이상의 침수 시간이 필요하다. 쌀은 20~30분 정도 걸린다.

④ 도정도 … 쌀은 도정도(搗精度)가 높을수록 호화가 빠르다. 그리고 낮은 온도에서도 쉽게 호화한다.

⑤ 전분 종류, 입자의 크기 … 전분의 종류에 따라 호화 초기와 식은 후의 점도 양상이 달라진다. 감자전분은 호화시 초기 점도와 식은 후의 점도가 다 높으나, 옥수수전분은 초기 점도와 식은 후의 점도가 낮다. 그래서 감자전분은 소스로, 옥수수전분은 튀김 등에 적당하다. 전분 입자의 크기가 작을수록 호화 온도가 낮아진다.

⑥ pH … pH에 의해서도 호화 온도가 변하는데, 알칼리에 기울수록 낮은 온도에서도 호화된다. 산은 전분을 가수분해하므로 호화양상에 영향을 미친다. 따라서 전분에 산을 가할 때는 전분을 호화시킨 후 산과 섞는 것이 좋다.

(3) 전분의 노화

호화한 전분을 실온에서 그대로 방치하면 서서히 분자의 재배열이 일어나서 부분적으로 결정성이 회복되어 생전분과 같이 불용성의 상태로 변한다. 이와 같은 현상을 전분의 노화(retrogradation)라고 한다.

노화는 인접하고 있는 직쇄분자간의 수소결합이 재형성되므로 구조에 있어서 생전분과 다르다. 그리하여 노화전분을 β'-전분이라고 부른다.

전분의 노화는 다음과 같은 조건이 영향을 미친다.

① 아밀로오스의 함량 … 전분 입자 중 아밀로오스의 함량이 많은 멥쌀은 찹쌀보다 쉽게 노화한다. 또 멥쌀 중에서도 아밀로오스 함량이 많은 쌀(동남아산 쌀)일수록 노화하기 쉽다.

② 가열 온도와 시간 … 끓인 온도가 낮을수록, 그리고 끓인 시간이 짧을수록 노화하기 쉽다.

③ 방치한 온도 … 전분은 60℃ 이하가 되면 노화하기 시작해서 0℃에서 급속히 노화한다. 그러나 -10~-20℃까지 냉동하면 노화는 진행하지 않는다.

④ 산의 존재 … 전분은 산성에서 노화하기 쉬워서 pH 2에서는 pH 6일 때보다 6배나 빨리 진행된다. 초밥이 쉽게 노화되어 고슬고슬해지는 것은 이 때문이다.

⑤ 수분의 양 … 호화한 전분에 수분이 30~40%이면 쉽게 노화한다. 그러나 수분이 그 이하가 되면 노화의 속도는 늦어져서 15% 이하에서는 거의 정지하는데, 건빵은 이 원리에 의해 만들어지고 있다.

⑥ 전분의 종류 … 지하전분(감자, 고구마)은 지상전분(쌀, 옥수수)보다 노화 속도가 빠르다. 5%의 전분 입자를 2~3℃의 찬 곳에 방치했을 경우, 전분의 50%가 노화하는 데 걸리는 시간이 지하전분인 감자전분은 2일, 지상전분인 녹말가루는 15일이었다.

⑦ 노화의 방지 … 노화를 방지하려면 온도를 65℃ 이상으로 유지하면서 수분을 급속히 제거하거나, 0℃ 이하로 냉동시켜서 급속히 탈수시켜 수분함량을 15% 이하로 하면 된다.

쿠키, 비스킷, 크래커, 건빵 등은 제조시 수분의 함량을 8% 이하로 하여 장기

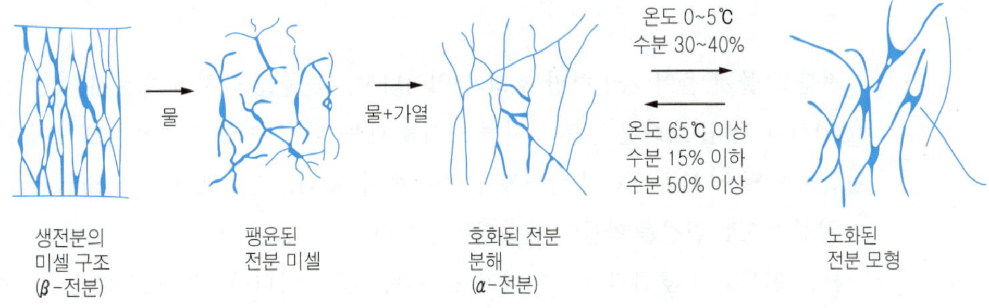

〈그림 5-4〉 전분의 호화 과정과 노화 과정

보관해도 노화가 일어나지 않는다. 또 수분의 양을 50% 이상 넣고 죽을 쑤어도 노화는 방지된다.

(4) 전분의 호정화

전분은 160~170℃의 건열로 가열하면 여러 단계의 가용성 전분을 거쳐 덱스트린(dextrin)이 되는 호정화(dextrinization)가 일어난다. 호정화가 진행된 전분은 용해성이 생기고 점성이 낮아지며 맛이 구수하게 변하고, 색도 갈색으로 변한다. 쌀 뻥튀기, 옥수수 뻥튀기, 다른 곡물 뻥튀기류, 미숫가루, 빵, 누룽지, 보리차 등은 호정화를 이용한 것이다.

(5) 전분의 당화

전분을 당화효소나 산을 이용하여 가수분해하여 단당류, 이당류 또는 올리고당으로 만들어 감미를 얻는 과정을 당화라 한다. 전분을 당화하여 만든 제품으로는 조청, 물엿, 시럽, 식혜 등이 있다.

가정에서의 전분의 당화는 엿기름의 전분 분해 효소인 아밀라아제를 이용하는데, 옛부터 곡류의 전분에 엿기름을 사용하여 식혜, 조청 또는 엿을 만들어왔다. 이때 당화가 잘되면 맥아당과 올리고당이 생성되어 단맛이 나나, 당화가 잘되지 않은 것은 덱스트린의 함량이 많아 단맛이 적고 점도가 높아진다. 식혜는 엿기름으로 전분을 부분적으로 당화시킨 것이고, 엿은 전분을 완전히 당화시킨 조청을 계속 농축시킨 것이다.

(6) 전분의 겔화

전분을 물에 풀어 가열하면 호화가 일어나고, 그 풀을 식히면 흐르지 않는 겔(gel)화가 된다. 호화된 전분 입자는 뜨거울 때는 흐를 수 있고 점성은 있으며 단단하지는 않으나, 식으면서 굳어지는 것을 볼 수 있다. 즉, 아밀로오스(amylose)가 부분적으로 결정을 만들어 겔화되는 것이다.

모든 전분들이 호화되어서 겔화가 일어나는 것은 아니다. 즉, 도토리, 녹두, 동부, 메밀 전분은 겔화가 잘 일어나 이것을 이용하여 묵을 만든다.

4■ 쌀의 조리

(1) 쌀의 성분

쌀의 성분은 대부분이 당질이고, 다음은 단백질이며 약간의 지질을 함유하고 있다.

전 성분의 75%를 차지하고 있는 당질의 대부분은 전분이고, 지름이 2~8μ의 입자로서 존재하고 있다. 전분 입자를 구성하고 있는 전분 분자는 멥쌀인 경우에는 아밀로펙틴(amylopectin) 80%, 아밀로오스(amylose) 20%이고, 찹쌀인 경우에는 아밀로펙틴이 100%이다. 그 밖에 덱스트린(dextrin) 1%, 당 0.5%, 펜토산(pentosan) 1%, 섬유소 0.3% 정도이다.

단백질은 백미에 6.4%, 현미에 7.5% 포함되어 있으며, 글루텔린(glutelin), 글로불린(globulin), 알부민(albumin), 프롤라민(prolamin) 등으로 이루어지고 있다. 배유(胚乳) 단백질의 1/2 이상은 글루텔린이며, 오리제닌(oryzenin)이라고도 한다.

현미 중에는 비타민 B_1이나 B_2가 상당량 함유되어 있으나 백미 중에는 거의 없다.

(2) 쌀의 도정

현미는 외측에서부터 과피, 종피, 호분층 등으로 이루어진 미강층(5~6%)과 배아(2~3%), 그리고 나머지 대부분을 차지하는 배유(92%)로 이루어져 있다(그림 5-5).

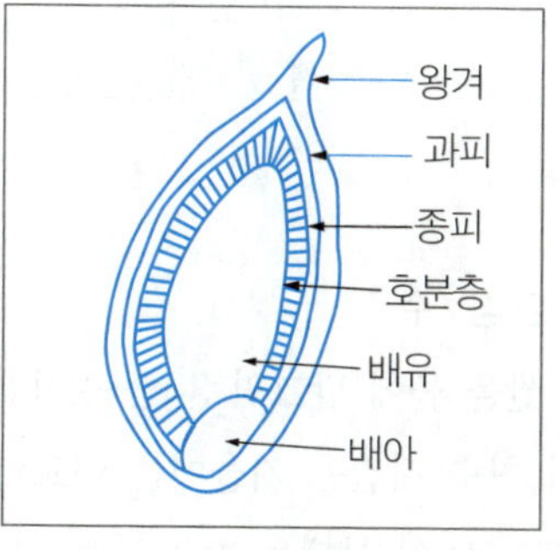

<그림 5-5> 쌀의 종단면

도정의 목적은 미강층을 제거하는 데 있다. 그런데 동시에 배아도 제거되어서 배아의 제거율이 30%일 때 3분도미, 50%일 때 5분도미, 70%일 때 7분도미, 100%인 것을 백미라 한다. 도정해서 미강이 제거됨으로써 손실되는 영양분은 지방과 인(P) 정도이지만, 동시에 탈락하는 배아는 쌀입자 중에서도 제일 영양분이 많은 부분으로 단백질, 지방, 비타민류 등을 풍부히 함유하고 있으므로 그 손실이 크다.

비타민 B_1 손실의 예는 <표 5-3>과 같다.

<표 5-3> 도정에 의한 비타민 B_1의 손실

종 류	B_1함량(γ%)	손실 (%)
현 미	453	0
5분도미	300	33
7분도미	271	40
백 미	142	70

(3) 밥짓기

1) 수 세

쌀을 물로 씻으면 쌀 성분의 손실은 고형분으로 해서 0.5~1.0%인데, 손실이 큰 것은 비타민 B_1(표 5-4)이다. 그러므로 영양적인 면을 볼 때에는 쌀을 씻지 않는 것이 좋지만 쌀을 잘 씻지 않으면 미강이 남아서 냄새가 나므로 밥맛이 떨어진다. 또 미강에는 무기질이 많아서 전분의 점도와 팽윤도를 저하시키므로 잘 씻어야 밥맛이 난다. 그 반면에 수용성인 영양분을 잃게 된다.

<표 5-4> 수세에 의한 비타민 B_1의 손실

종 류	경세(%)	강세 (%)
현 미	5	8
5분도미	18	30
7분도미	20	41
백 미	23	54

2) 침 수

쌀을 물에 담그면 30분~2시간 내에 쌀 무게의 20~30%의 수분을 흡수한다. 이 침수 시간은 겨울에는 이보다 좀 길고 여름에는 짧다. 흡수 후의 수분은 약 35%로, 이 상태는 밥을 짓는 경우 수온이 65℃까지 상승하는 동안에 호화에 필요한 수분을 쌀의 중심부까지 충분히 공급하게 된다. 쌀의 내부로 충분한 물이 공급되지 않은 채 밥을 지으면 쌀 입자 중의 세포의 팽윤이 불충분하며, 또 전분의 호화에 관여하지 않은 자유수가 많이 남아서 쌀의 중심부는 완전히 호화하지 않고, 밥이 식으면 쌀 입자 중심이 딱딱하게 된다.

〈표 5-5〉 밥물의 양

구 분	물의 중량비(배)	구 분	물의 중량비(배)
백 미(표준)	1.5	현 미	1.8
햅 쌀	1.3	초 밥	1.3
묵 은 쌀	1.6	전자레인지에서 지은 밥	1.8

3) 물의 양

흡수한 쌀에 물을 쌀 무게의 1.3~1.5배, 부피의 약 1.2배를 가해서 가열하면 밥을 지은 후의 무게는 쌀의 2.2~2.4배가 된다.

이 물의 양은 밥짓는 동안 쌀이 흡수하는 양(쌀 무게의 1.2~1.4배)과 증발하는 양(0.1배)을 가한 것이다. 물의 양은 쌀의 종류와 질, 분량, 밥짓는 기구와 가열의 세기 그리고 밥의 종류와 용도 등에 따라 다르다(표 5-5).

〈그림 5-6〉은 물의 첨가량을 달리해서 밥을 지은 후 밥의 수분함량을 측정한 것이다. 물의 첨가량의 증가에 따라 밥의 수분함량이 비례해서 증가하다가 물의 첨가비가 1.5배(밥맛을 좋게 짓는 조건)에 해당하는 부근에서는 완만한 경향을 나타냈다. 보리밥인 경우에도 같은 현상을 보였다.

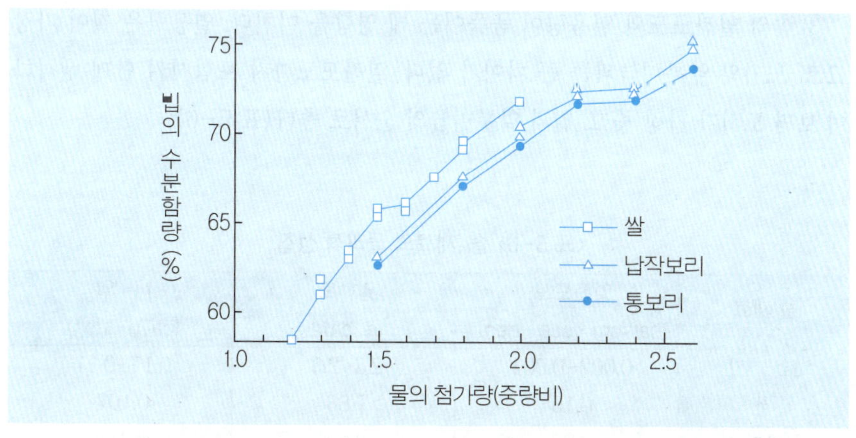

〈그림 5-6〉 물의 첨가량에 따른 밥을 지은 후의 수분함량

4) 끓이기

가열은 처음에 센 불로 세게 끓인 후 물이 자작해질 때까지는 물이 끓어 넘지 않도록 중간 불로 하고, 물이 자작해지면 약한 불로 한다. 즉, 끓기 시작한 뒤 약

20분 동안은 100℃로 유지한다. 가열 시간이 너무 길면 전분 입자가 파괴되어 밥맛이 없다.

5) 뜸들이기

뜸을 들이는 것은 쌀의 호화를 완전히 하기 위해서이다. 즉, 밥을 끓여도 전분의 호화가 충분하지 않으므로 100℃에 가까운 온도를 유지해서 호화의 진행을 돕도록 하는 것이다.

뜸이 다 들 때까지 전분의 호화가 충분히 이루어지고, 쌀 입자 표면에 부착되었던 자유수가 흡착되어야 한다. 뜸을 들이는 시간이 너무 길면, 수증기가 밥알 표면에서 응축되어 역시 밥맛을 떨어뜨린다. 그러므로 뜸을 들이는 도중에 밥을 가볍게 위아래로 뒤섞어서 물의 응축을 막도록 하는 것이 좋다.

뜸들이는 효과에는 다음과 같은 몇 가지 요소가 영향을 미친다.

① 밥을 많이 짓는다. 잘 식지 않기 때문에 소량을 지을 때보다 뜸이 잘 들어서 밥이 맛있다.

② 가스로 지은 밥은 맛이 덜한데, 그것은 가스를 끄면 열원이 없어져서 곧 식기 때문이다. 장작으로 지으면 맛이 있는 까닭은 숯이 남아서 밥을 적당히 보온하기 때문이다.

③ 솥의 열전도도와 열용량이 뜸들이는 데 영향을 미친다. 열용량은 철이 가장 크고, 도기와 알루미늄과는 큰 차이가 없다. 열전도도까지 포함시켜 함께 생각하여 보면 도기가 가장 좋고, 철과 알루미늄의 순서로 좋다(표 5-6).

〈표 5-6〉 솥 재료의 물리적 성질

솥 재료	열전도도 (cal /cm · sec · deg)	밀 도 (g /cm3)	비 열 (cal/g · deg)
도 기	0.002~0.004	2.3~2.5	0.17~0.21
철	0.15	7.86	0.107
알루미늄	0.92	2.69	0.211

〈표 5-7〉 솥의 종류와 밥의 호화율

(%)

솥의 종류	호화율	솥의 종류	호화율
알루미늄솥	93.4	도 기 솥	91.7
알루미늄냄비	74.6	전 기 솥	89.5

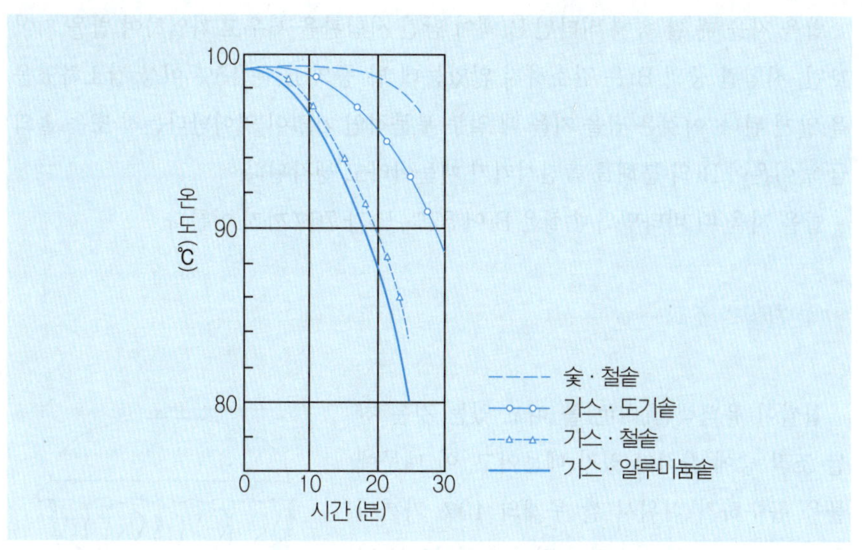

〈그림 5-7〉 뜸들이는 동안의 밥의 온도

각종 솥에서 지은 밥의 호화율의 예를 보면 〈표 5-7〉과 같다. 즉, 보온성이 좋은 솥일수록 호화율이 높다.

〈그림 5-7〉은 뜸들이는 동안의 솥 속의 밥의 온도가 시간에 따라 변하는 상태를 나타낸 것인데, 뜸들일 때 불과 솥의 종류에 따라 그 효과에 차이가 있음을 보여 주고 있다.

밥을 맛있게 짓기 위한 조건으로서 열원은 발열량의 조절이 가능할 것, 솥은 열전도도가 작고 열용량이 클 것 등인데, 이러한 조건들은 모두 적당한 온도에서 뜸을 들이는 데에 그 목적이 있으므로, 가스를 사용하는 경우도 불꽃을 작게 줄여서 뜸을 들이는 방법을 쓰면 가스를 사용해서도 맛있는 밥을 지을 수 있다.

6) 밥 지을 때 비타민의 손실

비타민 B_1은 100℃에서 20~30분 가열해도 별로 파괴되지 않는데, 실제로 밥을 지었을 경우에 측정해 보면 상당한 감소를 볼 수 있다. 실험한 한 가지 예를 보면 〈표 5-8〉과 같다.

〈표 5-8〉 밥을 지었을 경우 비타민 B_1의 손실

(γ%)

종 류	원 료	수세 후	밥을 지은 후	밥을 지음으로써의 손실
현 미	350	350	250	30%
7분도미	200	130	100	23%
백 미	70	40	–	–

밥을 지을 때 쌀 속에 비타민 B_1액이 담긴 시험관을 세우고 가열하여 밥을 지어 보면, 시험관 중의 B_1은 감소하지 않았는데 밥 중의 B_1은 15% 이상 감소하였음을 알게 된다. 이것은 밥을 지을 때 일부 부분적인 가열이 일어난다든지 또는 솥의 금속 이온이 B_1의 분해를 촉진시키기 때문이라고 생각된다.

밥을 지을 때 비타민의 손실은 B_1이 57%, B_2가 76%까지 이른다.

(4) 찹쌀의 조리

찹쌀이 유백색(乳白色)을 띠고 있는 것은 찹쌀 조직 중에 간격이 있기 때문이고, 이 때문에 물을 흡수하기 쉬워서 쌀 무게의 40% 가까이 흡수한다. 또 가열하면 강한 점성이 생기므로 밥을 지을 때 가수량은 쌀의 동량 이하가 좋다. 그러나 가수량이 적으면 균일한 밥이 지어지지 않으므로 일반적으로 찌는 방법을 택한다(그림 5-8).

〈그림 5-8〉 찹쌀 찌는 법

1) 찌 기

찹쌀은 2~4시간 침수해서 충분히 흡수시킨 후 센 불로 찌는데, 쌀 중앙부를 좀 우묵히 해서 표면층으로 빨리 증기가 오르도록 한다. 일반적으로 20분 정도 찐 후 물을 뿌리는데 10분 간격으로 1~2회 뿌려서 30~40분간 찐다. 이와 같은 조작을 하지 않으면 가열 초기에 생기는 응결수에 의하여 무게가 1.5배 정도 증가하는데 밥알은 충분히 호화되지 않는다.

2) 끓이기

멥쌀 때와 같은 방법으로 끓여서 찰밥을 짓기는 어렵다. 그러므로 가수량을 늘리기 위하여 30~40%의 멥쌀을 섞는다. 물의 양은 중량비로 1.1배 정도가 되게 하여 끓인 후 뜸을 들인다. 물 대신 팥 삶은 물을 사용하면 점성이 낮아져서 찹쌀로 밥짓기가 용이하다.

5 보리의 조리

(1) 보리의 특성 및 종류

보리는 쌀, 밀, 옥수수 다음으로 생산량이 많은 세계 4대 식량작물의 하나이며 그 이용은 크게 식량, 사료, 공업 원료용으로 제공되고 있다. 특히 동양권에서 식량으로 많이 쓰인다.

보리는 성숙 후 겉껍질이 종실에 밀착하여 떨어지지 않는 겉보리와 겉껍질이 쉽게 벗겨지는 쌀보리가 있다. 이들 보리는 섬유소가 많아 맛도 떨어지고 먹기에도 좋지 않고, 소화성도 나쁘므로 도정을 하여 이용하는데 이것이 할맥이다.

보리는 다음과 같은 특성이 있다.

① 쌀에 부족한 영양을 보충하는데 기여한다. 보리에는 비타민과 무기질이 많은 편이고 특히 쌀에서 부족되기 쉬운 비타민 B군과 칼슘 및 철분을 많이 함유하고 있으며, 칼슘은 쌀보다 2배나 많이 들어 있다. 쌀에 보리를 혼합하면 쌀로만 지은 쌀밥보다 단백질, 비타민, 철분 등의 영양상승 효과가 있다(그림 5-9).

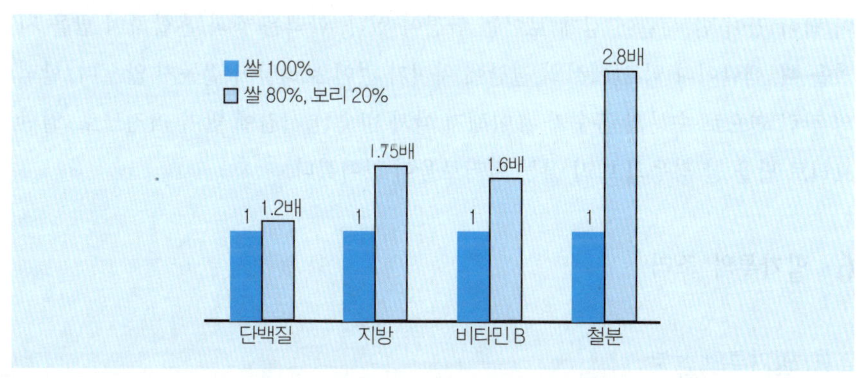

<그림 5-9> 보리 혼식의 영양 상승 효과

② 섬유소가 많아서 수분 흡수율이 높고, 당류, 지방, 염류를 흡착해서 콜레스테롤이나 장내세균이 만들어 낸 유해물질을 배출한다.

③ 보리의 섬유소는 짧아서 장내 유효세균의 번식을 조장하여 여러 가지 수용성 비타민을 만들어 낸다.

(2) 보리의 성분

보리의 성분은 탄수화물이 주성분이고, 대부분이 전분이다. 단백질, 지질 및 섬유소는 밀보다 다소 낮으나 쌀보다는 많다. 비타민은 B_1과 B_2의 함량이 높고, 펜토텐산을 많이 함유하므로 지속적으로 섭취하면 각기병을 예방하고 피로 회복이 빠르며 당뇨병과 고혈압 및 변비를 예방할 수 있다. 섬유소의 경우 쌀보다 섬유질이 5배 이상이나 많으며, 쌀에 부족한 비타민 B_1은 탄수화물 대사에 큰 도움을 준다. 그러므로 쌀과 보리를 혼식하면 성인병 예방에 좋다.

(3) 보리의 조리

보리로 밥을 하면 다소 색깔이 검게 보이며, 쌀보다 늦게 익고 먹을 때 입에서 겉도는 현상이 일어나게 된다. 이것은 수분흡수가 잘 안되어 같은 시간에 익지 않기 때문이므로 일단 한 번 삶아 두었다가 밥을 지을 때 다시 넣고 익혀서 먹어야 하므로 매우 번거로웠다. 이러한 점을 보완 개선한 보리가 압맥과 할맥이다. 압맥은 쌀과 같이 밥을 지었을 때, 밥이 잘되고 씹는 감은 좋으나 보리의 시커먼 부분이 남아 있어 밥 색깔이 검게 보이는 단점이 있다. 할맥은 쌀과 혼합하여 밥을 지었을 때, 색깔이나 입 안에서의 질감에 차이가 없어 보리알이 겉돌지 않으며, 할맥의 잘린 면으로 수분의 흡수가 용이해져 쌀과 비슷한 시간에 밥이 퍼지므로, 일반 보리로 밥을 할 경우의 미리 삶는 번거로움이 없어졌다.

6 ■ 밀가루의 조리

(1) 밀가루의 성분

1) 밀

밀 입자의 구조는 쌀과 비슷하며, 과피, 종피, 호분층 등의 껍질부분은 제분시에 밀기울로서 제거된다. 밀 입자의 배유, 배아, 밀기울 부분의 중량 비율은 82 : 2 : 16이다. 밀 당질이 그 주성분이며, 그 밖에 12% 내외의 단백질을 함유하고 있다. 밀 입자 각 부위의 성분을 비교해 보면 <표 5-9>와 같다.

밀은 수확 계절에 따라 겨울밀, 봄밀로 구분하고, 단백질 함량에 따라 경질밀, 중질밀과 연질밀이 있다.

<표 5-9> 밀의 각 부위별 성분

부 위	수분 (%)	회분 (%)	단백질 (%)	지질 (%)	당질 (%)	섬유 (%)	비타민 (mg %)				
							B_1	B_2	B_6	E	니아신
배 유	12.50	0.4	10.3	1.3	0.3	0.2	0.09	0.04	0.22	0.40	1.00
배 아	7.80	4.7	23.5	11.4	14.5	1.4	3.20	1.18	0.96	15.84	3.40
밀기울	11.80	5.0	15.6	3.7	4.6	11.3	0.60	0.28	1.08	5.60	4.80

2) 밀가루

밀 입자는 쌀에 비하여 겉껍질이 딱딱하며, 더욱이 쌀과 달리 깊은 골이 있어서 이 부분의 겉껍질은 표면에서 도정해도 정백하기가 어렵다. 반면에 배유가 물러서 가루로 만들기는 쉽다. 밀가루의 조성은 <표 5-10>과 같은데, 밀가루는 단백질의 함유량에 따라 <표 5-11>에서와 같이 그 용도가 다르다.

<표 5-10> 밀가루의 성분

성 분	수 분	회 분	지 방	당 질	단백질
함량(%)	10~17	0.3~0.9	1.1~1.7	70~75	7~14

<표 5-11> 밀가루의 종류와 용도

종 류	단백질 (%)	용 도
강 력 분	11.0~13.0	식빵, 마카로니
중 력 분	8.0~11.0	국수, 크래커
박 력 분	6.5~ 8.0	튀김 요리의 껍질, 케이크, 비스킷

(2) 글루텐 형성과 밀가루 단백질

밀가루에 50~70%의 물을 가하고 계속 세게 주무르면 탄력성이 있는 반죽이 된다. 밀가루의 성분인 전분과 단백질은 다 친수기를 가진 고분자화합물이므로 밀가루에 물을 가해 반죽하면 물 분자를 흡착해서 전분은 그 중량의 30% 정도, 단백질은 200% 정도의 물을 흡수하여 팽윤한다. 이 반죽을 물로 깨끗이 씻으면 전분은 제거되고 점착성이 있는 글루텐(gluten)이 남는다.

글루텐은 <그림 5-10>에서 보는 바와 같이 글루테닌(glutenin)과 글리아딘(glyadin)으로 이루어져 있다. 글루테닌과 글리아딘은 물에도, 소금에도 녹지 않는데 물과의 친화력은 크다. 이들은 구상단백질이므로 반죽을 계속하면 단백질

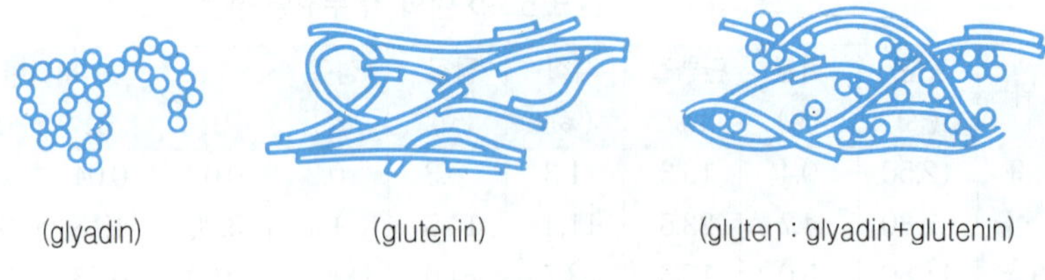

〈그림 5-10〉 글루텐 형성의 모식도

분자의 형태를 하고 있던 분자간 결합이 끊어지고 구상을 이루고 있던 폴리펩티드(polypeptide)의 연결(chain)이 풀린다. 반죽을 세게 더 계속하면 단백질 분자의 배열이 바꾸어지고 다시 분자 내 결합을 해서 3차원의 입체적 망상구조인 글루텐이 형성된다.

이와 같이 글루텐은 밀가루 중에 존재하는 성분이 아니고 물의 존재하에 글루테닌과 글리아딘에게 기계적인 조작을 가한 결과 형성되는 것이다. 그러므로 밀가루에 단백질 함량이 많으면 글루텐도 많이 형성되는데 반죽하는 기계적 조작의 영향이 크다.

글루텐 형성에 영향을 주는 요인은 다음과 같다.

1) 물과 반죽

글루텐 형성은 가수량과 수온, 반죽 정도, 방치 시간에 의하여 영향을 받는다.

도우(dough)는 밀가루에 50~60%의 물을 가해 반죽한 것이고, 배터(batter)는 약 100%의 물을 가한 것이다. 수분이 많으면 글루텐의 형성은 빠르며 유동성이 커진다(그림 5-11).

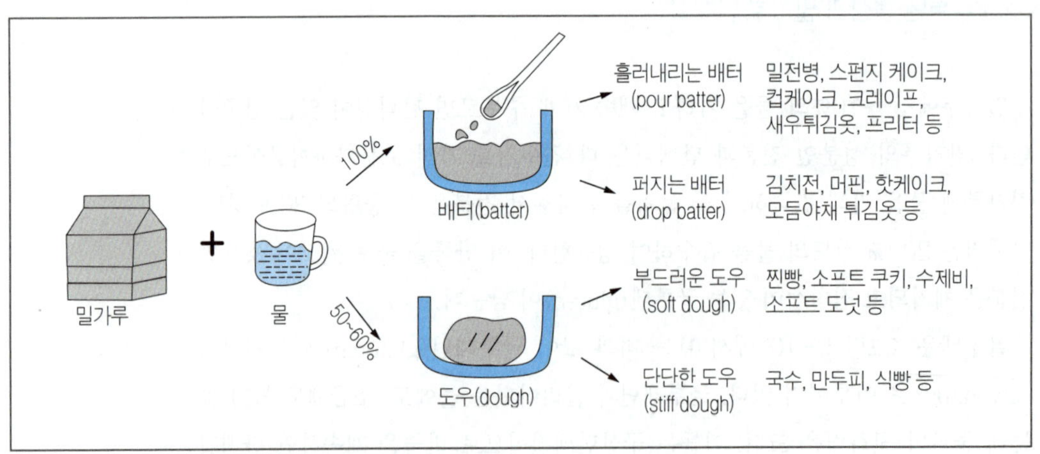

〈그림 5-11〉 반죽의 종류와 조리의 예

〈표 5-12〉 도우(dough)의 굳기에 미치는 수온의 영향

수온(0℃)	가수량(밀가루에 대한 %)	굳기(dyn/cm²)
5	55	6.20×10^4
20	55	4.40×10^4
90	55	16.00×10^4

수온은 높을수록 흡수되기 쉬우므로 글루텐 형성이 촉진되어 도우가 부드럽게 되지만, 전분이 호화되는 온도보다 높을 때에는 반대로 도우는 굳어진다(표 5-12).

반죽이나 방치에 의해서 밀가루 단백질은 역학적으로 변화해서 글루텐의 신전성(伸展性)이 증대한다. 빵이나 면을 만들 때 재워 두는 이유는 팽화할 때 점성이나 점탄성이 생기는 것을 목적으로 하는 것이다.

2) 밀가루 반죽의 성질에 영향을 주는 인자

① 밀가루의 종류 … 글루테닌과 글리아딘은 점탄성이 강하다. 이 단백질의 함량이 많은 강력분으로 반죽하면 박력분을 사용했을 때보다 더 질긴 반죽이 된다.

② 가루의 입도(粒度) … 같은 밀의 가루라도 입자 크기의 차이에 따라 글루텐의 형성 상태는 같지 않다. 입자의 크기가 작을수록 글루텐 형성이 용이하다.

③ 물을 첨가하는 방법 … 같은 밀가루에 물을 넣고 반죽을 할 때, 물을 한 번에 다 가하는가 또 소량씩 나누어 여러 번 가하느냐에 따라 글루텐의 형성이 달라진다. 물을 소량씩 가하는 쪽이 글루텐이 많이 형성되므로 물을 조금씩 나누어 가면서 반죽하는 것이 효과적이다.

④ 반죽을 치대는 정도 … 밀가루 반죽은 많이 치댈수록 끈기가 더해지는 것으로 생각되나 실제로는 그렇지 않다. 밀가루에 물을 넣고 치대기 시작하면 글루텐이 차츰 형성되기 시작하는데, 치대기를 계속하면 글루텐이 계속 형성되어 촘촘한 망상구조를 형성한다. 이 과정에서 밀가루 반죽은 운동의 자유를 잃고 단단하고 탄력성이 강한 덩어리를 형성하고 표면은 매끄러워진다. 그러나 어느 한도를 넘으면 형성된 글루텐 섬유가 지나치게 늘어나 가늘어지고 반죽에 싸여진 공기 중의 산소 때문에 결합이 산화적으로 끊기거나 기계적으로 끊겨 반죽의 형성이 저하되므로 물러지게 된다. 이러한 현상은 손으로 밀가루 반죽을 치댈 때에는 좀처럼 일어나지 않으나 기계로 반죽시 일어날 수 있다. 그러므로 음식의 종류에 따라 반죽의 정도를 달리해야 한다.

⑤ 반죽의 방치 … 밀가루 반죽을 랩으로 싸서 적당 시간 방치하면 반죽한 직후

보다 신전성(伸展性)이 증가하여 밀기가 쉽게 된다. 이는 방치 시간 중 반죽이 숙성하여 균질화되므로 글루텐의 망상구조가 완화되어 늘어나는 저항이 감소되기 때문이다.

3) 첨가물

첨가하는 재료와 이것을 넣는 시기에 따라 글루텐 형성에 영향을 미친다.

① 설탕 · 유지 … 설탕이나 유지는 글루텐 형성을 저해하는데 <그림 5-12>에서와 같이 첨가량과 방법에 따라서 글루텐의 형성량이 다르다. 설탕을 10% 첨가하면 언제 가하더라도 글루텐 형성량에 영향을 미치지 않지만, 30%인 경우에는 도우(dough)에 설탕을 가한 것은 대조군과 같은 반면 설탕을 물 또는 밀가루에 가한 경우는 글루텐의 형성량이 적다. 50%인 경우는 도우에 설탕을 가한 것도 다소의 영향을 받고, 밀가루에 설탕을 가하고 최후에 물을 가한 것은 글루텐 형성이 아주 나쁘다.

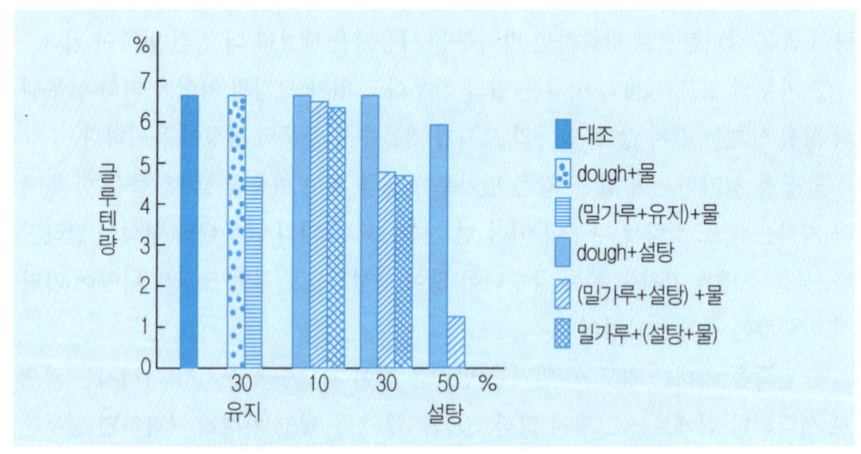

<그림 5-12> 설탕 · 유지 병용에 의한 글루텐량

② 식염 … 식염은 글루텐의 조직을 수렴시켜서 탄력성을 부여한다. 국수를 만들 때 소금을 가하는 것은 이 때문이다. 그런데 식염의 첨가량은 <그림 5-13>에서와 같이 가수량에 따라 다르다.

③ 가열에 의한 변성 … 글루텐은 가열에 의하여 단백질 변성을 일으키고 응고하면 글루텐 본래의 성질을 상실한다. 글루텐의 성질을 상실하는 온도는 74℃이고, 이 온도는 전분이 호화하는 온도에 가깝다.

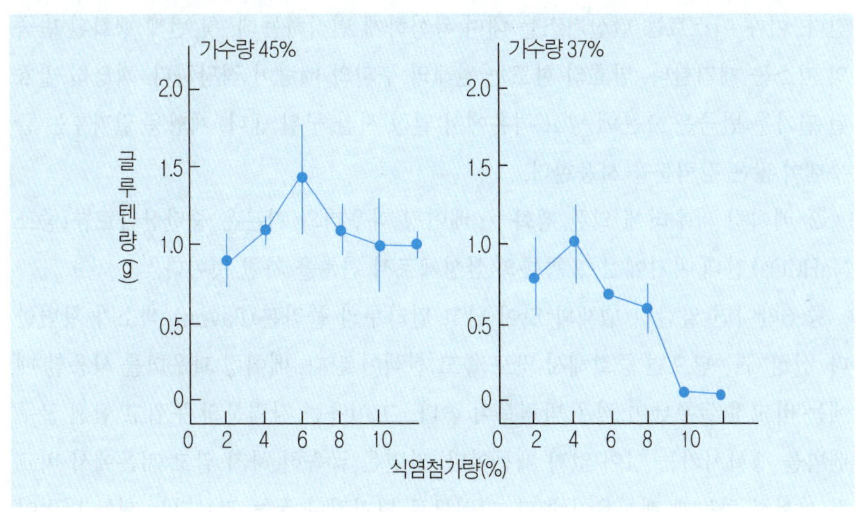

〈그림 5-13〉 식염첨가량에 의한 글루텐량

④ 달걀 … 수분이 많으므로 가열하기 전에는 반죽을 묽게 하고, 콜로이드상의 단백질을 다량 함유하고 있으므로 반죽을 부드럽고 매끄럽게 한다. 그러나 가열하면 단백질이 응고하여 음식의 질을 단단하게 한다.

⑤ 우유 … 수분을 공급해 주므로 글루텐이 형성될 수 있도록 하고, 수용성 물질의 용매작용을 한다. 또한 베이킹 파우더가 탄산가스를 발생할 수 있는 반응을 일으키고, 굽는 동안 증기가 되어 부풀리는 작용을 한다.

(3) 빵

1) 팽 화

밀가루 조리에는 빵이나 스펀지 케이크와 같이 글루텐의 팽창성을 이용한 것이 있다. 빵의 경우 밀가루 반죽을 팽화시켜서 부피를 3.5~5배나 증가시킨 것이다. 그래서 제품의 내부가 다공질이 되고 공기를 함유하고 있어서 부드럽다. 식빵의 경우 팽화의 결과는 품질 평가의 큰 비중을 차지한다.

팽화제로는 난백의 거품과 같은 자연 팽화제와 이스트(yeast), 베이킹 파우더(baking powder), 중조 등과 같은 화학 팽화제가 있다.

① 이스트를 사용한 팽화 … 밀가루 100g에 대하여 설탕, 이스트, 소금을 각각 2, 그리고 60의 물을 가하여 잘 반죽한다. 이때 글루텐이 용출하도록 충분히 반죽해야 한다. 혼합을 마치면 30℃ 전후의 온도와 높은 습도의 조건 아래에서 발효시

킨다. 이때 이스트는 탄산가스를 내며 왕성하게 번식하는데, 첫 번째 팽화된 반죽의 가스는 제거한다. 발효의 한도는 원래의 부피의 배량이 적당하다. 적당히 발효된 밀가루 반죽은 오븐에 넣고 적온에서 일정 시간 구워 낸다. 제빵용 밀가루는 글루텐이 많은 강력분을 사용한다.

② 베이킹 파우더에 의한 팽화 … 베이킹 파우더의 기본은 중탄산나트륨(중조 $NaHCO_3$)인데 여기에 2~3 종류의 산성제로서 전분을 가한 것이다.

중조만이면 알칼리 냄새와 맛이 남고 밀가루의 플라본(flavon) 색소가 황변한다. 산성제를 넣으면 중화해서 맛도 좋고 흰색이 된다. 베이킹 파우더를 사용할 때에는 비교적 글루텐이 적은 박력분이 좋다. 그 이유는 강력분의 두껍고 힘센 글루텐벽을 팽화시키는 힘이 없기 때문이다. 가열은 급속히 하지 말고 저온에서 비교적 서서히 하는게 팽화율이 높다. 그러므로 튀기거나 굽는 것보다는 찌는 방법이 좋다.

③ 기포에 의한 팽화 … 난백으로 거품을 일으켜 밀가루 반죽에 섞어서 가열하면 열팽창과 반죽의 수분 증기압에 의해서 팽화한다. 거품을 일으킨 정도가 높은 것보다 좀 덜한 것이 거품이 꺼지지 않아서 좋다.

글루텐이 너무 강하면 베이킹 파우더의 경우와 마찬가지로 팽화가 불충분하게 된다. 그러므로 박력분을 사용한다. 스펀지 케이크를 만들 때 전란(全卵)에 설탕을 가해서 거품을 내는 방법과 난백으로 거품을 낸 후 설탕, 난황을 가하는 방법이 있다.

스펀지 케이크의 재료 배합 비율(%)은 다음과 같다.

달 걀	설 탕	밀가루	물(우유)
37%	33%	25%	5%
33%	37%	25%	5%

2) 구울 때의 변화

굽는 동안의 주된 변화는 다음과 같다.

① 60℃까지 … 효모의 번식이 왕성하여 탄산가스를 발생해서 빵이 부푼다. 효모나 세균이 내는 디아스타아제(diastase)가 당화작용을 한다.

② 60℃ … 효모의 작용이 정지된다.

③ 70℃ … 젖산균이 죽는다. 단백질이 열응고하고, 전분은 일부 호화하며, 일부는 덱스트린(dextrin)화한다. 70℃까지는 빵의 모양이 이루어진다.

<표 5-13> 밀가루와 빵의 영양소 강화기준 (미국)

영 양 소	밀가루 (mg/450g)	빵 (mg/450g)
비타민 B_1	2.0~2.5	1.1~1.8
비타민 B_2	1.2~1.5	0.7~1.6
니 아 신	16.0~20.0	10.0~15.0
철	13.0~16.5	8.0 ~12.5
칼 슘	500 ~ 625	300 ~ 800
비타민 D(IU)	200 ~1,000	150 ~ 750

④ 100℃ … 빵의 겉껍질이 이루어진다. 겉껍질이 생기므로 내부로부터의 수분의 증발이 안 된다. 빵 내부는 95℃가 된다.

⑤ 150~200℃ … 빵의 겉껍질만이 150~200℃까지 온도가 상승하고, 그 중 전분의 일부가 캐러멜화하며, 일부는 단백질과 메일라드(maillard) 반응을 일으켜서 갈색으로 변하므로 맛있는 냄새가 난다.

3) 빵의 영양

빵은 구운 후 실온에서 방치하면 점점 굳어져서 맛과 소화 · 흡수도 나빠진다. 이것을 빵의 열화(劣火)라고 하는데, 이것은 전분의 노화가 주원인이며, 노화는 빵의 수분이 40% 전후에서와 0℃ 가까운 온도에서 빨리 진행된다. 밀가루 중의 비타민 B_1은 제빵 중 15~30% 파괴된다. 이것은 주로 표피의 갈색으로 된 부분에서 고온으로 인하여 비타민 B_1이 분해되기 때문이다. 현재 미국에서는 빵용 밀가루의 80% 이상이 강화되어 있다. 미국에 있어서의 밀가루와 빵의 영양소 강화 기준은 <표 5-13>에 표시한 바와 같다.

(4) 쿠키류(cookies)

케이크(cake)와 유사하며, 버터(butter)나 마가린(margarine), 쇼트닝(shortening) 등을 사용한다. 주로 중력분을 사용하고 대체로 된반죽을 하여 팽창제는 거의 사용하지 않는다.

쿠키(cookie)는 부드럽기보다는 바삭거리는 질감을 낸다. 케이크보다 약간 높은 온도에서 굽는데, 설탕의 함량이 많은 쿠키는 낮은 온도에서 굽는다.

묽게 반죽하여 스푼으로 떠놓아서 굽는 드롭 쿠키(drop cookies)와 반죽한 것을 팬(pan)에 쏟아 부어 구운 후 적당한 크기로 자르는 시트 쿠키(sheet cookie),

반죽하여 차게 두었다가 얇게 밀어서 여러 모양을 내서 굽는 롤드 쿠키(rolled cookie) 등이 있다.

(5) 국수류

1) 국수류

국수류는 밀가루를 묽은 식염수로 반죽하여 점착력을 내서 얇게 밀어 실모양으로 썬 것으로서 삶아서 식용한다. 소금의 양은 밀가루에 대해서 1.5~2.0%가 적당하다. 소금은 글루텐(gluten) 망의 점착성을 저하시켜 서로 달라붙는 것을 방지하는 것과 동시에 글루텐의 표면적이 커지므로, 마른 국수의 경우 건조시키는 동안 갈라지든가 부러지는 것을 막고 저장성을 높이는 등의 역할을 한다.

국수의 종류로는 반죽을 해서 바로 만드는 칼국수와 공장에서 가공하여 건조해서 판매하는 말린 국수가 있으며, 라면은 국수를 조미한 후 기름으로 튀겨서 만든 것이다. 라면은 제조과정 중 국수 전분의 일부를 호화시킴으로써 조리 시간이 단축된다. 라면은 수분 4%, 지방 20%, 단백질 11%, 당질 60%를 함유하고 있다.

국수는 모양에 따라 세면, 소면, 왕면 등이 있으며, 주재료인 밀가루 외에도 메밀, 쌀, 보리가루 등 각종 가루를 첨가해 곡류가루에 따라 밀국수, 메밀국수, 보리국수, 쌀국수, 도토리국수, 칡국수 등이 있다.

국수는 삶아서 식용으로 하기 때문에 수용성 비타민이 삶는 국물로 유출되는 것이 문제이지만, 처음부터 밀가루에 함유된 천연의 비타민 B_1의 유출량은 비교적 적다. 유출률이 높은 것은 강화한 비타민 B_1이며, 그 종류에 따라 차이가 있다.

국수의 조리법은 제4장 3절을 참조하면 된다.

2) 파스타

서양에서는 국수류를 파스타(pasta)로 부르고 있다. 파스타는 밀가루 또는 세몰리나(semolina) 가루에 달걀과 올리브기름을 첨가하여 잘 이겨서 탄력성 있는 반죽을 만들고 그것을 얇게 펴고 잘게 썰어서 갖가지 모양으로 만든다.

가장 널리 보급된 것은 마카로니(macaroni)와 스파게티(spaghetti)지만 라자니에라고 불리고 있는 시트 모양의 것, 누들이라고 불리고 있는 국수 모양의 것, 셸이라고 불리고 있는 조개껍데기 모양의 것, 팔파쯔레 또는 버터플라이라고 불리고 있는 나비 모양의 것 등 여러 가지가 있다.

파스타는 보통 건조된 것이므로 보관 상태가 좋으면 적어도 6개월간은 풍미가

가시지 않는다.

마카로니는 원료분(原料粉)으로 강력분을 사용하고, 밀가루에 물을 가해서 기계로 반죽한 후 센 압력을 가하여 작은 구멍으로 밀어 넣어서 성형한다. 양질의 마카로니는 탄력이 있고, 끓여도 끈적거리지 않으며, 10분간 가열하면 원형의 2배로 팽창한다.

파스타는 일반 국수 삶는 법과 다르며, 삶고 나서 국수처럼 찬물에 씻지 않고 바로 건져서 물기를 뺀 뒤 올리브기름이나 버터를 묻혀 두었다가 조리를 한다.

(6) 만두피류

찐만두나 물만두피는 냉수를 사용하여 도우(dough)를 만들고, 군만두피는 열탕으로 도우를 만든다. 냉수인 경우는 가수량을 밀가루의 50% 정도 넣는 것이 좋다. 그러나 열탕을 사용하는 경우는 가수량이 많아지고, 또한 찌거나 삶는 경우에는 가열 단계에서 수분이 보충되므로 가수량을 적게 하기 위해서 냉수를 사용한다.

물만두인 경우 난백이나 라드를 가하는 경우가 있는데 이것은 글루텐의 신전성과 텍스처를 좋게 하기 위해서이다.

(7) 밀전병과 크레이프

밀전병과 크레이프(crepe)는 글루텐이 얇게 펼쳐져야 하므로 수분함량이 많은 묽은 배터(batter)의 형태를 이용하여야 한다. 좋은 밀전병과 크레이프는 부드럽고 얇은 질감의 피이다. 수분이 많은 반죽을 구울 때는 불의 조절과 기름의 양이 매우 중요하다. 구울 때 불이 세거나 기름이 많으면 굽는 피에 기포가 생기거나 질감이 거칠어진다. 그러므로 매끄럽고 쫄깃한 질감의 피를 만들기 위해서는 약한 불에서 소량의 기름을 사용하고, 반죽은 적은 양을 붓고 얇게 펼쳐서 익히는 것이 좋다.

7 ■ 감자류의 조리

(1) 감　자

1) 감자의 성분

감자는 줄기가 변화하여 된 덩이줄기이다. 그 주성분은 당질이며, 대부분이 전분이다. 단백질과 지질은 적고, 고구마에 비해 수용성 당분이 적어서 맛이 담백하여 쌀 대용식으로도 식용할 수 있다(표 5-14).

〈표 5-14〉 감자의 성분

(먹을 수 있는 부분 100g 중)

열량 (kcal)	수분 (g)	단백질 (g)	지질 (g)	당질 (g)	섬유 (g)	회분 (g)	Ca (g)	Na (mg)	P (mg)	Fe (mg)	비타민 (mg)			
											B_1	B_2	니아신	C
77	79.5	1.9	0.1	17.3	0.4	0.8	5	12	42	0.5	0.10	0.03	1.0	15

감자의 단백질은 투베린(tuberin)이라고 하는 글로불린(globulin)이 대부분이며, 그 아미노산 조성은 <표 5-15>와 같이 극히 양질이다. 감자의 살색이 노란 것일수록 단백질의 함량이 많으며, 전분은 적고 무기질이 많은 경향이 있다. 무기질로는 인산과 칼륨을 많이 포함하고 있는 것이 특징이다. 칼륨이 많으므로 소금과 같이 섭취해야 한다.

감자는 전분 식품인 동시에 알칼리성 식품이다. 또한 비타민은 B_1과 C가 상당

〈표 5-15〉 감자의 아미노산 조성표

(g/100g 먹을 수 있는 부분)

단백질	1.9	valine	0.11
isoleucine	0.07	arginine	0.10
leucine	0.12	histidine	0.03
lysine	0.10	alanine	0.08
methionine	0.02	asparagine	0.25
cystine	0.02	glutamic acid	0.33
phenylalanine	0.06	glycine	0.07
tyrosine	0.05	proline	0.07
threonine	0.07	serine	0.07
tryptophan	0.03		

량 함유되어 있어서 겨울철 B, C의 공급원으로서 중요하다.

감자에는 솔라닌(solanin)이라는 유독 성분이 있는데, 씨눈 부분에 가장 많고, 다음이 껍질 부분이다. 솔라닌의 함유량이 100g당 20~40mg이 되면 중독을 일으키는데, 싹이 나온 감자는 100g당 80~100mg을 함유하고 있으며, 열에 의하여 분해되지 않으므로 주의해야 한다.

2) 감자의 조리 중 성분의 변화

감자는 껍질을 벗기면 고형분의 15%가 손실되는데, 이 중 전분이 13%, 조단백질이 19%이다. 감자를 삶으면 성분이 용출되는데, 껍질이 있으면 용출량이 훨씬 감소한다.

감자의 각 성분의 변화는 아래와 같다.

① 펙틴의 용해 … 감자 조직은 펙틴(pectin)으로 세포가 연결되어 있는데, 이 펙틴은 물에는 불용이지만 가열하면 가용성(可溶性)이 된다. 그리하여 세포 사이의 연결이 약화되어 조직이 연화된다. 조리에 의하여 감자가 연하게 되는 것은 이 때문이다.

② 전분의 호화 … 감자 전분은 호화하면 평균 40배가 팽창하는데, 그 정도는 감자의 종류에 따라 다르다.

③ 단백질의 변성 … 투베린은 80℃ 이상이 되면 열변성을 받아 완전히 응고한다.

④ 셀룰로오스의 연화 … 셀룰로오스(cellulose)는 가열에 의하여 연화되고, 조직이 연해진다.

⑤ 비타민의 파괴 … 조리 중 30분간 가열하면 비타민 C는 30~50% 감소한다(표 5-16, 표 5-17 참조). 가열 시간이 동일할 경우에는 끓임, 찜, 튀김의 순서로 감소도가 낮아진다.

〈표 5-16〉 감자를 삶는 경우 비타민 C의 변화

(%)

삶는 시간	5 분	10 분	20 분	30 분
잔 존 율	82.8	68.4	53.2	42.5
용 출 률	8.1	16.8	24.5	27.0

<표 5-17> 감자의 껍질 유무에 따른 비타민 C의 변화

조리방법 \ 조리시간	물의 양 (cc)	잔존율 (%)	
		23 분	40 분
껍질을 깎지 않고 삶았을 때	750	−	90.3
껍질을 깎아서 통째로 삶았을 때	750	−	68.7
껍질을 깎아서 네쪽으로 썰어서 삶았을 때	450	71.2	

⑥ 색의 변화 … 감자는 조리 중 또는 조리 후에 검은색을 나타내는 경우가 있는데, 이것은 감자 속의 플라본(flavon)계 색소가 용기에서 용출된 철 이온에 의하여 일어나는 흑변현상이다. 또 티로신(tyrosin) 등의 화합물이 효소 작용에 의하여 멜라닌(melanine)을 형성하기 때문이다. 감자를 굽거나 튀길 때 바깥 부분이 담황색 내지 암갈색이 되는 경우가 있는데, 이것은 당분이 분해되어 캐러멜화하기 때문이다.

3) 감자의 조리

분질의 감자는 삶아 가루를 내거나 매시트 포테이토(mashed potato)에 적합하며, 점질의 감자는 삶거나 볶거나 튀김에 적당하다. 감자는 동일종이라도 수확되는 시기에 따라 초여름에 수확되는 감자는 점질이며 수확이 늦을수록 잘 성숙하여 세포내 전분은 충실해진다. 전분함량과 세포간의 펙틴의 양, 가열에 의한 성분의 성질 변화 등이 감자의 조리성에 영향을 준다. 특히, 감자의 품종, 성숙도, 저장기간 등이 관계된다.

(2) 고구마

1) 고구마의 성분

고구마는 감자보다 수분이 적으며, 그 함량은 평균 70%이다. 주성분은 당질로서 약 28%이고, 이것은 대부분이 전분으로 20%, 자당과 환원당이 3 : 1 이다. 고구마의 단백질은 약 4%로서 감자의 반 정도이며, 주로 글로불린(globulin)계가 많다.

아미노산의 조성은 우수하고, 카로틴(carotene)과 비타민 C의 함량이 많다. 감자와 마찬가지로 겨울철 비타민 C의 공급원으로 좋은 식품이다. 고구마의 살색은 황색이 짙을수록 카로틴이 많다.

<표 5-18> 고구마를 삶는 경우 비타민 C의 변화

(%)

삶는 시간	5 분	10 분	20 분	30 분
잔 존 율	94.2	91.4	88.5	85.7
용 출 률	1.6	2.1	3.2	3.8

고구마 전분 입자의 호화온도는 58~64℃이며, 가열하면 호화되어 소화가 쉬워지지만 아밀라아제(amylase) 등의 효소가 파괴된다. 카로틴은 40분 삶아도 90%가 잔존하고, 비타민 C는 조리시간에 따라 <표 5-18>과 같이 변화한다.

2) 고구마의 가열과 당화효소

고구마는 β-아밀라아제 활성이 강하고 가열조리 중에 효소에 의한 전분의 분해가 일어나서 말토오스(maltose)나 저분자 덱스트린(dextrin)이 생성되어 맛의 감미가 증가한다. β-아밀라아제는 호화전분에 작용하는데 <표 5-19>에서와 같이 고구마는 중심온도 78℃에서 100% 호화하며, 호화도(糊化度)의 증가에 따라 당의 생성량이 증가한다.

가열 방법에 따라서도 당화에 차이를 보이며, 가열을 서서히 하면 호화전분에 효소가 작용하는 시간이 길므로 전분의 당화도(糖化度)가 증가한다. 전자레인지의 경우는 가열 시간이 극히 짧기 때문에 β-아밀라아제는 급속히 활성을 잃어서 당의 생성량이 감소한다. 그러므로 고구마를 전자레인지로 익히면 단맛이 덜하다.

고구마도 분질과 점실이 있다. 분질 고구마(밤고구마)는 찌거나 구웠을 때 질이 약간 단단하고 물기가 없어 파삭파삭한 느낌을 주고, 점질 고구마(물고구마)는 말랑말랑하고 물기가 많고 찐득찐득한 질감을 가진다. 분질 고구마는 전분이 많고, 점질 고구마는 당분이 많다.

<표 5-19> 고구마를 구울 때 호화도 · 당의 변화

가열시간 (분)	온 도(℃)		호화도 (%)	β-amylase 활성(unit)*	maltose (mg/g)**
	중심부	외층부			
0(生)				86.5	67
30	68	81	33~46	43.4	135
60	78	92	99~100	10.3	248
90	80	93	100	5.1	254

* 1unit : 1mol maltose/分 (37℃) ** mg maltose/g 가열 후 생성된 무게

(3) 토 란

토란은 감자나 고구마와 달리 특유한 점성 물질이 함유되어 있다. 이 점성 물질은 주로 갈락톤(galactone)으로서 가열 초기에 조직에서 유출되어 나온다. 삶는 물 속에 유출하면 끓어 넘치고 열의 전도나 맛의 침투에 악영향을 준다. 그러므로 한 번 삶아서 그 물을 버리거나 식염을 가해서 삶는다. 식염을 가하면 점성 물질이 응고 침전하므로 삶은 물의 점도가 낮아진다.

<그림 5-14>는 식염, 명반, 중조 등을 가하고 가열했을 경우 삶은 물의 점도를 측정한 결과이다. 한 번 삶은 토란은 표면이 호화되어 점성물질을 용출하지 않게 된다. 토란을 다듬거나 씻고 나면 손이 가려워지는데 이것은 바늘 모양의 수산염으로 인한 것이다.

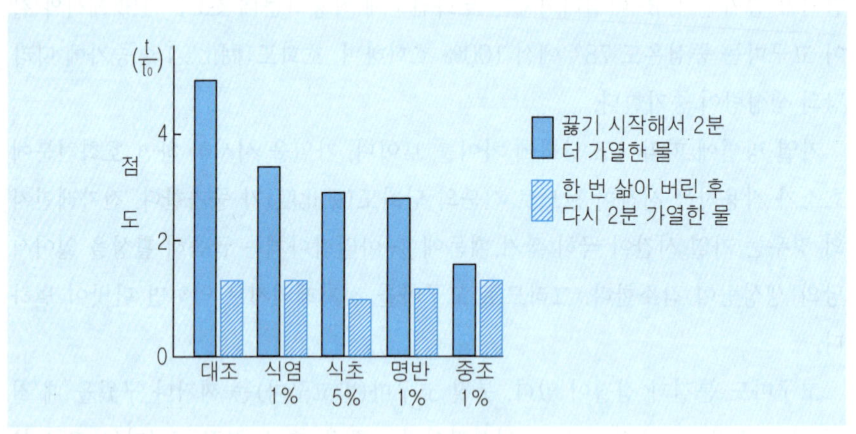

〈그림 5-14〉 토란 삶은 물의 점도

(4) 참 마

참마는 전분과 점질물이 주성분이고, 수분은 적다. 점질물은 뮤신(mucin)으로 글로불린(globulin)과 만난(mannan)이 약하게 결합한 것이다. 참마는 아밀라아제 등 각종 효소를 많이 함유하고 있어 소화를 도우며, 가열에 의한 비타민류의 손실도 적다. 이 외에 아미노산(amino acid)도 많고 강장식품으로 좋다. 참마는 주로 생것을 강판에 갈아먹는데, 이때 갈아서 방치하면 갈변화가 일어나 지저분하므로 먹기 전에 바로 갈아야 좋다. 또 튀김이나 조림 등을 해서 먹기도 하고 일부는 가루로 만들어 사용하기도 한다.

(5) 곤 약

곤약은 일본이 원산지인 구약감자의 뿌리에서 만든 가루로 묵처럼 젤리화하여 만든 제품이다. 곤약은 특유의 겔 형성력, 필름 형성력, 유동 특성을 가져 식품산업에 매우 다양하게 사용되고 있다. 특히 사람들이 먹었을 때 칼로리가 낮아 다이어트에 좋으며, 혈중 콜레스테롤 저하작용이 있다. 곤약은 겔을 형성한 상태로 판매되는데, 독특한 향이 나므로 조리시에는 끓는 물에 반드시 한 번 데쳐서 사용해야 한다.

곤약은 감자조림과 같은 조림류나 어묵국 같은 국물조리에 사용된다.

8 설탕의 조리

(1) 설탕의 조리성

① 식품에 단맛을 줄 뿐만 아니라 과자의 주재료나 부재료로 쓰이며, 각종 조리, 가공상 중요한 효과를 낸다.

② 수용성이다.

③ 생전분의 α화를 지연시키는 한편, α전분의 β화를 지연시킨다.

④ 한천 젤리의 젤리 강도를 증가시키고, 투명도를 좋게 하는 효과도 있다.

⑤ 펙틴의 젤리화에는 산과 설탕이 필요하다.

⑥ 식품에 점성을 주며 비중을 높인다.

⑦ 단백질의 열변성이나 표면 변성, 동결 변성을 억제한다.

⑧ 고농도에서는 방부성이 있다.

⑨ 식품에 항산화성을 준다.

⑩ 제빵시 효모에 영양을 주어 발효를 촉진시킨다.

⑪ 제빵 제과시 색과 향기를 주고 표면에 광택을 주며 잘 구워지게 한다.

⑫ 조리조작에 따라 미세한 결정을 얻거나 굵은 결정을 얻는 것이 가능하다.

(2) 설탕의 수용성

설탕은 친수성기인 히드록시기(-OH기, hydroxyl group)를 많이 가지므로 물에 잘 녹는다. 온도가 높을수록 잘 녹고 결정이 작을수록 녹기 쉽다. 설탕은 친수성이 강하므로 설탕이 공존하면, 설탕이 물을 빼앗아 자유수가 적은 상태로 된다. 따라서 설탕이 공존하면 생전분은 α화하기 어렵고, α화된 전분은 β화하기 어렵게 된다.

단백질의 변성에도 물이 필요하므로 설탕이 존재하면 단백질의 변성을 늦추어 응고를 저해한다. 커스터드 푸딩(custard pudding)은 15% 이상의 설탕을 가하면 응고력이 저하한다. 또 한천 젤리(agar - agar jelly)나 펙틴 젤리(pectin jelly)에 있어서 설탕의 역할은 단맛을 주는 동시에 그 친수성으로 겔(gel)의 그물구조를 만드는 데 도움이 되어 탄력성 있는 겔을 만든다고 생각된다. 특히 설탕농도가 높으면 자유수가 극히 적은 상태로 되므로 균이나 효모의 번식이 억제된다. 높은 농도의 설탕액에서는 산소가 녹기 어려우므로 설탕을 많이 사용한 과자류는 유지가 공존해도 그 산화가 억제된다.

(3) 설탕용액의 점성

설탕용액의 점도는 온도, 농도에 따라 크게 변화하고 있다. 온도를 일정하게 하면 농도가 높아짐에 따라 점도는 증가하고 점도 증가의 비율은 급속히 상승한다. 또 농도를 일정하게 했을 때 온도가 저하함에 따라 점도는 급속히 상승한다. 이와 같은 설탕용액의 성질은 설탕분자의 수화(水和) 때문이다. 고농도에서는 수화한 설탕분자끼리 집합체를 만들고 자유수가 극히 적어지므로 급속하게 점도가 증가한다(그림 5-15).

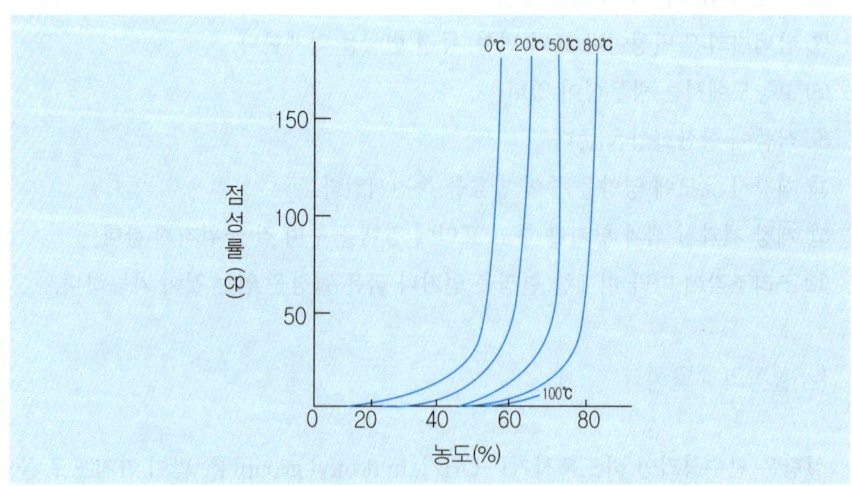

〈그림 5-15〉 설탕용액의 농도와 온도에 의한 점도 변화

(4) 설탕용액의 비점

설탕과 같은 비전해질은 1mol 용액(설탕은 342g/L)에서 비점이 0.52℃ 상승한다.

그러나 설탕 농도가 높아지면 이 관계가 적용되지 않는다. 어느 농도의 설탕용액을 가열하면 그 설탕 농도의 비점에 도달해야 비등한다. 즉 설탕용액이 끓으면 수분이 증발되고 농도가 높아져 비점은 더 상승하기 때문이다(표 5-20).

〈표 5-20〉 설탕용액의 농도와 비점

설탕농도(%)	10	20	30	40	50	60	70	80	90.8
비 점(℃)	100.4	100.6	101.0	101.5	102.0	103.0	106.5	112.0	130.0

설탕용액은 가열의 최종 온도에 따라 원하는 설탕 농도를 얻을 수 있다. 예를 들면, 60%의 시럽을 얻기 위해서는 설탕용액의 가열 최종온도를 103℃로 하면 좋다(표 5-21). 이들 온도에서 설탕만이 사용되는 경우 그 농도를 맞출 수 있다.

〈표 5-21〉 설탕 조리시 가열 온도

당의 조리형태	온도 (℃)	당의 조리형태	온도(℃)
시 럽	103	은 사(銀絲)	140
퐁 당	114	금 사(金絲)	150
당의(糖衣)	115~120	드 롭 스	150
캐러멜 사탕	120	캐러멜 색소	170~190

그러나 이 중에는 결정화를 막거나 또는 풍미를 좋게 하기 위하여 엿, 꿀, 전화당, 주석산 칼륨, 레몬즙, 우유, 초콜릿, 향료 등을 가하는 경우도 있고, 고온에서 가열에 의한 설탕의 전화, 캐러멜화 등도 있으므로 설탕 농도만을 문제로 할 수는 없다.

(5) 설탕의 결정화

과량의 설탕이 녹아 있는 용액을 100℃ 이상으로 가열한 후 냉각시키면 과포화용액이 된다. 이 과포화용액은 용해될 수 있는 이상의 설탕이 녹아 있어 설탕결정으로 돌아가려는 성질이 매우 크다. 이때 어떤 자극이 있으면 쉽게 결정상태로 돌아가게 되는데 이를 설탕의 결정화(crystalization)라 한다.

설탕용액은 그 비점이 106.5℃가 되면 설탕 농도는 70%가 된다(표 5-20). 그러므로 설탕용액 70%인 것을 40℃ 이하로 내리면 과포화상태로 된다. 따라서 40℃ 이하의 온도에서 저어 주면 결정화가 일어난다. 112℃까지 가열한 설탕용액의 용해도는 80%이며 90℃ 이하에서는 과포화되고 결정이 생기기 쉽게 된다.

높은 온도에서 결정화가 일어나면 결정은 크고 거칠게 되나, 낮은 온도에서 결정화가 일어나면 미세하고 매끈한 결정을 얻을 수 있다. 고운 결정을 얻기 위해서는 도중에 결정이 생기지 않도록 가열할 때나 냉각시킬 때 주의하여 자극을 주어야 한다.

퐁당(fondant)은 설탕을 물과 함께 114℃까지 가열하여 조용히 40℃까지 냉각시켜 과포화용액을 만들고 저어 주어 결정을 얻는 것이다. 퐁당은 상당히 미세하고, 촉감이 매끈하고 유연성이 있으며 벨벳과 같이 부드러운 것이 좋다. 이와 같은 결정을 얻기 위해서는 가열 중 혹은 냉각 중에 냄비의 옆면에 결정이 형성되지 않도록 주의해야 한다. 도중에 생긴 결정은 큰 결정을 만드는 핵이 되기 쉽기 때문이다. 퐁당은 제과 · 제빵에서 도넛, 케이크의 백색 토핑, 초콜릿 크림의 크림으로 사용된다. 당의(糖衣, sugar coating)에는 115~120℃로 가열한 설탕용액이 쓰인다.

1) 결정 형성에 영향을 주는 요인

① 설탕의 농도 … 설탕용액의 농도가 높을수록 핵이 더 많고 결정이 더 많이 생긴다.

② 가열 온도 … 사탕을 만들려면 설탕이 물에 완전히 녹을 때까지 설탕용액을 일정한 온도까지 서서히 가열해야 한다. 그러나 설탕이 녹은 후에도 계속 서서히 가열하면 전화당이 많이 생기고 설탕의 양이 줄어들어 결정화가 힘들다. 또한 한 번에 많은 양의 설탕을 녹일 때도 온도가 천천히 올라가므로 결정화가 어렵다. 그러나 가열 온도가 너무 높으면 과포화 정도가 많이 진행되어 불안정한 시럽을 만들어 결정현상이 쉽게 나타난다.

③ 식히는 온도 … 설탕의 과포화용액을 결정화하기 위해서는 과포화용액을 일정한 온도로 냉각한 후 빠르게 저어 주어야 한다. 이때 젓기 시작하는 온도가 높으면 과포화 정도가 낮아서 핵의 수가 적어지고, 결국 결정의 수가 적어지므로 크기가 커지게 되어 이때 만들어진 사탕의 결정은 매우 거칠다. 반대로 젓기 시작하는 온도가 낮으면 과포화 정도가 높아지기 때문에 핵이 많아 미세한 결정을 얻을 수

있다.

그러나 결정이 생성되기까지 시간이 오래 걸리는 것을 빠른 속도로 결정을 생성시키려면 씨뿌리기(seeding)라고 하여 미리 고운 결정을 넣어 저어 만들기도 한다.

④ 젓는 동작 … 과포화의 설탕용액에서 젓는 동작은 핵을 쉽게 형성시킨다. 시럽은 만들 때 젓는 동작을 많이 하게 되면 냉각 후 결정화가 진행되는 원인이 된다. 그러므로 시럽을 식힐 때는 절대로 건드려서는 안 된다. 왜냐하면 냄비를 들거나 움직이는 것만으로도 핵이 생성되기 때문이다.

그러나 미세한 결정 형성을 유도한 퐁당과 같은 비결정형 캔디를 만들 때는 지속적으로 저어 주어야 미세한 결정을 얻을 수 있다. 일정한 온도로 냉각된 설탕의 과포화용액을 저어 주면 핵 위에 부착되는 것을 방해한다. 따라서 젓는 속도가 느리거나 젓다가 멈추게 되면 핵 주위에 큰 결정이 생기게 되고, 지속적으로 빠르게 저어 주면 미세한 결정을 얻을 수 있다.

⑤ 결정 방해물질의 존재 … 과포화 설탕용액 안에 설탕 이외의 다른 물질이 함유되어 있으면 이물질들이 핵 주위를 둘러싸서 설탕의 부착을 방해하여 결정 형성을 방해하므로 결정이 매우 미세해진다. 설탕용액의 결정을 방해하는 물질로는 시럽, 꿀, 우유, 크림, 초콜릿, 달걀흰자, 한천, 유기산 등이다. 꿀은 포도당과 과당이 많이 들어 있어 결정 형성을 방해하며, 충분히 거품을 낸 달걀흰자를 계속 저으면서 뜨거운 당용액을 부으면 결정이 쉽게 생기지 않아 누가(nougat), 디비니티(divinity) 같은 사탕을 만들 때 사용한다. 유기산은 낭과 함께 가열하면 설탕이 가수분해되어 전화당이 되는데, 전화당은 결정 형성을 방해하여 고운 결정을 만들게 한다.

조림장을 만들 때 설탕과 간장 이외에 참기름 또는 물엿을 첨가해 주거나, 멸치를 볶을 때 식용유에 간장과 설탕, 물엿, 참기름 등을 넣고 볶으면 맛과 모양뿐만 아니라 설탕이 결정화되어 딱딱하게 굳어지는 것을 방지할 수 있다. 캐러멜도 설탕 외에 콘시럽, 버터 등의 결정방해물질을 넣어 만들어진 비결정형 캔디이다.

2) 결정형 사탕과 비결정형 사탕

사탕은 설탕이 결정으로 존재하느냐 아니냐에 따라 결정형과 비결정형으로 구분된다(그림 5-16).

① 결정형 사탕 … 과포화 설탕용액을 적당히 자극하면 다시 결정으로 돌아가려는 성질을 이용하여 만든 사탕으로는 퐁당, 퍼지(fudge), 디비니티 등이 있다.

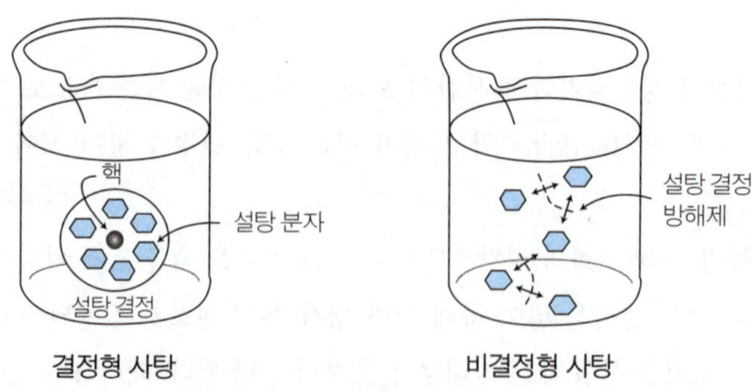

〈그림 5-16〉 결정형 사탕과 비결정형 사탕의 구조 차이

② 비결정형 사탕 … 과포화 설탕용액이 결정을 형성하지 않도록 하기 위해 다량의 결정 형성 방해물질을 첨가하거나 130℃ 이상의 고온으로 가열하는 방법으로, 비결정형 사탕에는 캐러멜, 누가, 태피(taffy), 브리틀(brittle), 드롭스(drops), 버터 스카치(butter scotch), 매시멜로(mashmellow), 거미(gummy) 등이 있다.

(6) 설탕의 전화

설탕용액에 산이나 산성염, 전화효소 등을 가해 가열하면 쉽게 설탕 1분자는 물 1분자를 취하여 포도당(glucose) 1분자와 과당(fructose) 1분자로 가수분해된다. 이것을 설탕의 전화(inversion)라고 한다. 생성된 포도당과 과당의 혼합물을 전화당(invert sugar)이라고 한다.

설탕의 조리에 레몬즙이나 주석산 칼륨이 쓰이는 것은 전화당을 얻는 데 목적이 있다. 퐁당은 전화당이 가해짐으로써 결정이 곱고 매끄러운 것으로 된다. 전화당은 설탕보다 흡습성과 감미도가 풍부하다. 따라서 설탕에 전화당을 혼합하면 용해도와 감미도가 증가하여 결정화를 억제할 수 있다.

(7) 캐러멜의 형성

설탕을 가열하면 130℃ 정도부터 설탕의 전화가 일어나고 150℃를 넘으면 전화되는 양이 급히 증가하며 황색으로 착색되기 시작한다. 그리고 170~190℃로 되면 갈색이 되고 향기로운 향으로부터 점차 타는 냄새가 나게 된다. 이 갈변된 액을 캐러멜이라 하며, 이 갈색화의 과정을 캐러멜 현상이라고 한다.

설탕이 전화해서 생긴 포도당과 과당을 더욱 가열하면 과당은 탈수되어 레불로산(levulosan)을 거쳐 히드록시메틸푸르푸랄(HMF)을 생성한다. 포도당은 과당보다 탈수되기 어려우며 탈수되어 글루코산을 거쳐 HMF를 생성한다. 주로 이들이 중합되어 갈색물질로 된다. 캐러멜 형성은 pH 2.3~3.0에서 가장 착색이 적게 되고, pH가 높게 되면 착색이 증가하여 pH 5.5~6.2에서는 완전히 갈색으로 된다.

캐러멜은 물로 묽게 하여 캐러멜 색소로써 커스터드 푸딩의 소스 등에 쓰이는 것 외에 수프(soup)나 장류, 각종 소스 등의 착색에 쓰이며, 향기로운 향으로도 중요한 역할을 하고 있다.

(8) 침투와 확산

설탕은 조미료로 사용될 때 식염이나 간장과 같이 사용되는 경우가 많다. 이때 식염이나 간장을 먼저 넣거나 설탕과 동시에 같이 넣으면 끓이는 조리에서 입자가 작은 염미료가 먼저 확산되어 식품에 침투되어 농도차를 없게 하므로 설탕이 확산되기 어렵게 된다. 그러므로 설탕을 먼저 넣고 식염을 넣어야 조미가 쉽다. 콩을 삶거나 조릴 때 충분히 가열한 후 처음에 묽은 농도로 맛을 내고 점차 농도를 높이는 것도 같은 이유이다. 맛을 내는 데는 침투현상이나 확산현상 모두가 관련이 있다.

(9) 케이크나 빵의 향기

케이크나 빵은 밀가루, 우유, 설탕 등을 원료로 한다. 이들 혼합물은 고온에서 가열하면 설탕의 환원당과 단백질이나 아미노산 등의 아미노기와 반응하여 아미노 카르보닐 반응(maillard 반응)을 일으킨다. 케이크나 빵의 구워진 갈색은 이 반응과 캐러멜의 형성에 의한 비효소적 갈변이다. 또 이 가열향도 아미노 카르보닐 반응에 의한 것이다.

제 2 절 단백질계 식품의 조리

1 ■ 단백질의 특성

(1) 단백질의 조성

단백질의 화학 조성은 탄소(C), 산소(O), 질소(N), 수소(H), 황(S)을 주성분으로 하는 유기화합물로서 칼슘(Ca), 마그네슘(Mg), 인(P), 구리(Cu), 철(Fe), 망간(Mn), 아연(I) 등의 원소들을 미량 함유하기도 한다. 단백질의 특징은 질소를 평균 16% 함유하고 있는 것이다.

그리하여 식품 중 질소를 정량해서 그 값에 6.25(=100/16)를 곱하면 식품 중 조단백질의 양을 알 수 있다. 질소의 함유량이 16%라고 하는 것은 대체로 동물성 단백질의 평균값이고, 식물성 단백질은 일반적으로 질소의 함유량이 많아서 계수도 6.25가 아니라 5.9를 사용한다. 밀의 계수는 5.7이다.

(2) 아미노산

단백질은 복잡한 구조를 가진 고분자화합물인데, 단백질을 산, 알칼리 또는 효소로 가수분해하면 여러 가지 아미노산을 얻을 수 있다. 즉, 단백질은 아미노산들이 여러 가지 방법에 의하여 서로 결합되고 있다. 아미노산은 1개의 아민(amine)기를 가진 유기산으로서 일반식은 $R-NH_2CHCOOH$이다. 아미노산에는 반드시 아민기($-NH_2$)와 카르복실기($-COOH$)가 있는데, 천연단백질을 가수분해하여 얻는 아미노산은 카르복실(carboxyl)기와 아민기가 동일한 탄소에 결합한 α 아미노산이다.

R은 H, CH_3, CH_2OH, $(CH_3)_2CH$, CH_3-S-CH_2 등 여러 가지 기인데, R의 종류에 의하여 여러 가지 다른 종류의 아미노산이 구성된다. 가장 간단한 아미노산은 CH_2NH_2COOH의 분자식을 가진 글리신(glycine)이다.

R–C(H)(COOH)(NH₂) 구조식

(glycine)

(3) 단백질의 구조

아미노산의 NH_2기와 또 다른 아미노산의 COOH기가 탈수결합을 하는데, 이와 같은 결합을 펩티드(peptide) 결합이라고 한다.

아미노산 2 분자가 펩티드 결합한 것을 디펩티드(dipeptide), 3 분자 축합한 것을 트리펩티드(tripeptide), 4 분자 축합한 것을 테트라펩티드(tetrapeptide), 다수 축합한 것을 폴리펩티드(polypeptide)라고 하는데, 단백질은 폴리펩티드의 일종인 것이다.

단백질은 아미노산이 펩티드 결합에 의해서 사슬 모양으로 길게 연결되고, 또 긴 모양의 분자가 굽어져서 펩티드 결합 이외에 아미노산 사이에 또는 펩티드 사이에 S−S결합, 이온결합, 수소결합, 소수(疏水)결합 등으로 구상이나 괴상의 아주 복잡한 입체구조를 형성한다.

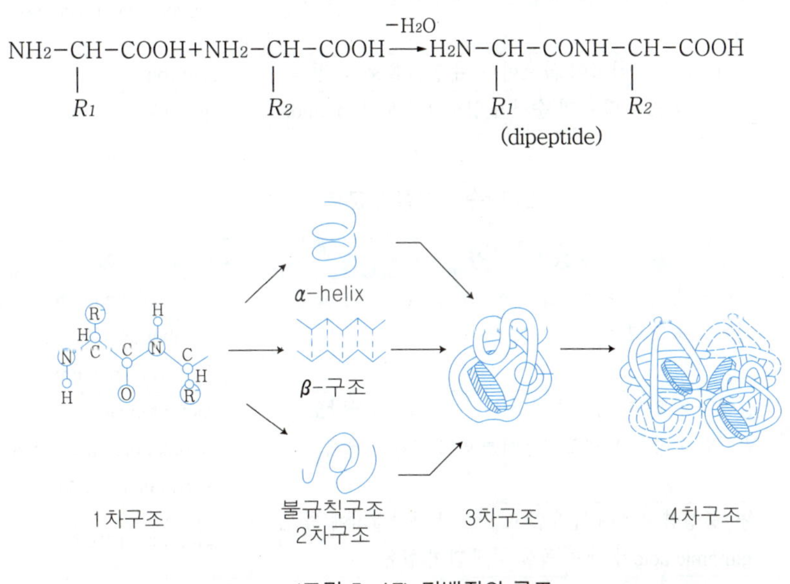

〈그림 5-17〉 단백질의 구조

(4) 단백질의 분류

단백질은 그 조성에 의하여 분류된다. 아미노산만으로 구성된 것을 단순 단백질이라 하고, 단순 단백질에 다른 성분이 결합된 것을 복합 단백질이라 한다. 또 천연의 단백질을 열, 효소, 산, 알칼리 등으로 처리해서 얻어지는 것을 유도 단백질이라고 한다.

이들 각 단백질은 그 용해성에 따라 다시 분류되는데, 그것은 <표 5-22>, <표 5-23>, <표 5-24>와 같다.

〈표 5-22〉 유도 단백질의 분류

명 칭	성 질	예
제1차 유도단백질	콜라겐에 물을 가하여 끓이면 생성, 온수에 녹고, 냉수에 녹지 않음.	gelatin
	수용성 단백질에서 물과 약산에 의해서 불용성으로 되는 것	protein
	약산 · 약알칼리에 의해서 변화된 것	metaprotein
	열 · 자외선 · 교반 · 알코올에 의해 변화된 것	응고 단백
제2차 유도단백질	물에 녹고, 열응고하지 않으며, 황산암모늄 반포화로 석출	primary proteose
	물에 녹고, 열응고하지 않으며, 황산암모늄 포화로 석출	secondary proteose
	물에 녹고, 교질성이 없으며, 무수알코올로 침전	pepton
	아미노산 조성 및 결합 순서가 일정한 소분자 peptide	peptide

〈표 5-23〉 단순 단백질의 분류

명 칭	성 질	예
albumin	물에 쉽게 녹고, 황산암모늄 전포화로 석출, 열응고성, 혈액의 중요 단백질	serumalbumin, myogen, ovalbumin, leucosin, lactalbumin, legmelin
globulin	물에 녹지 않고, 묽은 중성염 용액에 녹음. 황산암모늄 반포화로 석출, 열응고성, γ체는 면역 항체의 모체	lactoglobulin, myosin, ovoglobulin, fibrinogen, serumglobulin, glicinin
glutelin	물 · 중성염 용액에 녹지 않고, 약산과 약알칼리에 녹음. glutamic acid가 많고, 곡물 중에 많이 함유	glutenin, oryzanin
prolamin	70% 알코올에 녹고, 물과 중성염에 녹지 않음. glutamic acid가 많고, 곡류 중에 많이 함유	gliadin, zein
albuminoid	모든 용매에 녹지 않고, 효소작용을 잘 받지 않아서 분해 · 소화되기 어려움. 동물의 지주 조직성분	collagen, fibroin, gelatin
protamin	물에 녹고, 열에 응고되지 않음. 중성 · 산성 · 알칼리성에서 alkaloid 시약에 의해 침전	salmin, scombrin
histon	물에 녹고, 열에 응고되지 않음. 중성 · 산성에서 alkaloid 시약에 의해 침전	globin, 胸線 histon

〈표 5-24〉 복합 단백질의 분류

명 칭	성 질	예
phosphoprotein	인산을 함유하고 있는 산성 단백질, 물과 산에 녹지 않고, 알칼리에서 염을 만들어 녹음	casein, vitelin
glycoprotein	당질 함유, 점액 중 포함되어 있으며, 조직을 보호하고, 세균 침입을 방지	mucin, chondromucoid
chromoprotein	색소 함유, 중요한 촉매 작용	hemoglobin, chlorophyll
metalloprotein	Fe, Mn, Cu, Zn 등 금속 함유, 효소로서 중요	ferritin, ascorbinase, insulin
lipoprotein	지질 함유, 세포막과 세포 내벽의 성분으로 막의 투과성에 중요한 기능	lipovitelin, lipovitelenin
nucleoprotein	핵산 함유	nucleohiston, nucleoprotamin

2 조리에 관계있는 단백질의 성질

식품에 함유되어 있는 단백질은 수화상태이고, 각종의 단백질이 혼합되어 있으며, 또 여러 염류 등과도 섞여 있는 경우가 많다. 이와 같은 식품에서 어떤 특정한 단백질만을 분리하기는 곤란하므로, 순수한 단백질로서 식용되는 경우는 극히 드물다.

단백질이 다른 영양소와 섞여 있을 경우, 그 물리 · 화학적 성질은 순수한 단백질의 성질과 다르다. 예컨대 육류 중 단백질의 열응고점은 순수단백질의 그것과 큰 차이가 있다. 그 이유는 단백질의 열응고 온도가 천연식품 중에 들어 있는 염류나 당류로 인하여 영향을 받기 때문이다.

그리하여 식품 중 단백질의 물리 · 화학적 성질은 그 식품의 품종, 성질 등의 조건, 즉 동물의 성별 및 나이, 살이 찐 것인지 마른 것인지, 또는 부위, 도축된 지 오래된 것인지 새것인지 등에 의하여 다를 때가 많다. 그러므로 이러한 사실들은 식품 구입과 조리시에 특히 유의해야 할 것이다.

(1) 수용성

일반적으로 고분자 물질은 물에 잘 녹지 않는다. 아미노산은 친수기($-NH_2$, $-COOH$)를 가지고 있어서 물에 잘 녹는데, 다수의 아미노산이 결합한 고분자 화합물질인 단백질은 물에 녹기 어렵다. 그리고 분자 내에 CH_3-, $(CH_3)_2CH-$ 등과 같은 소수기가 있으면 있을수록 더욱 녹기 어렵다. 글리신(glycine)을 많이 함유한 견사(絹絲)의 단백질은 분자량이 약 22만으로서 물에 녹지 않으며, 식용할 수도 없다.

고분자화합물을 적당히 가수분해하면 분자량이 적은 물질로 분해되어 물에 녹기 쉽게 된다. 질긴 고기를 오래 끓이거나 압력솥에서 끓이면 연해져서 먹기 좋게 되는 것은 그 예의 하나이다.

(2) 점 성

친수성인 고분자화합물은 순수한 수용액이 되지 않고 콜로이드 용액이 되며, 점성(viscosity)을 나타낸다. 단백질은 단백질 분자가 클수록, 또 수화(水和)가 많이 되어 있을수록 물 속에서 이동할 때 저항을 많이 받기 때문에 점성이 커진다. 그러므로 용액의 pH, 염의 농도 등의 변화로 단백질의 수화가 적게 되는 조건이 되면 그 점성도 적어진다.

(3) 기포성

단백질의 수용액을 심하게 젓든지 공기를 불어넣으면 거품이 생기는데, 이와 같은 성질을 기포성(foaming)이라 한다. 달걀의 흰자위나 젤라틴 용액은 거품을 일으키기 쉬운데, 이러한 성질은 조리에 이용되고 있다. 거품이 이는 것은 단백질이 계면성(surface activity) 물질로서 그 분자가 물과 공기의 계면에 흡착되어 저분자층의 막을 만들기 때문이다.

이런 경우 중성지방이 섞이면 거품 표면에 단백질이 아닌 물과 기름의 계면이 생기고, 이곳의 표면장력은 다른 곳에 비하여 훨씬 약하므로 거품의 막이 그곳에 파열되어 버려서 거품이 일어나지 않게 된다.

(4) 등전점

아미노산은 산과 염기의 양성기를 가지고 있어서 양성(兩性)을 나타낸다. 따라서 아미노산이 결합해서 이루어진 단백질도 수용액 중에서는 양성이다.

$$
\begin{array}{c}
\mathrm{H} \\
| \\
R-\mathrm{C}-\mathrm{COOH} \\
| \\
\mathrm{NH_2}
\end{array}
\rightleftharpoons
\begin{array}{c}
\mathrm{H} \\
| \\
R-\mathrm{C}-\mathrm{COO^-} \\
| \\
\mathrm{NH_3^+}
\end{array}
$$

여기서 산을 가하면 분자 전체로서 +의 전하(電荷)를 가지고 알칼리성 용액에서는 -로 하전된다.

$$H_3^+H-R-COO^-+H^+ \rightleftharpoons H_3^+N-R-COOH$$

$$H_3^+N-R-COO^-+OH^- \rightleftharpoons H_2N-R-COO^-+H_2O$$

이와 같이 용액의 상황에 따라 산 또는 알칼리의 성질을 나타내는데, 이 양성 이온의 +, -전하가 같게 될 때의 용액의 pH를 등전점(isoelectric point)이라 한다. 아미노산의 등전점은 아미노산의 산기와 아민기의 수에 따라 다르며, 〈표 5-25〉와 같다.

〈표 5-25〉 아미노산의 등전점(pH)

monoamino monocarboxylic acid	6
monoamino dicarboxylic acid	3
diamino monocarboxylic acid	10

등전점에 있어서는 단백질의 유효전하가 0이 되어 수화능력이 없어져서 침전하기 쉽고, 점도도 최소가 된다.

이와 같은 성질을 식품공업이나 조리에 이용하게 되는데, 우유에서 치즈를 만들 경우에는 탈지유에 초산을 가하여 pH를 4.6 가까이로 하면 카세인(casein)이 침전되어 치즈를 만들 수 있다(표 5-26).

〈표 5-26〉 단백질의 등전점(pH)

pepsin	3	myogen	6.2~6.4
알 albumin	4.8~4.9	myosin	6.2~6.6
혈청 albumin	4.88	edestin	6.6
혈청 globulin	4.5	gliadin	6.2~6.9
우유 globulin	4.5~5.5	hemoglobin	6.8
casein	4.6~4.7	collagen	4.8~5.0

(5) 용해성

각종 단백질은 종합적으로 보아 묽은 알칼리 용액에 가장 잘 용해된다. 이 원리를 이용하여 일반적으로 단백질을 푹 무르게 하려면 묽은 알칼리 용액에서 끓인다. 예를 들면, 콩을 삶을 때 묽은 중조($NaHCO_3$) 용액을 이용하면 효과적이다.

염류용액은 일반적으로 단백질의 용해도(solubility)를 감소시킨다. 고기를 삶을 때 처음부터 간장이나 소금으로 간을 세게 한 국물에 고기를 넣고 삶으면, 고기가 잘 무르지 않고 맛있는 고기국물도 우러나오지 않는다.

고기를 맹물에 삶아서 만든 고기국물이라면 소금을 가해서 단백질을 침전시켜 국물을 맑게 만들 수 있다. 또 생선을 물로 씻기 전에 소금을 뿌려 두면 생선살을 굳게 하는 효과가 있으며, 생선의 비린 냄새의 주성분인 트리메틸아민(trimethyl amine)을 용출시킨다.

(6) 변 성

단백질은 산, 염기, 알코올, 중금속, 표면활력제 등을 가하든지 또는 가열, 가압, 냉동, 자외선 조사 등을 하면 변성(denaturation)한다. 단백질의 변성은 단백질 분자의 입체구조가 변하는 것이며, 가수분해에 의한 폴리펩티드(polypeptide)의 절단과 같은 변화는 여기에 포함되지 않는다. 변성과정에 있어서는 <그림 5-18>과 같이 입체 결합의 일부가 절단되어 펩티드 체인(peptide chain)이 느슨하게 된 후 다시 새로운 결합을 하여 변성 전과 다른 형태가 되든지, 또는 2개 이상의 분자가 결합하는 것이다.

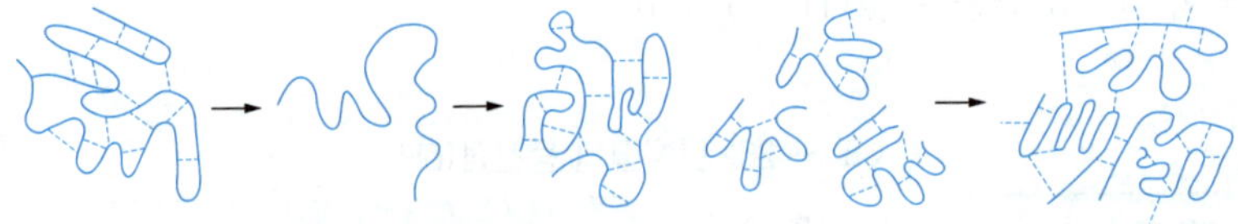

<그림 5-18> 단백질의 변성

변성을 하면 일반적으로 물에 대한 용해도가 달라져서 응고하며, 효소에 대한 분해도 쉬워져서 소화도 더 잘 되는 경우가 많다. 단백질 식품의 조리는 주로 단백질의 변성을 일으키게 하는 것이라 할 수 있다.

1) 열에 의한 변성

단백질은 일반적으로 열에 의하여 응고하고, 외관, 맛 등이 변화한다. 달걀을 삶을 때, 생선을 조릴 때, 쇠고기를 구울 때 일어나는 현상은 다 열에 의한 단백질의 변성이다. 열변성은 가열 온도, 가열 시간, 전해질, 설탕 등의 존재에 의하여 영향을 받는다. 달걀을 삶을 때 온도와 시간에 따라 달걀의 응고 상태가 달라지며, 약 65℃에서 응고하는 노른자위 단백질은 설탕을 가하면 응고점이 점점 상승하여 80℃ 이상까지도 오른다.

육류나 생선육은 열의 전도가 좋지 않으므로 외부에서 열을 가하면 그 표면층이 열응고해서 이 응고층이 내부에서의 수분의 증발이나 육즙 등의 유출을 막는다. 고기나 생선을 끓일 때에도 이와 같은 점을 고려해야 한다. 일반적으로 국물을 맛있게 하려면 찬물에 넣고 저온에서 가열해야 하며, 건더기를 맛있게 하려면 끓는 물에 넣고 고온으로 가열해야 한다. 물 분자는 꺾여 겹쳐진 단백질의 구조내부까지 들어가 거기에 만들어져 있는 염결합이나 수소결합을 느슨하게 하거나 끊어 폴리펩티드 사슬이 풀리거나 응집할 때 그 작용을 용이하게 한다. 고기의 맛은 일반적으로 응고하기 전후의 상태인 때가 가장 좋다. 고기 등을 구울 때 너무 익히면 맛이 없는 것을 자주 경험하게 되는데, 너무 지나친 가열은 일반적으로 단백질의 소화도 나쁘게 한다.

2) 산이나 염에 의한 변성

단백질은 산이나 염 등에 의해 변성한다. 산이나 염에 의해 단백질의 음・양 전하의 차를 감소시켜 수화(水和)의 중심을 잃어 수화성이 감소한다. 전하가 감소하면 분자간의 구력이 약해지고, 수화가 감소하면 분자간의 응집은 용이해진다. 단백질은 고농도의 염에는 용해되지 않는 염석현상(salting out phenomenon)을 일으킨다. 염석은 단백질의 탈수에 의한 응고이다. 염장육은 투명성을 잃어 백탁해지고 어육을 초절임하면 표면이 유백화되어 응고한다. 이것은 미오신(myosin)계 단백질이 산성측 등전점 부근에서 응고하기 때문이다.

단백질에 산을 가하면 응고하는데, 이것은 산을 가함으로써 그 단백질을 등전점에 이르게 하여 응고시키기 때문이다. 이것을 이용하여 살이 무른 생선은 식초로 처리하는 조리법을 쓰고 있다. 또 달걀을 보다 부드럽게 익히고자 할 때에는 산성이 강한 과즙이나 초를 가하면 좋다.

3) 산화, 광선에 의한 변성

공기 중의 산소와 광선에 의하여도 단백질은 변성한다. 두유 단백질을 공기 중에서 오래 끓이면 산화되어 엉기고, 우유를 데울 때에도 표면에 막이 생길 때가 있는데, 이런 예들도 같은 원리이다. 광선 특히 자외선 등이 단백질을 변성시키는데, 이때에는 보통 산화가 따른다. 이와 같은 변성은 시간이 오래 걸리기 때문에 조리에는 별로 이용하지 않는다.

4) 건조, 동결에 의한 변성

육류의 건조에 의한 변성은 근섬유를 형성하는 폴리펩티드 체인(polypeptide chain) 사이의 수분이 건조로 인하여 제거되고 옆에 있는 폴리펩티드 체인이 서로 접근하여 그 사이에 결합이 이루어져 견고한 구조가 되는 것이다.

육류의 동결에 의한 단백질의 변성은 단백질의 종류와 동결 방법에 따라 변성하는 것과 잘 변성하지 않는 것이 있다. 섬유상 단백질은 동결변성해서 불용성이 되기 쉬우나 구상단백질은 변화가 적다. 체액(體液)이 동결함으로써 잔존액 중에 용존하는 염류나 산의 농도가 높아지므로, 단백질 분자는 염석이 되는 결과가 되어서 침전한다. 이 같은 변성은 생선에서는 −1~−5℃, 쇠고기에서는 −1.5~−3℃에서 가장 현저하며, −20℃ 이하에서는 변성이 최소라고 알려져 있다. 저장 온도가 높으면 단백질 변화가 빠르고, 동결 저장 중의 온도 변화가 가장 변성을 촉진시킨다. 미세한 얼음 결정도 장기 저장시에는 결정의 수가 줄고 점차 큰 얼음 결정으로 된다. 얼음 결정의 성장은 저장 온도가 일정하지 않을 때 가장 촉진된다.

동결식품을 해동시키면 변성한 단백질은 그 펩티드(peptide) 결합이 끊어지고, 다시 배열된다고 생각된다. 그러나 물과의 친화성을 잃은 단백질은 처음과 같이 물에 분산하기는 곤란하므로 식품의 보수성이 저하하고, 수분은 드립된다. 그러므로 일단 동결된 식품을 다시 해동시킬 때에는 단백질의 변성을 고려하여 10℃ 정도의 공기 중에서 완만히 해동시키는 것이 좋다. 이렇게 하면 표면이나 내부가 비교적 균일하게 녹아서 부분적인 변질이 일어나지 않고, 동결에 의하여 문란해진 세포조직이 재배열되기에 충분한 시간적 여유가 있어서 드립을 적게 할 수 있는 것 등의 효과가 있다.

어패류에서 변성하기 쉬운 것으로 대구, 명태, 넙치, 게, 굴, 새우 등이 있고, 변성하기 어려운 것으로는 전갱이, 고등어, 다랑어 등이 있다. 전자는 단백질이 15% 정도이고 후자는 약 20% 정도이며, 변성되기 쉬운 생선은 수분이 많다.

5) 약품에 의한 변성

가용성 단백질은 2가 또는 3가 금속 이온에 의하여 변성한다. 두부를 만들 때는, 두유에 Mg^{2+}이온 또는 Ca^{2+}이온을 넣어 대두 단백질인 글리시닌(glycinin)을 응고시키는 것이다.

채소나 과일의 설탕조림을 만들 때에 백반을 넣으면 과일 원형이 변하지 않는다. 이는 백반 속의 Al^{3+}이온이 과일 중의 단백질을 응고시켜 끓여도 모양이 변하지 않는다. Al^{3+}이온은 또 식물세포막을 구성하고 있는 펙틴(pectin)산과 결합해서 응고시킨다. 중금속 중에서 Hg, Ag, Cu, Fe, Pb 등은 단백질과 착화합물(chelate compound)을 만들어 침전한다.

(7) 아미노산의 맛

단백질은 맛이 없으나 아미노산은 맛을 가지고 있다(표 5-27).

아미노산에는 D형, L형, DL형이 있는데, L형(천연물)과 DL형은 단맛이 적고 때로는 쓴데, D-글리신(glycine), D-알라닌(alanine), D-프롤린(proline)은 단맛이다. 또 아미노산은 각각 특유의 맛이 있는데, 그 맛은 아미노산의 입체구조와 부제탄소원자에 결합된 탄소쇄의 길이에 관계가 있으며, 또한 pH에 따라서도 다르다.

현재 조미료로서 널리 애용되고 있는 글루탐산(glutamic acid)의 나트륨염은 물에 가용성이며 맛도 좋고 pH 6.0에서 가장 맛이 있으나, pH 3.0 이하에서는 해리되지 않으므로 맛이 덜하다. 그리고 pH 8.0 이상이 되면 라세미(racemi)화해서

〈표 5-27〉 아미노산의 맛(중성용액)

아미노산	맛	아미노산	맛
glycine	달다	asparagine	약한 단맛
alanine	달다	glutamic acid	약한 단맛
valine	약한 단맛과 쓴맛	serine	아주 약한 단맛(불쾌한 맛)
leucine	아주 약한 쓴맛(불쾌한 맛)	methionine	아주 약한 쓴맛
isoleucine	쓴맛(불쾌한 맛)	histidine	아주 약한 쓴맛
proline	달다	tryptophan	아주 약한 쓴맛
hydroxyproline	강한 단맛	cystine	무미
phenylalanine	아주 약한 쓴맛	lysine	아주 약한 쓴맛
tyrosine	무미(불쾌한 맛)	arginine	약한 단맛

맛이 줄고, 더 나아가 디알칼리(dialkali)염이 되어 맛이 없어진다.

3 육류의 조리

육류는 동물성 단백질의 중요한 급원인 동시에 지질, 무기질(주로 인과 철), 비타민(특히 B복합체)의 급원이다. 수육으로는 쇠고기, 돼지고기, 조육으로는 닭고기가 많이 쓰인다.

(1) 육류의 조직적 성상

1) 근육조직

근육은 횡문근(striated muscle)과 평활근(smooth muscle)으로 크게 나누어진다. 횡문근에는 골격에 연결되어 있는 골격근(skeletal muscle)과 심장을 구성하는 심근(cardiac muscle)이 있으며, 평활근은 긴 방추형으로 중앙이 비후되어 끌어당기면 2~10배로 늘어나며 불수의적으로 수축하고 내장, 소화기관, 혈관, 생식기관 등 가운데가 비어 있는 기관의 벽에 분포하며 각기 다른 기능과 구조를 갖고 있다.

식육의 주요 부분은 근육조직 중 횡문근이다. <그림 5-19>에서 보는 바와 같이 횡문근의 근육조직은 근원섬유(myofibril)가 다수 집합하여 지름에 비해 길이가 긴 근섬유라는 세포를 형성하고 있다. 그 외면은 근초라고 하는 엷은 결합조직의 막으로 둘러싸이고, 근원섬유와 근원섬유 사이에는 근원질 단백질, 엑스분(extratives : 육엑기스), 염류 등이 녹아 있는 콜로이드상의 근장이 채워져 있다. 이 근섬유가 50~150개 모여서 제1차 근속을 형성하고, 이 제1차 근속이 수십개

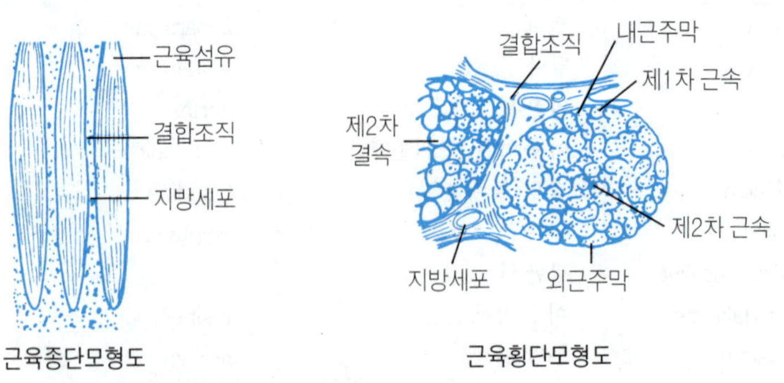

<그림 5-19> 수육의 횡문근 모형도

모여 제2차 근속을 형성하며, 이들이 또 모여 근육을 구성하고 있다. 제1차와 제2차의 근속을 덮고 있는 막을 내근주막(內筋周膜)이라 하고, 근육을 싼 막을 외근주막(外筋周膜)이라 한다.

이들은 결합조직으로 구성되고 막의 양끝이 건(腱)으로 되어 뼈에 연결되어 있으므로, 골격근이라고도 한다. 골격근은 일명 수의근(voluntary muscle)이라고도 하며, 근육의 수축과 이완에 의해 동물의 운동을 수행하는 기관인 동시에 운동에 필요한 에너지원을 저장하고 있기 때문에 식품으로서 대단히 귀중한 영양소를 함유하고 있다. 영양이 좋으면 근주막 내에 지방이 끼어 맛이 있는 대리석 모양의 얼룩무늬를 가진 고기가 된다. 육장과 지방을 제외한 결합조직, 혈관, 임파관, 신경 등을 육기질이라 한다.

고기의 결은 제1차 근속의 넓이, 근주막의 두께, 근주막 내의 지방세포의 침착량 등에 의하여 좌우된다. 근주막이 얇고 지방세포가 침착된 고기는 연하고 맛이 있다.

2) 결합조직

결합조직은 지방조직을 둘러싸거나, 근육이나 장기를 다른 조직과 결합, 근섬유와 근섬유를 결합하든지, 근속을 서로 결합하든지, 근의 피막이 되어 있는 조직이다. 이 조직은 질이 단단하여 이것의 양과 분포가 고기의 경도(硬度)와 품질을 좌우한다.

결합조직의 섬유는 콜라겐(collagen, 교원섬유), 엘라스틴(elastin, 탄성섬유)과 레티쿨린(reticulin, 세망섬유)으로 되어 있는데, 콜라겐은 결합조직의 주성분으로 수용성은 아니지만 물과 같이 가열하면 변성해서 젤라틴(gelatin)화하여 용출한다. 엘라스틴은 황색의 탄력성이 있는 섬유로서 콜라겐보다 훨씬 질겨서 장시간 가열해도 연해지지 않는다. 그러나 트립신(trypsin)에 의하여 분해된다. 레티쿨린은 근섬유막의 주성분이다.

결합조직의 분포 상태는 식육의 경련이나 수축을 좌우하나 이것은 고기의 종류, 부위에 따라 함유량이 다르다. 닭고기, 돼지고기는 결합조직이 비교적 적으므로 연하다. 또 동물들이 가장 많이 사용하는 부위인 경육(종아리 부위고기)은 어느 부위보다도 질기다.

3) 지방조직

지방세포는 결합조직의 막에 싸여서 많은 지방구를 지니고 있다. 지방세포는 근육과 결합조직 중에 다소 존재하고 있는데, 특히 피하 및 내장의 주위에 층을 이루고 있는 지방조직 중에 많다. 육류의 지방 함량은 조직에 따라 5~80%에 이르기까지 매우 다양하다.

동물의 종류에 따라 지방의 침착 부위가 달라 돼지의 경우 지방조직이 피하에 주로 존재하고, 소는 피하와 근육 사이에 지방이 저장된다. 지방조직에 존재하는 중성지방을 구성하는 지방산은 동물의 종류에 따라 다르기는 하나 대개 이중결합을 하나 가지고 있는 것과 포화 지방산들이다. 그리고 소량의 인지질도 존재한다.

지방의 축적량은 유전, 성장도, 영양상태, 운동, 호르몬, 성(性)의 영향을 받는다. 즉, 성장함에 따라 지방량이 증가하고 수컷보다 암컷에 지방축적이 많으며, 운동이 적고 에너지 섭취량이 많으면 지방으로 저장된다. 따라서 돼지는 소, 양 보다 유전적으로 지방이 많이 축적되고, 물에서 지내는 시간이 많은 오리는 육지에서만 지내는 닭이나 칠면조보다 지방 성분이 많다.

지방조직이 근육 내에 골고루 백색 반점같이 산재된 것은 고기의 질과 맛을 돋우는 역할을 하므로 근육 사이에 지방이 골고루 축적된 고기를 상강육(霜降肉, marbled meat)이라고 하여 고급육으로 인정된다(그림 5-20).

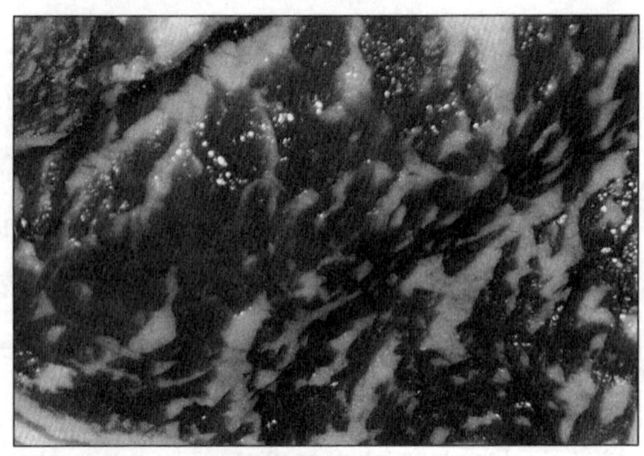

〈그림 5-20〉 상강육

4) 골 격

뼈의 조직은 동물의 연령에 따라 다르다. 어린 동물의 뼈는 연하고 분홍색을 띠고, 성숙한 동물의 뼈는 굳고 희다. 뼈 속에는 골수가 들어 있는 것과 해면체형을 나타내고 있는 뼈가 있다. 해면과 같이 생긴 뼈는 골수를 가지고 있으며 여기에는 많은 혈액이 들어 있으며, 뼈는 관절과 결합조직인 건의 연골이 뼈의 외부를 싸고 있다.

뼈를 고를 때 뼈 속에 검은 덩이진 것을 볼 수 있는데 이를 없애기 위해서는 뼈를 끓이기 전에 찬물에 담가서 핏물을 충분히 우려낸 다음, 다시 뜨거운 물로 한 번 데쳐낸 후 끓이는 것이 좋다.

5) 내장 및 부산물

쇠고기나 돼지고기의 부산물들은 각각 다르게 이용된다. 쇠고기의 양, 간, 처녑, 곱창, 부아(허파), 염통, 선지 등은 깊은 맛을 내는 탕류에 사용되기도 하고, 신선한 것은 잘 장만하여 회나 구이로 조리해 먹기도 한다.

돼지고기 내장들은 간, 허파, 염통, 머리고기 등은 삶아서 수육으로 많이 이용하고 특히 장과 돼지선지를 이용하여 순대를 만들기도 한다. 그러나 이들은 특이한 불쾌취가 나므로 냄새를 없애고 조리를 해야 한다. 냄새 없애는 방법은 많으나 그 중에 소금과 밀가루를 적절히 이용하여 문질러 씻거나 우유 등을 이용하여 냄새를 제거한다.

(2) 육류의 영양 조성

식육의 영양 조성은 동물의 종류, 나이, 부위에 따라 다르지만 평균해서 단백질이 18%, 지방과 수분이 합해서 약 80%이다(표 5-28).

〈표 5-28〉 육류의 조성 예

(%)

종 류	단백질	지 방	회 분	수 분
쇠 고 기	17.5	20.2	0.9	60.0
송아지고기	18.8	14.0	1.0	66.0
돼 지 고 기	11.9	45.0	0.6	42.0
어린양고기	15.7	27.7	0.8	56.0
닭 고 기	20.2	12.6	1.0	66.0

1) 단백질

식육의 단백질은 근육조직에서의 구성 위치나 용해도에 의해 근원섬유 단백질, 근장 단백질, 육기질 단백질로 크게 나누어진다. 이들의 함유 비율과 성상은 <표 5-29>와 같다.

근원섬유 단백질은 근원섬유에 존재하는 단백질로서, 육기질 단백질과 더불어 근육구조 단백질이라고도 한다. 이것은 주로 미오신(myosin), 액틴(actin)으로 되어 있는데, 미오신의 기능은 ATP를 ADP와 무기인산으로 분해하는 ATPase작

〈표 5-29〉 근육 단백질의 성상과 함유량

종 류	형 상	용해성			열에 의한 변화	함유량(전단백질에 대한 %)				
						가축의 고기				어개육
		물	염용액 (0.6M)	산·알칼리		토끼고기	쇠고기	돼지고기	말고기	
근원섬유단백질	絲 狀	－	＋	＋	응고수축	52	51	51	48	60~70
근장단백질	球 狀	＋	＋	＋	응 고	28	24	20	16	15~25
육기질단백질	絲 狀	－	－	－	수축분해	20	25	29	36	3~5

용이나 액틴이 결합해서 액토미오신(actomyosin)이라고 하는 복합 단백질을 생성하는 작용 등이 있다.

근장 단백질은 근원섬유 사이의 육장(肉漿)중에 녹은 상태로 존재하는 단백질로 미오글로빈(myoglobin), 헤모글로빈(hemoglobin)과 같은 색소 단백질과 해당계 효소 등이 이에 속한다. 미오글로빈은 고기나 육제품의 색과 밀접한 관계가 있다.

육기질 단백질은 경(硬)단백질에 속하는 콜라겐(collagen), 엘라스틴(elastin) 등이 있으며, 결합조직을 구성한다. 콜라겐은 물과 가열하면 젤라틴화하여 용출하는데, 엘라스틴은 콜라겐과 같이 가용성이 되지 않는다. 콜라겐은 펩신(pepsin)에 의해서 쉽게 소화되는데, 트립신(trypsin)으로는 소화되지 않는다. 반대로 엘라스틴은 펩신으로는 소화되지 않고, 트립신으로 소화된다.

2) 지 질

지방 함량은 동물의 종류, 성별, 노소(老少), 영양 등에 따라 변동이 심하다. 육류지방의 요오드가는 40~80으로 불포화 지방산의 함량이 적다. 포화 지방산으로는 팔미트산(palmitic acid), 스테아르산(stearic acid), 불포화 지방산으로는 올레산(oleic acid), 리놀레산(linoleic acid) 등을 함유하고 있다. 근육섬유 세포 사이 또는 근초 등에 침착한 지방은 고기 맛에 영향을 준다.

각 동물의 지방 융점은 〈표 5-30〉과 같은데, 이 지방의 융점은 고기가 혀에 닿아 느껴지는 감각과 관계가 있다. 돼지기름이 쇠기름보다 부드럽게 느껴지는 것은 돼지기름의 융점이 쇠기름보다 낮고, 인체의 체온과 비슷하기 때문이다. 특히 닭고기의

〈표 5-30〉 각종 동물 육지방의 융점

종 류	융점 (℃)
소	40~50
말	30~43
돼 지	33~46
닭	30~32

기름은 더욱 융점이 낮아서 식어서 먹어도 그나마 괜찮다.

(3) 육류의 숙성

도살 후 일정한 시간이 지나면 동물의 근육은 굳어지는데, 이러한 현상을 사후강직이라고 한다. 강직한 고기는 시간이 더 경과하면 강직이 풀려서 다시 연해지는데, 이것을 숙성이라고 한다.

사후강직의 생화학적 과정은 다음과 같다(그림 5-21). 도살 후에는 산소의 공급이 끊어지고, 혐기성 효소작용만으로 해당(解糖)이 진행되므로 젖산이 생기고, ATP는 산성에서 활성인 포스페타아제(phosphatase)의 작용을 받아 분해되며, 그때 생긴 에너지로 미오신+액틴 → 액토미오신의 반응이 일어나는데, 이 액토미오신은 단단한 망상물질이다.

숙성은 근육 자체 내에 있는 카텝신(cathepsin)이라는 단백질 분해효소에 의한 단백질의 자가분해(autolysis)인 것이다. 고기는 숙성에 의하여 연해지고, 단백질의 분해로 아미노산이 생기므로 맛도 좋아진다. 육류의 사후강직과 숙성은 냉장온도에서 이루어져야 안전하다. 실온에서 숙성시키면 세균에 오염되어 부패가 일어난다.

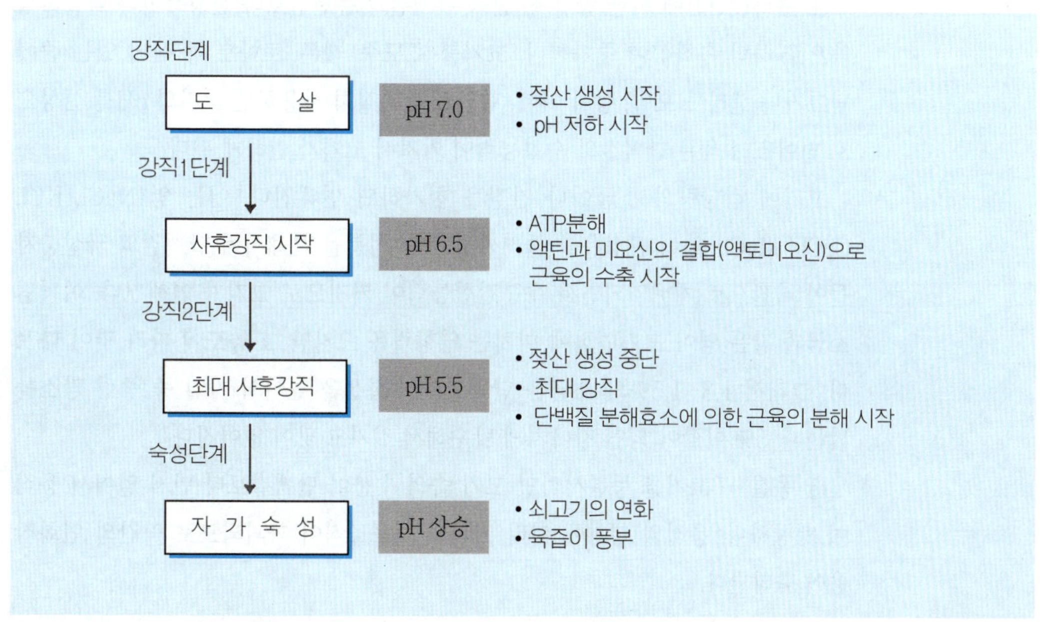

〈그림 5-21〉 육류의 강직과 숙성단계

(4) 육류의 조리

1) 고기의 연화방법

① 적당히 숙성한 고기의 선택 … 적당히 숙성한 고기는 효소작용에 의하여 생긴 인산이나 젖산에 의하여 콜라겐이 팽윤하기 쉽고 보수성도 높아진다. 엑스(Ex)분 등이 증가하여 맛도 좋으며, 가열하면 젤라틴(gelatin)화해서 근섬유가 풀려 연해진다.

② 기계적 방법 … 고기의 섬유를 자르거나 두드려서 기계적으로 근섬유나 결합조직을 파괴시키면, 가열했을 경우 고기가 수축하는 것을 어느 정도 막을 수 있어서 연하다.

③ 효소에 의한 방법 … 식물에 함유되어 있는 고기연화 효소를 정제하여 쓰고 있는데, 이 효소는 근초나 근섬유 콜라겐과 엘라스틴에 작용한다. 효소를 이용할 때에는 고기에 충분히 침투되도록 해야 한다. 파인애플이나 키위, 배 같은 과일에는 단백질 분해효소가 들어 있어 고기를 잴 때 효과적으로 사용할 수 있다.

상업용으로 가루 또는 액상으로 판매되고 있는 연육소는 파파야의 파파인(papain), 파인애플의 브로멜린(bromelin), 무화과의 피신(ficin), 동물의 펩신과 트립신과 같은 것들이 있다.

④ 수화(水和)에 의한 방법 … 근육 단백질의 등전점보다 산성측이나 알칼리성측으로 하면 수화성이 증가한다. 고기를 포도주, 레몬, 토마토 등 산미 있는 즙에 담그거나 샐러드 오일, 향미 야채, 향신료를 적절히 사용하면 고기의 pH를 산성으로 떨어뜨려 육류 단백질의 수화능력이 커져서 고기가 연하게 된다.

고기에 적당량의 소금이나 간장을 첨가하면 연해진다. 이는 염(NaCl, KCl, $CaCl_2$, $MgCl_2$)들이 근섬유를 둘러싸고 있는 성분을 분해시켜 단백질의 극성분자들이 바깥으로 재배열되면서 수분결합능력이 커지므로 고기가 연해진다. 이처럼 소금과 같은 염이 고기연화에 미치는 영향력은 크지만 그 농도에 따라 맛이 다르다. 그래서 1.3~1.5%의 소금은 단백질의 수화성을 높여서 가열 중 중량 감소를 막는다. 5% 이상이 되면 지나치게 탈수해서 질기고 맛이 없어진다.

⑤ 동결 … 고기를 동결시키면 고기 속의 수분이 단백질보다 먼저 얼어서 용적이 팽창하며, 용적의 팽창에 따라 고기의 세포조직이 파괴되므로 약간의 연화작용이 나타난다.

2) 가열시 육류의 변화

육류조리에는 거의 가열이 따르게 되는데, 이때 일어나는 특징적인 변화는 다음과 같다.

① 색의 변화 … 육류의 붉은색의 대부분은 모세혈관에 남아 있는 헤모글로빈(hemoglobin)의 색과 육색소인 미오글로빈(myoglobin)의 색인데, 어느 것이나 공기와 접하면 산화해서 선명한 적색이 되고, 더욱 산화가 계속되면 분자 내의 철이 산화되어 암갈색이 된다.

$$\underset{\text{(암적색)}}{\text{myoglobin}} \xrightarrow{\text{산화}} \underset{\text{(적색)}}{\text{oxymyoglobin}} \xrightarrow{\text{산화}} \underset{\text{(갈색)}}{\text{metmyoglobin}}$$

육류의 색소는 그 성분에 단백질이 있으므로 가열하면 단백질이 변성을 일으켜서 색의 변화도 급격히 일어나 붉은색에서 회백색을 거쳐 갈색으로 변한다. 회백색이 되는 온도는 65~75℃이고, 갈색이 된 색소는 메트헤모글로빈(met-hemoglobin), 메트미오글로빈(metmyoglobin)이다. 미오글로빈 함량은 돼지고기→ 쇠고기→ 말고기의 순으로 많아서 고기색은 말고기가 제일 붉고, 돼지고기가 제일 엷다.

② 맛의 변화 … 고기의 맛은 아미노산, 펩티드(peptide), 글리코겐(glycogen), 유기산, 뉴클레오티드(nucleotide) 등의 종합된 맛인데, 쇠고기나 돼지고기의 맛의 차이는 지방부분의 차이에 기인한다. 가열에 의해서 날고기와 다른 새로운 맛을 내고 기호성을 높이는데, 이것은 가열에 의한 단백질, 지질의 부분적 분해로 생긴 물질 때문인 것과 가열에 의한 단백질과 지질의 물리적 변화가 감촉의 변화를 주기 때문이다. 단백질은 응고해서 씹기 쉬워지고 지방은 용출해서 육조직에 유성(油性)을 가해 주므로 고기가 입에 닿는 감촉을 부드럽게 해 준다.

③ 살균, 살충 … 가열에 의하여 고기에 붙은 미생물 또는 기생충이 죽는다. 이를테면 돼지고기에 기생하는 선모충은 75℃가 넘으면 죽는다.

④ 단백질의 변화 … 고기는 가열에 의하여 단백질이 열변성함으로써 보수성이 저하하고 육즙과 지방이 용출한다. 중량으로 약 20~30%의 감소가 나타난다.

㉠ 근원섬유 단백질 : 날고기일 때는 겔(gel)상이던 이 단백질은 가열에 의하여 수축한다. 이 수축은 온도에 따라 그 속도와 정도가 다르다.

㉡ 근장 단백질 : 55℃에서 응고하기 시작하여 62℃에서 완료하지만, 고기

〈표 5-31〉 가열에 의한 고기의 무게와 모양의 변화

(%)

변 화 \ 내부의 온도	90℃로 가열한다	90℃로 가열하고 또 1시간 가열한다
전중량의 감소	34.6	38.9
전체 부피의 감소	16.6	25.3
길이의 수축	22.0	26.0
나비의 수축	12.0	16.0
두께의 증가	8.0	3.5

속에 있을 때는 공존하고 있는 다른 물질의 영향으로 65℃ 전후에서 응고된다. 이때 졸(sol)상인 근장 단백질은 두부 모양으로 굳어지는데, 60℃까지는 졸상을 유지하며, 굳기 전까지 근원섬유 단백질 사이를 채우고 있으므로 근장 단백질이 굳어지면 고기 전체가 단단해진다. 그러나 이때의 상태도 근원섬유 단백질과 근장 단백질의 함유비에 따라 다르다.

㉢ 육기질 단백질 : 가열해도 응고하지도 않고, 산과 알칼리에도 용해하지 않으며, 효소에도 분해되지 않는 안전한 단백질이다. 물을 가하여 오래 가열하면 부분적으로 분해해서 젤라틴화하고, 물에 녹아 나온다. 육기질 단백질을 이루고 있는 콜라겐이 젤라틴화하면 고기가 연해지므로 콜라겐이 많은 고기는 습열조리를 한다. 이 콜라겐은 젤라틴화하기 전에는 심한 열 수축을 일으키는데, 60℃에서 약 1/3~1/4이 수축한다고 한다. 〈표 5-31〉은 가열에 의한 고기의 무게와 모양의 변화를 나타낸 실험 예이다.

⑤ 지방조직의 변화 … 지방세포는 주로 콜라겐막으로 싸여 있는데, 가열에 의하여 콜라겐막이 젤라틴으로 변화함과 동시에 막이 터져 그 속의 지방이 세포에서 유리된다.

3) 습열조리

① 끓이는 요리의 특징 … 끓이기는 습열조리로서 연료의 온도를 육류에게 전하는 매개체로 액체가 있으므로 가열이 균일하게 되고, 많은 양을 끓여도 균일하게 익으므로 큰 그릇(솥, 냄비 등)만 있으면 다량의 조리가 가능하다. 끓이는 온도는 거의 100℃에서 머무르게 되고, 고기의 맛은 국물에 우러나오는데, 끓이는 국물 속에 조미료나 향신료를 넣어 조미를 할 수 있다. 그리고 고기의 성분이 국물에 용출되므로 영양분의 손실이 크다. 예를 들면, 12분간 구웠을 때 단백질의 손실이 0.25%인 데 비하여 끓였을 때에는 2.4%로 약 10배나 된다는 실험 보고가 있다.

② 끓일 때의 온도 … 고기를 물에 넣고 끓일 때 고깃덩이 자체를 맛있게 먹으려면 먼저 물을 끓여서 물의 온도를 높게 한 후 고기를 넣으면 고기의 표면이 충분히 응고하므로 그 다음부터는 80℃로 물의 온도를 낮추어서 가열하는 것이 좋다. 표면이 응고한 후에도 고온으로 계속 가열하면 고기가 너무 굳어져서 맛이 없어진다.

국물을 주로 먹으려고 할 경우에는 찬물에 고기를 넣고 가열을 시작해서 고기가 응고하기 전에 고기국물이 용출하도록 하면 국물이 맛이 있다.

③ 끓이는 요리의 종류 … 각종 탕류(곰국, 사골국 포함), 편육, 장조림, 찜 등이 여기에 속하고, 외국식으로는 수프(soup), 스튜(stew), 브레이즈(braise) 등이 있다.

④ 조리시 영양분의 손실 … 고기를 끓이면 고기의 중량은 3/4이 된다. 3시간 동안 고기를 끓일 경우 수분은 45%, 단백질은 7%, 지방은 12%, 회분은 45%를 잃는다. 그러므로 고기 중량의 감소는 거의 대부분이 수분 감소 때문이라고 생각할 수 있다.

4) 건열조리

① 굽 기

㉠ 굽는 요리의 특징 : 굽는 요리는 건열조리로서, 조리에 필요한 도구가 간단한 것이 제일의 특징이고, 다음으로 맛이 좋은 점이다. 외부는 눌어도 내부를 알맞게 익히면 맛은 물론 향도 적당히 조절할 수 있다. 그리고 그 맛있는 성분이 외부로 유출되지 않으므로 영양분의 손실도 비교적 적다. 그러나 많은 양의 음식을 한꺼번에 만들 수 없고, 조리 중 꼭 지켜보아야 하며, 또한 연료 사용이 비경제적인 결점을 들 수 있다.

㉡ 구울 때의 온도 : 근원섬유 단백질은 44~45℃에서 열응고하기 시작해서 50℃에서 완료하고, 근장 단백질은 55℃에서 열응고하기 시작하여 62℃에서 완료한다. 그런데 무기질이나 기타 공존하고 있는 성분들의 영향을 받아서 실제로 응고하는 온도는 더 높다. 즉, 고기는 52℃에서 응고하기 시작하여 수축·경화가 일어나 70~75℃에서 더욱 굳어지는데, 대체로 65℃에서 열응고된다(그림 5-22).

쇠고기는 응고점 전후에서 맛이 가장 좋고, 그 이상의 온도에서는 너무 응고되어 굳어서 맛이 덜하다. 고기 내부의 온도는 수분이 존재하는 한 100℃ 이상으로 오르는 일은 없으나 고기를 구울 때 표면층은 100℃ 이상 150~200℃까지

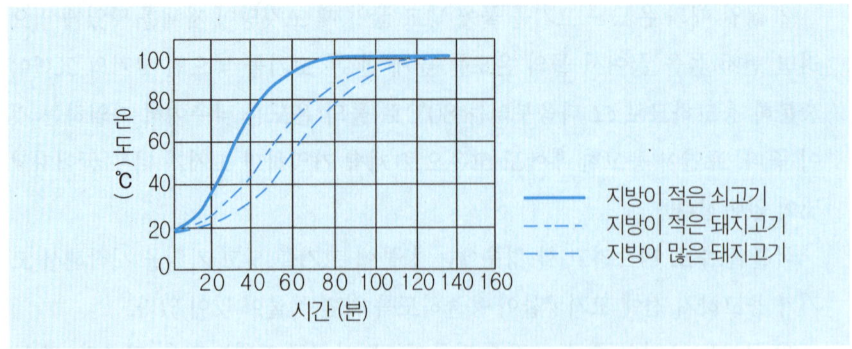

〈그림 5-22〉 굽는 고기 내부 온도의 상승곡선

〈표 5-32〉 고기의 가열정도

가열 단계	중심온도 (℃)	상태	
		중심의 고기색	고기의 크기
조금 익힘(rare)	55~65	선적색	별로 변하지 않음
중정도로 익힘(medium)	65~70	연분홍색	조금 수축
잘 익힘(well-done)	70~80	약간 회갈색	수축
아주 잘 익힘 (very well-done)	90~95	회색	수축이 크게 일어나고 근육섬유가 마름

상승해서 표면이 눋고 맛있는 방향을 풍긴다. 고기의 가열 온도에 따른 상태의 변화는 <표 5-32>에서 보는 바와 같다.

㉢ 구울 때 요하는 시간 : 고기에 지방이 많으면 적은 것보다 열의 전도가 나쁘다. 열전도율은 물이 1.4×10^{-3}(cal/cm · sec), 지방이 0.42×10^{3}(cal/cm · sec)이다. 그러므로 지방이 많은 고기와 적은 고기를 100℃까지 가열할 때, <그림 5-22>와 같이 지방이 적은 고기일수록 시간이 짧게 걸린다.

㉣ 굽는 요리의 종류 : 굽는 요리에는 한국요리에서 양념을 해서 굽는 유명한 불고기, 양념 갈비구이(소, 돼지고기)를 비롯해서 육적, 섭산적, 완자전, 고기산적 등을 들 수 있고, 양념을 하지 않고 구워서 양념장에 찍어 먹는 돼지고기 삼겹살구이, 목살구이, 쇠고기 꽃등심구이 외에 곱창 및 내장구이 등이 있다.

외국요리로서는 햄버거, 스테이크(steak), 로스팅(roasting), 바비큐드 미트(barbecued meat), 팬 브로일링(pan broiling) 등이 있다.

② 튀기기

㉠ 튀기는 요리의 특징 : 튀김은 건열조리로서 비타민 B군의 손실이 가장 적고 고기의 비린내를 없애기 때문에 널리 이용된다. 튀길 때 기름의 양에 따라 팬

프라잉(pan-frying, 적은 양의 기름을 사용)하거나 디프 패트 프라잉(deep-fat-frying, 많은 양의 기름을 사용)하는 방법이 있다.

㉡ 튀길 때의 온도 : 튀기는 기름의 온도는 고기의 크기, 분량에 따라 차이가 있으나 180℃를 중심으로 하여 10℃ 전후가 좋다.

㉢ 튀기는 요리의 종류 : 튀김에는 옷을 입히지 않고 튀기는 법과 옷을 입혀서 튀기는 법이 있는데, 옷을 입히는 경우에는 생전분이나 밀가루만을 입혀 튀기는 법, 다음으로 밀가루, 달걀 등으로 만든 반죽을 씌워서 튀기는 방법(탕수육, 고기튀김)과 밀가루, 달걀, 빵가루 순으로 묻혀서 기름에 튀기는 방법(크로켓, 커틀릿) 등이 있다.

5) 자연 건조조리

① 특징 … 태양열 및 바람을 이용한 건조법으로 햇볕에 말리기와 그늘에 말리기가 있다. 이 건조법의 장점은 특별한 설비가 필요 없고 간편하며, 대량 처리가 가능하고 경비가 들지 않는 점이다.

단점은 일기가 나쁘면 처리할 수 없고, 건조 중에 착색, 퇴색, 산화 등의 화학적 변화와 효소에 의한 분해 등이 일어나기 쉽다. 또 조리에 사용되는 특수 부위가 있어 아무 고기 부위나 사용할 수가 없다. 오늘날은 특별한 날을 위하여 개인 가정에서 소량씩 만들기도 하지만, 전통식품 제조업체에서 만들거나 외국에서 수입하여 판매되는 것들이 많은 실정이다.

② 요리의 종류 … 이 방법으로 건조한 식품에는 전통적인 식품이 많다. 건조조리에는 약포, 편포, 대추편포, 염포, 치육포 등이 있으며, 일반적으로 시중에서 판매되고 있는 가공 육포류(쇠고기, 돼지고기) 등이 있다.

6) 육류의 조리시 영양분의 손실

살코기를 끓일 때 용출되는 단백질의 양은 시연수를 사용하는 경우 상당히 증가하는데, 이와 같은 사실은 조리에 있어서 고려해야 할 중요한 성질이다.

조리 방법에 따라 고기의 단백질 손실량은 다른데, 그 결과를 <표 5-33>에서 볼 수 있다.

이로써 알 수 있는 바와 같이 육류의 조리에 있어서는 굽는 요리가 단백질의 손실이 가장 적은 합리적인 조리법이라고 생각된다. 끓이는 것보다는 찌는 편이 양호하므로, 끓이는 경우에는 되도록 물을 적게 붓는 것과 국물을 이용하는 것이 좋다.

<표 5-33> 쇠고기 조리에 있어서 단백질의 손실

(%)

조리시간 \ 조리법	끓이기	찌 기	굽 기
7 분	3.75	3.70	0.2
12 분	5.90	4.50	0.6
20 분	7.40	6.00	–
40 분	11.90	6.20	–

4 ■ 조육의 조리

식용으로 하는 조육류(鳥肉類, poultry)에는 닭, 칠면조, 오리, 거위, 메추리, 꿩 등이 있으며, 가장 보편적인 조육은 닭고기이다. 닭고기는 영양면과 경제면에서도 질이 좋은 단백질 공급원으로 우리의 식생활에서 중요한 위치를 차지하게 되었다.

(1) 조육의 영양 조성

조육의 영양가는 다른 육류와 유사하고, 질이 좋은 단백질을 지니고 있고 티아민(thiamin), 리보플라빈, 니아신 등 비타민 B 복합체의 공급원이 된다.

닭고기는 쇠고기나 돼지고기와는 달리 지방이 피하에 있고 근육층에는 적기 때문에 맛이 담백하고 연하다. 육류의 지방은 이중결합 두 개의 고도불포화 지방산은 매우 적고 포화 지방산이 많으나 닭고기는 불포화 지방산이 다른 육류보다 많이 들어 있다. 이 때문에 닭고기와 오리고기는 지방 융점이 낮아 상온에서 굳지 않고, 융점이 체온과 비슷해 식은 고기를 먹어도 맛이 괜찮다.

(2) 닭의 부위별 특색

닭은 아랫다리, 윗다리, 가슴살, 날개 등과 목의 여섯 부위로 나눈다(그림 5-23).

아랫다리와 윗다리는 고기색이 붉고 물기와 기름기가 많아 맛이 좋고, 튀김이나 조림 및 구이로 많이 사용된다. 가슴살은 색이 희고 기름기가 전혀 없어 빡빡하고 맛이 담백하여 튀김, 구이, 찜, 냉채 등에 이용된다. 날개살은 운동을 많이 한 부분이라 살이 적으나 지방과 콜라겐이 많고, 물기가 많아서 맛이 좋아 튀김이나

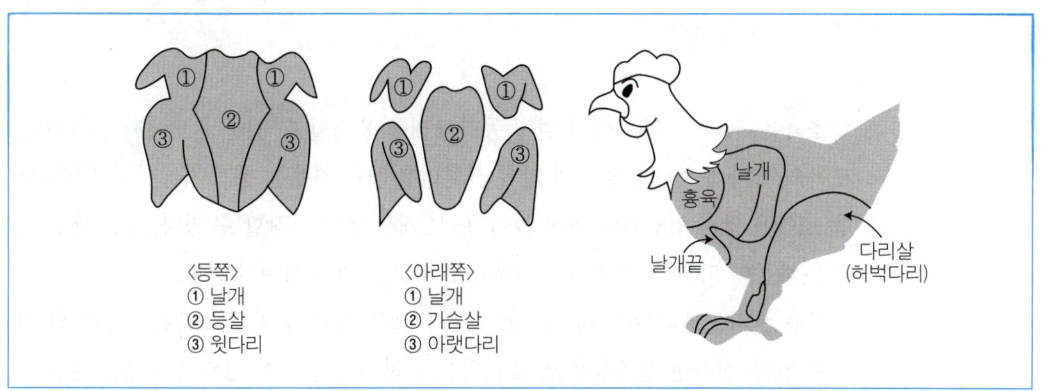

〈그림 5-23〉 닭고기의 부위별 명칭

〈표 5-34〉 닭고기의 종류와 특징

구 분	명 칭	조리용도	중량	성별	월령	특 징
1년 이하	broiler fryer	닭구이, 튀김, 영계백숙, 닭죽	0.9~1.2kg	암, 숫 병아리	3~4 개월	살이 연하고, 지방분이 거의 없음.
	roaster	통닭구이, 통찜, 튀김, 찜	1.4~2.3kg	수탉	5~10 개월	피하지방이 형성되어 있고, 가슴뼈 등이 broiler 보다 단단함.
	capon	통닭구이, 통찜, 찜	1.8kg이	거세한 수탉	8개월 이하	연한살을 갖고 있으며 특히 가슴고기가 많이 발달되어 있음.
	cornnish game hen	통닭구이	1kg	cornnish 닭과 다른종과 접한종류	5~7주	살코기가 연함.
1년 이상	stag	찜, 조림, 닭국	roaster와 cock의 중간무게	수탉 이상	1 년	피부가 거칠고, 살이 질김.
	fowl	찜, 조림, 닭국	1.8~2.7 kg	암탉	10개월 이상	지방이 많고, 껍질은 두꺼우나 살이 많음.
	cock	닭국, 조림	1.8~3.15 kg	수탉	1 년 이상	살색이 어둡고, 껍질은 거칠며 살이 질김.

찜에 많이 사용된다. 등부분은 살이 적으나 지미성분은 많기 때문에 국물용으로 많이 이용된다.

닭은 조리의 용도에 따라 3~4개월의 영계부터 1년 이상의 노계까지 다양하게 선택하여 조리한다(표 5-34).

(3) 조육의 저장

조육은 −5 ~ −15℃에서 얼린 동결상태를 유지할 수 있는 온도에서 저장한다. 조육의 질이 신선하고 얼리기 전에 전처리를 잘한 경우는 장기 저장할 수 있다. 냉동 조육은 맛과 영양가에 변화 없이 9~12개월 동안 저장할 수 있다. 모든 냉동 조육은 해동이 되면 곧 부패되기 쉬우므로 바로 조리를 하여야 한다.

조육은 살모넬라(salmonella)균에 감염되기 쉽고, 감염된 조육은 식중독의 원인이 된다. 신선한 생조육은 곧 조리하도록 하며, 1일 이상 경과할 때에는 냉동 저장하여야 한다. 냉동시에는 내장을 제거하여야 하고, 식용 가능한 내장들은 따로 포장하여 냉동한다.

(4) 조육의 조리

닭고기의 각 조리법은 한 마리 통으로 요리하는 것과 부위별로 선택하여 요리하는 것 외에 다양한 조리법이 있다.

① 습열조리 … 닭을 통째로 조리하기도 하고 토막을 내서 부분별로 조리하기도 한다. 삼계탕, 영계백숙, 닭곰탕, 닭죽, 닭찜, 닭매운찜, 닭가슴살 냉채 등이 있다.

② 건열조리 … 굽는 것과 튀기는 것으로 나누어 볼 수 있으며, 서양식 오븐 구이요리도 있다. 닭튀김, 닭적, 닭갈비, 통닭구이, 로스팅, 닭 샐러드 등 다양하다.

5 ■ 어패류의 조리

(1) 어육(魚肉)의 구조

1) 피 부

어체는 <그림 5-24>와 같이 표층에 얇고 투명한 표피(表皮)가 있고, 그 안쪽에 진피(眞皮)가 있는데, 이는 결합조직으로서 날로 먹을 경우 탄력이 있는 부분이다. 그리고 표피와 진피 사이에는 비늘이 있다.

생선의 색은 진피 및 색소세포에 함유된 색소의 색이다. 대체로 회유형(回遊型)의 물고기는 푸른색이고, 해저 가까이를 헤엄쳐 다니는 물고기는 붉은색, 해저에 살며 별로 움직이지 않는 것은 모래색을 띠고 있다.

〈표 5-35〉 해수어의 분류

분 류	종 류	특 징
흰살 생선	가자미, 도미, 민어, 광어 등	살부분이 백색을 띠고 지방 함량이 5% 이하, 해저 가까이 살고 운동량이 적음.
붉은살 생선	고등어, 연어, 청어, 꽁치, 뱀장어 등	5~20% 지방 함유, 살코기의 색이 적색 및 노란색 등의 유색을 띰.

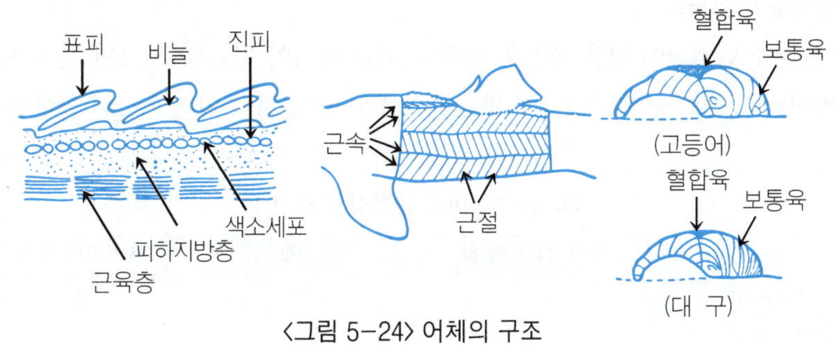

〈그림 5-24〉 어체의 구조

2) 근 육

어육의 근육조직은 보통육(普通肉)과 혈합육(血合肉)으로 구분된다.

보통육은 횡문근으로 수육류와 거의 같은 근육조직인데, 근섬유의 길이가 짧고 근격으로 구분되어 있는 점이 다르다. 이 때문에 가열하면 쉽게 익는 반면 부스러지기 쉽다. 혈합육은 색소 단백질(myoglobin), 신경, 결합조직 등이 많다. 혈합육의 분포와 양은 물고기의 종류에 따라 다른데, 회유어나 운동이 심한 물고기에 발달해 있다. 여기에는 혈액이 많아서 비리지만 영양가는 높다.

오징어의 몸은 횡문근이 아니라 평활근이며, 근섬유가 체축에 대하여 직각인 방향으로 나란하다(그림 5-25). 그래서 오징어를 가열하면 몸과 다리가 둥글게 감기면서 익고, 건오징어는 옆으로 찢기 쉬운 것이다.

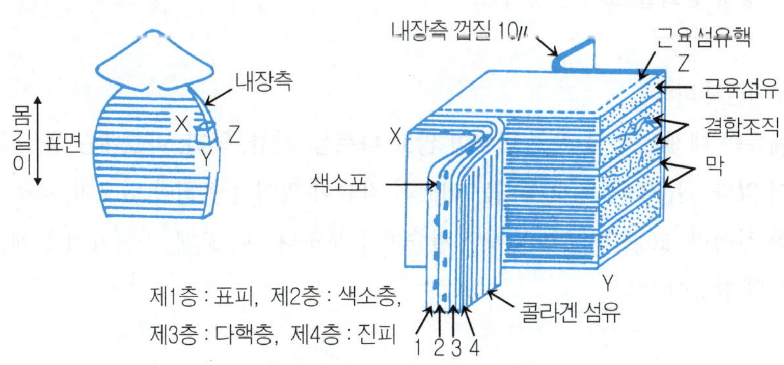

〈그림 5-25〉 오징어의 구조

(2) 어육의 영양 조성

1) 단백질

어육의 전 단백질양은 15~25%이고, 그 조성은 <표 5-36>에서와 같이 생선의 종류에 따라 다르다. 단백질의 종류는 육류와 거의 같으나 양이 다르며, 특히 육기질 단백질이 적다.

근원섬유 단백질이 많은 생선은 날것일 때는 탄력이 있는데, 익으면 잘 부서진다. 반면에 구상의 근장 단백질이 많으면 날것일 때 연하고 익으면 살이 굳어진다.

<표 5-36> 어육 단백질의 조성

(%)

종 류	근원섬유단백질	근장단백질	육기질단백질
고등어	67	30	3
대 구	76	21	3
오징어	77~85	10~20	2~3

2) 지 질

어육의 지방 함량은 생선의 종류, 부위, 계절에 따라 다르다. 생선을 부분적으로 보면 언제나 복벽(배부위)에 지방이 많다. 그것은 외부에서의 충격에서 내장을 보호하기 위해서이며, 지방은 열의 불량도체이므로 내장의 온도를 일정하게 유지할 수가 있다.

지방산의 조성은 불포화 지방산이 80%이고, 그 불포화도는 평균 4~5로서 상온에서 유상(油狀)이 되고 산화하기 쉽다. 식물성 지방과 마찬가지로 혈청 콜레스테롤(cholesterol)을 억제하는 효과가 있다. <표 5-37>은 참치의 부위에 따른 지방 함량의 변화를 표시한 것이다.

3) 무기질과 비타민

어패류는 대체로 인과 황의 함량이 많고 나트륨, 칼륨, 구리, 마그네슘 등도 함유되어 있다. 굴, 새우, 조개 등에는 비교적 칼슘이 많이 함유되어 있으며, 통조림 가공한 정어리, 고등어, 꽁치 등에도 칼슘이 풍부하다. 굴, 조개, 바닷가재 등에는 요오드의 함량이 많다.

〈표 5-37〉 참치육의 지방 변화

(%)

월	적색육		백색육	
	지 방	수 분	지 방	수 분
1	2.73	71.01	36.02	45.93
3	1.16	69.72	28.25	48.47
4	0.47	73.73	12.45	64.62
6	0.31	73.57	12.21	64.83
7	0.41	75.45	5.32	73.62
9	0.76	73.63	17.80	61.26
10	1.96	71.08	28.28	51.09
11	2.04	72.18	27.94	52.15

생선에는 비타민 B_1, 비타민 B_2, 니아신(niacin)의 함량이 많고, 지방이 풍부한 생선에는 특히 비타민 A와 비타민 D의 함량이 많은 어유와 간유가 있다.

4) 어육의 색

어육의 색소는 수용성 색소 단백질과 지용성 카로티노이드(carotenoid)로 크게 나눌 수 있다. 회유성인 물고기의 근육은 붉은색이고, 정착성인 것은 백색이다. 붉은색 생선은 미오글로빈(myoglobin)의 함량이 많으며, 가열하면 메트미오글로빈(metmyoglobin) 형성으로 갈색이 된다.

어류의 카로티노이드로 가장 중요한 것은 아스타크산틴(astaxanthine)으로, 연어의 근육과 도미의 피부색의 주성분이다. 이것은 갑각류에도 존재하는데, 단백질과 결합해서 청색의 색소 단백질로 되어 있다. 게나 가재를 찌면 붉은색으로 되는 것은 단백질이 변성해서 아스타크산틴이 유리하기 때문이다.

5) 맛 성분

어류의 맛은 글루탐산(glutamic acid)을 비롯한 유리 아미노산, 펩티드(peptide), 뉴클레오티드(nucleotide), 크레아틴(creatine), 염기류 등의 추출물에 의해 이루어지며, 이는 육류와 비슷하나 함량이 다르다. 즉, 흰살 생선이 담백한 맛을 지니고 붉은살 생선이 약간 농후한 맛을 내는 것은 지방 함량이 다르기 때문이다.

오징어, 문어, 새우의 맛 성분은 타우린(taurine)과 베타인(betaine)이 주를 이룬다.

(3) 어육의 조리

1) 취급상의 주의점

어육은 근육의 조직이나 조성이 수조육류와 달라서 취급에 있어서도 그 성질을 고려해야 할 몇 가지가 있다.

① 어육의 근육은 연하다.

② 지방의 융점이 낮고 산화하기 쉽다.

③ 비린내가 난다.

④ 어류는 종류가 많고, 그 종류에 따라 성상과 맛이 다르다.

⑤ 쉽게 상하므로 빨리 조리해야 한다.

2) 신선도와 조리

어류는 근육이 연해서 육류와 같이 숙성시킬 필요가 없으며, 사후강직 전 또는 강직 중이 신선하고, 강직이 풀리면 근육의 탄력이 없어지며, 신선도가 낮아진다. 사후강직을 일으키는 시간은 생선의 종류에 따라 10분~수 시간으로 그 차이가 심하다.

생선의 선도 판정은 관능적 방법과 이화학적 방법에 의하는데, 전자의 기준은 다음과 같다.

① 껍질에 색, 광택이 있을 것

② 눈의 모양이 싱싱하고 혼탁하지 않을 것

③ 아가미의 붉은색이 선명하고 냄새가 신선할 것

④ 배 부분이 팽팽할 것

⑤ 어육에 탄력이 있을 것

이화학적 방법은 세균학적, 물리학적, 화학적 방법이 있는데, 이 중에서 어육 ATP 관련물질의 측정에 의한 방법을 많이 사용하고 있다.

신선한 어류는 살이 단단하고, 비린내도 덜하고 회 요리를 할 수 있으며, 신선도가 떨어지면 조림이나 튀김으로 조리하는 것이 좋다. 그러나 신선도가 아주 낮아지면 식중독을 일으키는 히스타민(histamine)이라는 유독물질이 생기므로 어류에 있어서는 특히 신선도에 유의해야 한다.

3) 수 세

어류는 신선도가 높아도 운반 도중 오염 등으로 잘 씻을 필요가 있는데, 물로 씻을 때의 주의 사항을 들면 다음과 같다.

① 냉수를 사용한다 … 물의 온도가 높으면 생선이 상할 수가 있기 때문에 가능한 냉수로 씻는 것이 좋다.

② 체표면과 내장을 꺼낸 부분을 잘 씻도록 한다 … 어체의 표피는 점액을 분비하므로 오염물과 더불어 잘 씻어야 한다. 또한 내장을 꺼내고 어체 복부 안에 들어 있는 이물질 특히 응고된 혈액을 깨끗이 제거한 다음 씻는다. 이때 사용하는 물은 맹물보다 소금을 2~3% 정도 타서 근육과 등장액으로 하는 것이 좋다.

③ 어체에 칼집을 낸 후에는 되도록 씻지 않도록 한다 … 근장 단백질, 엑스(Ex)분은 수용성이고, 지방도 액상이 되어 물 속으로 빠져나오기 때문이다.

4) 생선 비린내 제거법

생선을 조리할 때 주의해야 할 점은 비린내를 제거하는 것이다. 생선 비린내의 주성분은 수용성인 트리메틸아민(trimethylamine)으로 생선을 손질할 때 물로 씻어 불순물과 비린내를 어느 정도 없앨 수는 있다. 그러나 보다 더 적극적인 방법으로 비린내를 제거하는 법은 다음과 같다.

① 소금물로 깨끗이 씻는다 … 소금물로 씻는 이유는 생선의 단백질의 일부를 응고시켜 수용성인 맛 성분의 용출을 막고, 또 수용성인 트리메틸아민을 제거하기 위함이다.

② 식초 · 과즙 또는 산을 뿌린다 … 산이 알칼리성인 트리메틸아민과 결합을 해서 비린내가 제거된다.

③ 간장 · 된장 · 고추장 · 쌀뜨물을 넣어 양념한다 … 된장과 고추장, 쌀뜨물 등의 콜로이드 흡착을 이용하여 비린내가 감소된다.

④ 파, 마늘, 양파, 무 등을 넣는다 … 이 식품들에 들어 있는 황화합물이 비린내를 약화시킨다.

⑤ 생강을 넣는다 … 생강의 매운맛이 미각을 마비시키고, 생강 냄새가 비린내를 약화시킨다. 또 생강의 여러 효소들이 트리메틸아민과 결합하여 다른 물질로 변화해 비린내가 제거된다.

⑥ 고추, 후추, 겨자, 고추냉이(와사비) 등을 양념에 넣는다 … 고추의 캅사이신(capsaicin), 후추의 피페린(piperin), 겨자의 알릴머스터드오일(allyl mustard oil), 고추냉이의 알릴이소티오시아네이트(allylisothiocyanate) 등은 강한 매운맛을 내며, 이 맛이 미뢰를 마비시켜 비린내를 덜 느끼게 한다.

⑦ 술을 넣는다 … 비린내가 알코올과 같이 휘발되면서 제거되거나, 또 술의 방향이 비린내를 제거하기도 한다.

⑧ 피망, 파슬리, 쑥갓, 미나리, 풋고추, 부추, 깻잎 등을 넣는다 … 각 채소의 특수한 방향과 강한 맛이 생선의 비린내를 제거하고 종합된 풍미와 방향을 내게 된다.

⑨ 생선을 우유에 씻는다 … 우유 단백질 중 흡착성이 강한 카세인(casein)이 트리메틸아민을 흡착하고 우유의 좋은 냄새가 비린내를 약화시킨다.

⑩ 민물어류는 비린내가 더 강하므로 향신채소나 양념을 더 강하게 넣어 조리한다 … 담수어의 비린내는 리신(lysine)에서 생긴 피페리딘(piperidine)으로 해수어보다 더 강한 비린내가 난다. 그래서 마늘, 파, 생강, 깻잎, 쑥갓 등 강한 향신채소와 양념을 많이 넣어 조리해야 한다.

5) 소금의 효과

생선에 첨가한 소금의 역할은 짠맛을 가해 줄 뿐 아니라 살의 수분함량, 무게를 변화시켜 주며 동시에 단백질을 변성시킨다.

소금에 의한 어육의 변화는 식염농도에 의하여 다른데, 저농도인 경우는 소금의 양 ion이 단백질의 음 ion의 전하를 중화해서 분자간의 반발이나 수화성(水和性)을 저하시켜서 살이 단단해진다.

어육 단백질에 중 정도의 소금물(0.5~2M)을 가하면 근원섬유 단백질의 액틴(actin)과 미오신(myosin)이 용출되고 결합해서 액토미오신(actomyosin)이 되어 단백질의 수화성이 증가되고 점성이 큰 졸(sol)이 된다.

더욱 소금의 농도를 높이면(식염 15% 이상) 단백질의 용해도가 감소해서 석출한다. 이 현상을 염석이라고 한다. 이것은 근원섬유 단백질의 용해성이 감소해서 액토미오신의 형성이 저해되고 과잉의 염 ion이 물을 끌어당겨서 단백질에 대해서 탈수적으로 작용하기 때문이다. 어육 중 수분과 함께 효소, 엑스(Ex)분도 상당량 제거되고 육질이 단단해지고 저장성이 증가한다. 이 성질을 이용해서 염장을 하는데, 물에 담가 소금기를 빼도 그 이전의 육질로 복구되지 않는다.

6) 생 식

어류는 신선한 재료를 익히지 않고 초간장, 초고추장, 겨자장, 된장 등에 찍어 생것으로 먹는 생회가 있다. 일반적으로 회는 어패류를 생으로 먹는 것으로, 생선의 교질태의 육질의 맛과 절단면의 매끈한 입맛을 즐긴다. 어패육의 생식은 가열한 것보다 소화가 좋으나 세균에 의한 오염과 부패 등이 우려된다.

요즈음 공해로 인하여 생선의 오염도가 염려되지만, 생선의 회는 생선 요리 중에서도 가장 맛이 있어서 즐겨 이용되고 있다. 회요리를 위해서 생선을 썰 때에는 특히 잘 드는 칼을 사용하는데, 그 이유는 생선회의 외관이 고울 뿐 아니라 혀에 닿는 감촉을 좋게 하고, 또 칼이 잘 안 들면 조직세포가 파괴되어서 효소의 작용이 활발해져 맛이 떨어지기 때문이다.

세균류는 생선의 아가미, 비늘, 내장에 많다. 따라서 생선을 조리할 때는 재료의 보존, 조리조작, 기구 취급뿐만 아니라 재료의 세균 오염과 신선도 저하, 부패 등의 위생면에 주의하지 않으면 안된다.

생선의 회요리에는 생회 외에 숙회가 있는데, 이것은 끓는 물에 생선을 살짝 데치거나 끓는 물을 생선에다 끼얹어서 만든다.

〈표 5-38〉 계절별 맛있는 생선회

계 절	생 선 이 름
봄	도미, 준치, 홍어
여 름	민어, 전복, 새우, 아지, 농어, 병어, 간고등어, 흑도미, 붕장어
가 을	가자미, 도루묵, 숭어(사철), 전어
겨 울	대구, 도미, 가자미, 문어, 홍어, 붕어, 흑다랑어, 오징어

7) 젓 갈

젓갈은 소금에 의하여 생선이 부패되지 않으면서 어육 단백질이 가수분해되어 유리 아미노산과 핵산 관련물질이 생김으로써 구수한 맛이 나게 한 것이다.

젓갈의 종류는 용도에 따라 매우 다양하다. 멸치젓, 새우젓, 소기젓, 갈치속젓, 까나리젓, 황새기젓 등은 침채류의 양념으로 주로 사용되고, 굴젓, 명란젓, 창란젓, 곤쟁이젓, 오징어젓, 조개젓, 밤젓, 오분자기젓, 토하젓 등은 반찬으로 사용된다.

여러 가지 젓갈 중 찬으로 먹는 젓갈의 염도는 비교적 낮으나 그 외의 젓류의 염도는 비교적 높다.

8) 가열에 의한 변화

어육의 근원섬유질은 45~50℃에서 응고하는데, 근장 단백질은 60℃까지 응고하지 않고 졸(sol)상태로 근섬유 사이를 채우고 있다. 더 고온으로 가열하면 수축·응고한다. 어육의 결합조직인 콜라겐은 물과 함께 가열하면 수축하고 또 용해된다. 콜라겐의 수축온도는 어종에 따라 다른데 40~60℃로 수육보다 낮다.

① 굽기 … 어류의 비린내는 메틸아민(methylamine)을 주체로 하는 아민류로서, 이것을 구우므로 비린내가 방향으로 변한다.

생선구이는 조미 방법에 따라 소금구이와 양념구이로 나눌 수가 있다. 소금구이는 작은 생선을 통으로 굽고, 큰 생선은 토막을 내어 소금에 절였다가 굽는다. 양념구이는 생선을 양념장에 담갔다가 굽거나 생선을 초벌구이한 뒤 양념장을 발라가며 굽는다. 이때 껍질이나 살집이 두꺼운 생선은 칼집을 넣어 굽고, 양념장을 바를 때는 불을 줄이고 앞뒤로 양념장을 발라가며 타지 않게 굽는다.

생선을 굽는 방법으로 직접구이와 간접구이가 있다. 직접구이는 석쇠나 꼬챙이, 그릴(grill)을 이용하여 불이 생선에 직접 닿게 하여 굽는 방법이고, 간접구이는 프라이팬이나 오븐을 이용하여 생선을 굽는 방법이다.

생선구이시 석쇠나 프라이팬에 생선살이 달라붙는 것을 볼 수 있는데, 이를 열응착성이라 한다. 이 현상은 어육 단백질 중 미오겐의 펩티드 결합이 가열에 의해 끊어지면서 다른 물질과 결합할 수 있는 활성기가 노출되고, 이 활성기가 석쇠나 프라이팬의 금속이온과 반응을 일으켜 달라붙기 때문이다. 프라이팬에 기름을 약간 두른 후 생선을 구우면 프라이팬 표면에 기름막이 생겨 활성기가 반응을 하지 못하므로 열응착성을 방지할 수 있다.

어육의 맛은 어육의 단백질이 졸(sol)에서 겔(gel)로 된 직후가 가장 좋다. 생선을 구울 때 같은 가열 조건이라도 생선의 내복부와 지방이 많은 외피부와는 어육 온도의 상승속도가 균일하지 않다. 그러므로 수육의 경우와 달리 균일하게 온도를 높이는 일이 생선을 구울 때 유의할 점이므로 열원으로서 숯불이나 연탄불과 같은 방사열이 가장 좋다. 센 불로 굽되 좀 멀리서 불꽃 없이 굽는 것이 좋다. 불이 약하면 내부까지 열변성하는 데 시간이 오래 걸려서, 그동안 외피가 눋고 수축·건조되어 맛이 없게 보인다.

가스나 전기로 구울 때는 그릴의 위쪽에서 가열하기 때문에 지방이 많은 생선을 구울 때에도 불꽃이 일지 않는 이점이 있다. 생선을 구울 때는 자주 뒤집지 않는 것이 좋고, 생선이 60% 익었을 때 뒤집는 것이 좋다.

흰살 생선을 얇게 저민 것에 소금, 후추를 뿌린 뒤 밀가루, 달걀을 입혀 철판이나 프라이팬에다 그대로 약한 불에서 지지는 것을 전유어라고 한다. 우리 나라 대표적인 생선구이 조리로 전유어는 생선 비린내가 없어지는 이점이 있다.

② 튀기기 … 생선의 비린내를 없애며 작은 가시까지 다 먹을 수 있게 하는 조리로서는 기름에 튀기는 것이 가장 효과적이다.

튀기는 시간이 길어지면 수분의 증발이 심해지고 흡유량도 많아지는데, 이와 같이 수분과 유분이 많이 교체되면 생선튀김의 맛이 많이 떨어지게 된다. 생선튀김의 종류 및 특성은 다음과 같다.

㉠ 그냥 튀김 : 튀김옷을 입히지 않아 탈수가 심하다. 수분이 적어지므로 보존성이 높다. 마른생선 등에 잘 쓰이는 조리법이고, 식품의 표면에 눌은 색(갈변), 눌은 맛이 잘 난다.

㉡ 마른전분이나 밀가루 입힌 튀김 : 마른전분이나 밀가루를 생선에 입혀서 튀긴 것으로 튀김옷의 수분이 적으므로 튀김옷은 단시간에 호화되고, 계속 수분을 잃으면 탄다. 따라서 단시간 가열에 적당하고, 어느 정도 내부의 수분과 함께 지미, 향 등을 보호할 수 있다.

㉢ 옷 튀김 : 밀가루에 물이나 달걀을 풀어 만든 튀김옷을 입혀 타지 않게 튀기는 것이며, 식품의 탈수가 적고 풍미도 잘 보유된다. 그 외에 달걀과 빵가루를 입혀서 튀기기도 한다. 일반 생선튀김에 많이 사용된다.

③ 끓이기 … 생선을 끓이는 조리법으로 국물이 많은 탕 · 국류와 국물이 적은 조림법이 있다. 보통 생선을 끓일 때에는 국물을 끓게 한 후 생선을 넣는다. 이것은 어육의 단백질은 80℃ 이상에서 열응고하므로 끓는 국물로써 어체 표면층의 단백질을 응고시켜서 어육즙의 용출을 막아 생선의 맛과 모양을 유지하게 한다. 소금이 용해된 끓는 국물은 단백질을 더 잘 응고시키므로 더욱 좋다. 만일 소금을 함유하고 있는 찬 국물에 생선을 넣고 끓이기 시작하면 어체 중의 육즙은 국물 속에 용출해서 살이 부슬부슬해지고 부서져서 맛이 없다.

생선조림을 하는 데 있어서는 먼저 양념간장을 끓이다가 생선을 넣고 조리는 방법과 생선에 양념을 한 후에 조리는 방법이 있다. 이때 양념이 생선에 골고루 배도록 조림장을 자주 끼얹으며 타지 않도록 불 조절을 잘하여 조리는 것이 중요하다.

생선을 조리할 때 사용하는 양념 가운데 생강은 나중에 넣어서 생강즙의 향기가 생선에 배어서 비린내를 없애도록 한다. 또 비린 냄새를 휘발시키기 위해서 처음 몇 분간은 뚜껑을 열어 놓고 조리다가 끓고 나서 나중에 뚜껑을 닫는다. 지방분이 많은 생선은 먼저 끓는 물에 데쳐서 처리하거나 찜통에 쪄서 탈지시킨 후 조리하는 것이 좋다.

(4) 조개류의 조리

조개류에는 뛰어난 맛을 내는 호박산(succinic acid)이 들어 있어 독특한 국물 맛을 낸다. 조개의 종류에 따라 다르나 대부분의 조개 내장부에는 생선보다도 세균의 부착률이 높으므로 생식하지 않는 것이 좋다.

조개류는 조리하기 전에 서식지에서 먹은 모래나 흙 등을 토하게 하는 해감을 시켜야 한다. 만약 조개류 중에서 특히 살아서 껍질이 꽉 닫힌 것을 그대로 조리하면 입안에서 모래가 씹히거나 국물에 모래나 이물질이 나와 불쾌하다. 해감이란, 즉 조개류를 2% 농도의 소금물에 1~2시간 정도 담가두면 입을 벌려 자연스럽게 모래나 개펄이 나오게 되는 것을 말한다. 그러나 너무 짠 농도의 소금물에 담그면 삼투압에 의해 조갯살이 탈수되어 질겨진다.

만약에 해감시킬 시간이 없이 조리할 때에는 조개를 삶은 뒤 조개는 껍질과 분리시킨 후 한 번 씻어주고, 조개국물은 가만히 윗물을 따라서 사용하거나 면보자기에 걸러서 사용하면 된다.

조개류는 조리시 가열하면 육질이 수축되고 단단해지면서 탈수한다. 따라서 조개의 조리는 단시간에 하거나 때로는 장시간 가열해서 결합조직을 녹여 육질을 연하게 하기도 한다.

(5) 건어물의 조리

어패류를 건조시킨 건어물에는 굴비, 북어, 건오징어, 건한치, 건문어, 쥐포, 멸치, 뱅어포, 건홍합, 건조개류, 건새우, 북어포, 오징어포, 진미채 등이 있다. 이것들은 뜨거운 소금물에 살짝 데쳐서 말렸거나 그냥 햇볕에 말려서 건조시킨 것이다.

북어 중에서 황태는 추운 겨울 내내 얼렸다 녹였다를 반복하며 건조시켜서 육질이 푹신푹신하고 독특한 질감을 가지며, 조리를 하면 맛이 좋다.

건어물들은 신선할 때와 달리 말릴 때 생성되는 건어물 특유의 향취로 사람들의 입맛을 끈다. 특히 오징어와 멸치의 구수한 냄새는 건조과정 중에 수분의 증발과 성분변화가 함께 진행된다. 그러나 건어물의 제조과정이나 보관시 잘못되면 지방이 산패되어 찌든 냄새와 더불어 곰팡이가 발생되어 식중독 위험이 있을 수 있다.

건어물은 조림, 구이, 볶음 등과 같이 밑반찬에 이용되거나, 국이나 탕의 재료가 된다. 특히 국물의 맛을 내는 다시용으로 사용되기도 한다.

(6) 조리시 영양분의 손실

생선은 생식할 경우에 영양분의 손실이 적은 듯 여겨지지만 내장 등을 버리면 오히려 비경제적이 되며, 또 기생충이나 미생물 등의 오염으로 인한 위험이 많다. 각 요리에 있어서 단백질의 손실은 <표 5-39>와 같다.

<표 5-39> 생선 요리시 단백질의 손실

(%)

시 간	끓이기	찌 기	굽 기
7분	1.70	0.91	0.10
12분	2.40	2.28	0.25
35분	4.15	3.50	–
120분	5.15	4.4	–

6 달걀의 조리

(1) 달걀의 구조

달걀의 구조는 <그림 5-26>과 같이 난각, 난황, 난백의 3부분으로 크게 나눌 수 있는데, 달걀 1개의 무게는 평균 50~60g이다. 난황의 무게는 달걀의 대소에 관계없이 거의 일정하므로 난각, 난황, 난백의 비는 달걀의 크기에 따라 달라진다.

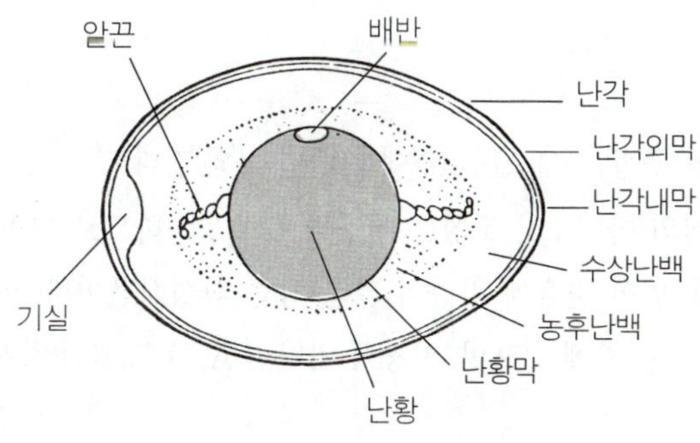

<그림 5-26> 달걀의 구조

1) 난 각

달걀의 외형을 형성하며, 내부를 보호한다. 기공이 있어서 공기의 유통, 수분의 증발 등의 조절작용을 한다.

2) 기 실

난각막은 두 겹이고, 이들은 거의 밀착해서 한 겹같이 되어 있으나 기실 부분에서는 분리되어 있다. 이 기실에는 공기 및 내부에서 나온 수증기로 채워져 있다. 산란 후의 일수와 보존 상태에 따라 기실의 크기가 다르므로, 이 기실의 크기가 신선도 측정시에 기준의 하나로 이용되고 있다.

3) 난 백

수상난백, 농후난백, 알끈(chalaza)으로 이루어졌으며, 농후난백은 점도가 높은데, 날이 갈수록 점도가 낮아져서 수상화(水狀化)하여 난백계수가 작아진다.

4) 난 황

난백으로 둘러싸여 달걀의 중심부에 위치하고 있으며, 황색 난황층과 백색 난황층이 교대로 층을 이루고 있다. 난황계수도 달걀의 신선도 감별에 쓰이는데, 신선도가 높은 것은 그 계수가 0.4 정도이다.

$$\text{난황계수} = \frac{\text{난황의 높이}}{\text{난황의 평균 지름}}$$

$$\text{난백계수} = \frac{\text{난백의 높이}}{\text{난백의 평균 지름}}$$

(2) 달걀의 영양 조성

달걀의 영양 조성은 <표 5-40>에 나타난 바와 같다.

달걀 단백질의 아미노산 조성은 영양적으로 우수하므로 천연식품 중 최고급의 영양식품인데, 인이 칼슘에 비하여 많은 강한 산성식품이다. 비타민은 C가 부족하고, 지방은 난황 중에 있으며, 지용성 비타민 A, D, E, K가 풍부하다.

〈표 5-40〉 달걀의 영양 조성

	중 량 (g)	평균중량 (g)	중량비율 (%)	수 분 (%)	단백질 (%)	지 질 (%)	회 분 (%)
달걀전체	51~70	59	–	75.0	12.7	11.2	1.1
난 각	6~9	7.5	10~12	–	–	–	–
난 백	25~41	33.1	45~60	89.0	10.2	0.1	0.7
난 황	15~22	18.4	26~33	49.5	16.1	32.5	1.9

1) 단백질

달걀 단백질은 난황과 난백 사이에 큰 차이가 있다. 난황 단백질은 고형물 중 약 33%이고, 이 중 리포비텔린(lipovitellin)과 오보비텔린(ovovitellin)이 45%를 차지한다. 리포비텔린은 레시틴(lecithin)류와 비텔린(vitellin)이 결합된 것이며, 비텔린은 인 단백질로서 인 1%와 황 1%를 포함한다. 15% 가량 함유되어 있는 포스포비틴(phosphovitin)도 인 단백질로 인이 10% 들어 있으며, 가열해도 변화하지 않는다.

난백 단백질에는 오브알부민(ovalbumin) 60%, 콘알부민(conalbumin)과 오보뮤코이드(ovomucoid)가 각각 14% 정도 함유되어 있다. 이들은 다 만노오스(mannose) 또는 갈락토오스(galactose) 등과 결합하여 당단백의 모양으로 존재한다. 오브알부민과 콘알부민은 열에 의하여 쉽게 응고하지만, 오보뮤코이드는 응고하지 않는다.

〈그림 5-27〉 알의 종류(왼쪽부터 메추리알, 달걀, 오리알, 타조알)

2) 지 질

달걀의 지방은 거의 난황에 함유되어 있는데, 이 난황의 지방은 대부분이 단백질과 결합하고 있다. 난황의 약 30%가 지방이고, 그 중 순지방이 약 20%이며, 그 나머지는 인지질이다. 난황 지방을 구성하고 있는 지방산 조성은 올레산(oleic acid) 40%, 팔미트산(palmitic acid) 38%, 스테아르산(stearic acid) 15%이고, 난황유에는 약 1%의 콜레스테롤이 함유되어 있다.

(3) 달걀의 조리성

달걀은 다양한 물리적 특성이 있어 조리에 광범위하게 이용되고 있다. 달걀의 조리에 사용되는 성질은 다음과 같다(표 5-41).

〈표 5-41〉 달걀의 조리성

특 성	달걀의 역할	음식의 종류
응 고 성	농 후 제	알찜, 커스터드 푸딩
	결 합 제	만두속, 전류, 크로켓, 커틀릿, 햄버거패트
	흡 착 제	맑은 장국, 콘소메
유 화 성	유 화 제	마요네즈, 케이크류, 아이스크림, 크림 퍼프
기포 형성성	팽 창 제	에인절 케이크, 머랭
	간 섭 제	캔디, 셔벗(sherbet)
기 타	색	알지단

1) 달걀의 응고성

달걀의 조리는 직접이건 간접이건 가열을 하는 경우가 많은데, 이와 같은 가열은 단백질의 열응고를 목적으로 하고 있다.

달걀 단백질의 가열응고에 관계되는 중요한 인자는 온도, 가열 시간, 단백질의 농도, 가한 염류의 종류와 농도, pH, 설탕 첨가량 등이다.

① 난백의 열응고 … 난백은 58℃에서 약간 혼탁하고, 62~65℃에서 반투명해져서 점성이 증가하며, 유동성이 없어져 80℃에서 완전히 응고한다. 그러므로 80℃ 이상으로 가열하면 단단한 응고체를 얻을 수 있다.

65~68℃인 물 속에서 오래 삶으면 난황은 단단해지고 난백은 백탁했으면서도 아직 유동성이 있는 반숙란을 만들 수 있다.

가열 온도에 따라 달걀이 응고하는 데 걸리는 시간이 다르다. 실험의 한 예를 들면, 난백 알부민(albumin)이 응고하는 데 63.01℃에서는 40초, 62.01℃에서는

97초 걸렸다. 또 난백의 pH가 감소하면 응고점은 상승한다. 결정 알부민 1% 용액의 응고 온도는 pH 4.80에서 60℃, pH 4.39에서 80℃, pH 4.25에서 90℃이다. 난백의 농도도 응고점에 영향을 미쳐 달걀 1개에 물 1Ts을 가하면 응고점은 80℃까지 상승하고 응고물은 부드럽다.

② 난황의 열응고 … 난황은 일반적으로 난백보다 높은 온도에서 응고하기 시작한다. 65℃에서 응고하기 시작하여 70℃가 되면 단단해진다.

난황은 응고해도 색도의 변화가 뚜렷하지 않으므로 응고점을 확실히 식별하기 어렵다. 난황에 우유, 설탕 또는 소금을 가하면 응고점이 현저히 상승한다. 특히 설탕을 다량 가하면 80℃ 이상이 되어도 응고하지 않는다.

③ 혼합달걀의 열응고 … 조리시에는 달걀을 전체로 사용하는 경우가 많은데, 달걀을 잘 혼합해서 가열하면 65℃쯤에서 응고하기 시작하여 70℃에서 현저히 단단하게 응고된다. 이때에도 우유나 설탕을 첨가하면 열응고점이 상승한다. 달걀을 부칠 때나 커스터드를 만들 때, 이와 같은 성질에 유의해야 한다. 소금을 비롯한 염류는 달걀 응고물을 단단하게 해 주며, 염류의 이온가가 클수록 이 같은 경향은 커진다. 커스터드 혼합물에 우유 대신 물을 넣으면 겔화가 일어나지 않으나 여기에 소금을 넣으면 겔화가 일어난다.

그러나 우유를 넣으면 우유 중의 칼슘이온에 의해 응고가 촉진되어 단단한 겔이 형성된다. 양이온의 이온가가 크면 응고에 필요한 염의 농도는 낮아진다. 수란을 만들 때 물에 소금을 넣으면 응고가 촉진되어 외관이 좋다.

2) 거품일기

난백을 휘저어 거품을 일구면 난백 중의 단백질은 거품막의 표면에 흡착해서 액 속에서보다도 약 10% 농후하다. 흡착과 동시에 단백질은 변성하여 극히 얇은 막(膜)과 같은 모양의 불용물이 되어 거품은 건조한 것처럼 보인다. 계속 저으면 흡착막은 알갱이 모양의 불용물로 되고, 거품이 꺼지며, 선(線)모양의 침전물이 나타난다. 난백은 등전점 가까이서 거품이 가장 잘 이는데, 오래된 난백은 약알칼리성이므로 중주석산칼륨 등을 가해서 pH를 조절해야 한다.

난백은 온도가 높을수록 점도와 표면장력은 약해지므로 거품이 일기 쉬운 반면 꺼지기도 쉽다. 그러므로 난백을 먼저 차게 둘 필요가 있다. 냉각하면 점도가 커져서 처음에는 거품이 일기 어렵지만 일단 생긴 거품은 안전하여 그 후 각종 조리를 하기에 손쉽다.

거품은 지방, 특히 불포화 지방산이 많은 융점이 낮은 기름에 닿으면 꺼지기 쉽다. 그리하여 지방이 많은 난황이 있으면 난백은 거품이 잘 일지 않는다.

난백에 설탕을 가하면 거품일기가 힘이 들지만 일단 생성된 거품은 안전하며, 거품의 안전성은 설탕의 첨가량에 비례한다. 그러므로 처음부터 설탕을 넣지 말고 먼저 적당히 거품을 일으킨 후 설탕을 가하면 조작이 쉽고 거품도 안전하다. 소금을 너무 넣으면 거품의 안전성이 저하된다. 거품을 낼 때 소량의 우유를 첨가하면 기포형성이 저해된다. 그러나 탈지유, 무당연유 및 균질유와 같이 유지가 없거나 또는 지방구가 미세한 상태의 것을 소량 첨가했을 때는 기포형성에 지장이 없다. 난백은 pH에 따라 기포형성이 달라지는데, 난백의 기포는 난백 오브알부민(ovalbumin)의 등전점 부근에서 가장 기포력이 크게 난다고 할 수 있다.

그러므로 거품을 내기 전에 난액에 산이나(레몬즙), 타르타르크림 등을 첨가하면 난액의 pH가 산성이 되면서 거품의 안정성은 증가한다.

① 난백의 종류 … 농후난백보다 수양난백 쪽이 거품내기가 좋으나, 거품의 안정도는 농후난백 쪽이 좋다. 그러므로 햇달걀보다 오래된 달걀 쪽이 수양난백이 많으므로 거품내기가 쉽다. 햇달걀의 경우는 자르듯이 흰자를 기계적으로 수양화시킨 후 거품을 내면 쉽다.

② 거품내기(교반방법) … 전기 교반기는 저어 주는 힘이 강하므로 농후난백이라도 간단히 수양화하여 거품이 잘 난다. 젓기 시작하여 4분 이내로 기포력이 차차 증가하나 6분이 경과하면 변화하지 않는다. 가장 안전한 거품은 2~3분에서 얻어진다. 난백을 거품낼 때에는 그릇의 영향을 크게 받는다. 그릇은 거품이 일어날 경우를 위하여 충분히 커야 한다. 그러나 그릇이 너무 지나치게 크면 거품기가 난백을 젓는 것보다 공기를 젓게 되므로 그 점도 유의해야 한다. 또 그릇의 바닥이 좁고 둥글며 경사져서 윗면이 밑면보다 넓어야 난백이 거품기에 많이 끌려 올라가 거품이 빨리 인다.

③ 온도 … 난백은 어느 정도 온도가 높은 쪽이 점도가 낮아지므로 거품내기가 좋아진다. 그러나 발생한 거품의 성질은 저온에서 낸 거품 쪽이 단단하며 윤이 나고 액의 분리가 늦어져 안정하다. 난백은 30℃일 때 기포력과 안정도가 가장 적당하다. 난백의 온도가 높으면 그 표면장력이 저하되므로 기포력이 좋아지나, 환경의 온도가 높아지면 역효과가 난다.

④ 점도 … 난백에 설탕, 글리세린 등을 넣어서 점도를 증가시키면 기포성은 감소하나 안정성은 증가한다. 난백의 점성은 오보뮤신(ovomucin)의 존재에 의한

것이 많고, 난백을 희석하던가 pH를 산성으로 해서 오보뮤신을 제거하면 난백의 점도도 저하되고 거품의 안정성도 저하된다.

난백의 기포성을 이용한 조리에는 스펀지 케이크(sponge cake), 에인절 케이크(angel cake)류, 머랭 프리터(meringue fritter) 등이 있다.

3) 난황의 유화성

난황은 천연의 유화식품인 동시에 강한 유화력을 가지고 있는 식품이다.

난황의 지방유화력은 리포프로테인(lipoprotein)과 레시틴(lecithin)이 유화에 중요한 역할을 하고 있다. 레시틴은 분자 중에 친수기와 소수기를 가지고 있어 물과 기름의 계면에서 친수기를 수중으로, 소수기를 유중으로 향해 나란히 되도록 한다. 이처럼 계면활성제로 작용하여 기름과 물로 형성된 유화액을 안정화시킨다. 난백 역시 유화력이 있으나 난황의 1/4 정도이다. 난황의 유화성을 이용한 것이 마요네즈, 전란을 이용한 것은 케이크류, 아이스크림, 크림 퍼프(cream puff) 등으로 조리에서 유화 역할을 한다.

(4) 달걀 삶기

70℃로 달걀을 삶으면, 난백은 백색의 젤리상으로 되고, 난황은 거의 굳어져서 짙은 노란색이 되며, 100℃에서 삶이면 난백과 난황이 모두 난난해신나.

달걀을 장시간 삶으면 난황 주위에 녹색을 띠는데, 이것은 황화철의 생성에 의한 것이다. 철은 난황 100g 중 11mg을 함유하고 있으며, 난백에는 100g 중 0.9mg을 함유하고 있어서 황화철은 주로 난황에 생긴다.

황은 난백에 0.196%, 난황에 0.157%로 함량에 큰 차가 없는데, 난백 중 황은 가열에 의하여 쉽게 분해해서 황화수소(H_2S)를 발생한다. 그러나 75℃ 정도에서는 분해하지 않으므로 그 정도의 온도에서 삶은 달걀은 녹색을 띠지 않는다. 끓는 물에서 10분 이상 가열할 경우 녹색이 뚜렷이 나타난다.

끓는 물에서 달걀을 15분 삶은 후 공기 중에서 그냥 식히면 녹색이 현저하다. 이때 달걀을 곧 냉수에 담가서 급랭시키면, 압력이 줄어서 발생한 황화수소는 난백의 표면 측에 분산하여 녹색이 생기지 않는다. 공기 중에서 그냥 식히면 난백과 난황의 중간으로 확산하여 난황 중의 철과 화합해서 황화제일철의 녹색을 생성한다.

끓는 물에서 30분 이상 가열하면 냉수 속에서 급랭시켜도 효과가 없이 녹색을 띤다. 또 묵은 달걀은 황화수소를 발생하기 쉬우므로 이 경우에도 녹색을 잘 띤다.

한편, 난황 중의 황화물은 안전하므로, 달걀을 7시간 가열해도 난황의 내부는 녹색을 띠지 않는다.

삶은 달걀의 난백이 누렇게 되는 것은 난백에 함유된 포도당과 단백질과의 갈변반응에 의한 것인데, 삶은 후 곧 냉수 속에 넣어서 공기와의 접촉을 막으면 착색하지 않는다.

7 ▪ 대두의 조리

(1) 콩의 종류와 성분

콩의 종류는 많지만 콩들이 다량 함유한 성분으로 나누어 볼 때 대두나 땅콩처럼 고단백 · 고지질인 것과 팥, 제비콩 같은 저단백 · 고당질인 것으로 나눌 수 있다. 또 미성숙한 두류를 조리에 사용하는데, 그 종류로는 청태콩, 완두콩, 껍질콩, 그 외 미성숙한 콩들이 있다. 그래서 콩들의 다량 함유된 성분조성 차이로 조리 및 가공 방법에도 차이가 있다.

(2) 대두의 성분과 조리성

1) 성　분

대두의 식용 부분은 자엽부이고 곡류와 같은 배유부는 거의 없다.

대두는 <표 5-42>에서와 같이 고단백 · 고지질 · 저당질인 점이 다른 콩류와 다른 점이다. 미숙한 것은 당질의 함량이 많고, 독특한 단맛과 질감을 지닌다.

〈표 5-42〉 콩류의 성분

	열량 (kcal)	수분 (g)	단백질 (g)	지질 (g)	탄수화물 당질 (g)	탄수화물 섬유 (g)	회분 (g)	무기질 Ca (mg)	무기질 Na (mg)	무기질 P (mg)	무기질 Fe (mg)
대 두	392	12.0	34.3	17.5	26.7	4.5	5.0	190	3	470	7.0
팥	326	15.5	21.5	1.6	54.1	4.3	3.0	75	7	350	4.8
제비콩	325	16.0	20.2	2.2	54.3	3.7	3.6	130	6	400	6.0
강낭콩	335	13.4	21.7	1.0	55.7	6.0	2.2	58	4	360	5.0

대두 단백질의 대부분은 글로불린(globulin)계의 글리시닌(glycinin)이다. 아미노산 조성은 메티오닌(methionine) 등의 함황 아미노산이 없고, 곡류에 부족한 리신(lycine), 트립토판(tryptophan)이 풍부하며 글루탐(glutamin)산의 함량이 많다. 특히 이소플라본(isoflavone)은 각종 성인의 만성질환 예방에 매우 효과적인 것으로 알려져 현대인들에게 귀중한 기능성 식품이라고 할 수 있다.

지질은 필수지방산인 리놀레산(linoleic acid), 리놀렌산(linolenic acid)이 많으며, 비타민은 B_1, B_2, E, 무기질은 Fe, Ca을 비교적 많이 함유하고 있어서 전체적으로 좋은 식품이다.

단백질의 소화를 저해하는 트립신 방해제(trypsin inhibitor) 및 적혈구를 응집시키는 헤마글루티닌(hemaglutinin)이 함유되어 있는데, 이들은 가열에 의하여 그의 활성을 잃는다.

또 배당체의 일종이며 쓴맛이 있는 사포닌(saponine)이 함유되어 있다. 최근 동물실험의 결과 대두 사포닌은 과산화지질 저하작용이 있어서 고지혈증, 비만증에 효과가 있는 것으로 보고되었다.

2) 흡 수

성숙한 마른 콩은 물에 담가서 충분히 흡수시킨 후 가열 조리한다. 보통 5~8시간 침수하는데, 수온이 높을 때에는 수침하는 동안 부패되는 경우가 있으므로 물을 자주 갈아 주고 조심해야 한다.

3) 가열할 때 단백질의 변성

콩의 주된 단백질인 글리시닌은 글로불린의 일종이므로 물에 불용인데, 알칼리를 가하면 용해한다. 콩의 조리시 중조를 첨가하고 가열하면 콩의 연화가 빠른 것은 이 때문이다.

물을 흡수한 콩을 삶으면 연화하는 것은 가열에 의해서 단백질의 펩티드 체인(peptide chain)이 풀어져 단백질의 분해효소가 내부구조까지 들어갈 수 있기 때문이다.

콩조림을 만들 때 삶아서 연화된 콩에 조미료를 가하는데 동시에 다량의 설탕을 가하면 삼투압에 의하여 수분이 급격히 탈수되어 종피에 주름이 생기고 딱딱해진다. 그러므로 2~3회 나누어 가하든지 처음부터 조미료액 중에 담가 서서히 가열해서 농도를 높여 가는 것이 좋다. 불은 약하게 하고 보온성이 큰 냄비를 사용한다. 불을 끈 후에도 조미액이 콩을 충분히 적실 수 있도록 자작하게 한다. 검정

콩을 삶을 때 쇠못을 넣는 것은 검정콩의 안토시안(antocyan) 색소가 Fe^{3+} ion과 결합하여 철염을 만들기 때문이다.

4) 소화성

대두의 조직은 다른 콩에 비하여 단단하므로 삶는다든지, 볶는다든지 하는 가열만으로는 소화율이 낮은데, 두부를 만들면 소화성이 현저히 증가한다. 삶은 콩의 소화율은 65.3%이나 두부는 92.7%나 된다. 두부는 대두의 경조직을 다 제거하고 만들었기 때문이며, 대두는 두부 외에도 콩가루로 해서 먹는다든지, 된장, 간장 등 양조식품으로 해서 소화되기 쉬운 형태로 만들어 식용하고 있다.

5) 두류의 발아

두류를 물에 담갔다가 어둡고 따뜻한 곳에 두면서 발아시키면 원래 두류에는 거의 들어 있지 않았던 비타민 C의 함량이 크게 늘어난다.

콩나물콩을 발아시킨 콩나물과 녹두를 발아시킨 숙주나물이 있다. 콩나물콩과 녹두를 물에 담가 원래 부피의 2배 정도로 팽윤시킨 후, 배수가 잘되는 시루나 통에 넣고 빛을 차단한 뒤, 22~23℃ 정도로 유지하면서 하루 4~5회 이상 계속 물을 주면 5~6일 후에는 약 10cm 정도로 자라게 된다. 이렇게 성장한 싹에는 대두 중의 갈락토오스가 변하여 생성된 비타민 C 함량이 높아지고, 이외에도 티아민과 리보플라빈, 아스파라긴(asparagine)의 양도 크게 증가한다. 콩나물이나 숙주나물을 조리할 때는 수분이 많고 조직이 연하므로 표면조직을 연화시킬 만큼의 고온에서 단시간 가열해야만 나물조직에서의 탈수가 적어 아삭아삭한 조직감을 즐길 수 있다.

6) 두류의 산화

대두는 불포화 지방산인 리놀레산과 리놀렌산이 많고 지방 산화효소인 리폭시게나아제(lipoxygenase)가 있어 공기 중의 산소와 접하면 산화되어 콩 비린내를 낸다. 이 비린내의 주물질은 헥산알(hexanal)로 알려져 있다. 콩이나 콩나물을 삶을 때 완전히 익기 전에 뚜껑을 열면 비린내가 나는 이유가 이 때문이다. 그러므로 콩이나 콩나물을 삶을 때 뚜껑을 닫는 것은 산소를 차단하여 콩비린내 생성을 방지하기 위해서이다.

7) 두류전분의 호화와 겔화

팥이나 녹두와 같이 전분 함량이 높은 두류들은 삶아서 거피하여 떡의 소나 고물로 이용된다. 팥의 생세포에는 몇 개의 전분입자가 존재하고 이 입자들은 강한 세포막으로 둘러싸여 있다. 팥을 물에 담가 불리면 전분입자들이 팽윤하여 세포내에 가득 차게 되고, 이것을 가열하면 전분을 둘러싸고 있는 세포벽이 응고하여 안정화된다. 따라서 전분입자들이 세포 밖으로 흘러 나가지 않고 개개의 세포는 분리되어 가루가 된다.

거피한 팥에 설탕을 넣고 으깨면 설탕은 전분 중의 수분에 용해되어 높은 점도의 설탕용액이 되고, 일단 호화된 거피한 팥의 전분은 식어도 잘 노화하지 않고 호화된 상태로 있다.

녹두전분은 청포묵이나 당면 재료로도 이용된다. 녹두나 동부콩의 전분 겔은 다른 전분 겔보다도 특히 탄력성이 우수하여 많은 사람들이 즐겨 찾고 있으며, 또 녹두는 그 특유의 맛으로 빈대떡의 재료도 된다.

(3) 대두로 만든 식품

1) 두 유

두유는 콩을 물에 충분히 불린 후 삶은 다음 곱게 갈아 거즈로 여과하여 만든다. 즉, 대두에서 열수(熱水) 등에 의하여 단백질과 기타 성분을 용출시키고, 껍질 같은 섬유소 등 물에 불용성인 성분을 제거한 유상(乳狀)의 음료이다. 두유는 여름에 콩국에도 애용되고, 우유에 과민성인 유아용 우유 대용식품으로 사용된다. 콩국을 만들 때 콩을 덜 삶으면 비린내가 나고 너무 오래 삶으면 메주콩 냄새가 나므로 적절히 삶아야 고소하다.

소화율은 대두 제품 중 제일 높아서 95%이다. 아미노산 조성, 당질, Ca, 비타민 등에 있어서는 우유보다 떨어지지만 또 다른 건강음료로서 관심이 증가되고 있다.

2) 두 부

두부는 대두로 만든 두유를 70℃ 정도인 온도에서 황산칼슘($CaSO_4$) 또는 염화마그네슘($MgCl_2$)을 가하여 응고시킨 것이다. 즉, 대두 단백질인 글리시닌과 칼슘염 또는 마그네슘염을 결합시키면 응고하는 성질을 이용해서 만든 겔(gel)상 식품인 것이다.

두부를 물에 넣고 끓이면 두부 속에 많은 공동(空洞)이 생기고, 전체적으로 굳어져서 맛이 떨어진다. 그러나 식염을 가하고 끓이면 두부가 부드러운 채 있다. 이것은 두부 속에 두유와 결합하지 않고 남아 있던 칼슘 이온이 물 속에서 가열하면, 두부와의 결합이 촉진되어 과량의 칼슘 이온을 사용했을 때와 같은 결과가 되어서 두부는 수축, 경화, 소수화하기 때문이다. 식염에 의하여 연화하는 까닭은 나트륨 이온이 칼슘 이온과 두유가 결합하는 것을 방해하기 때문이다. 그러므로 두부를 끓이는 조리시에 이 점을 유의해야 한다.

3) 비 지

콩으로 두부를 만들고 나면 남는 찌꺼기로 비지가 있다. 비지는 단백질함량은 떨어지나 섬유질 등이 남아 있고 고유의 질감을 가지고 있어 조리에 사용된다. 그러나 일부에서는 콩을 물에 불려서 물을 적게 넣고 갈아 생콩비지를 만들어 조리에 사용하기도 한다. 특히 겨울철 김치와 돼지고기를 넣고 끓이는 비지찌개는 별미이다.

4) 튀긴두부(유부)

두부를 기름에 튀기면 수분이 줄어들고 지방이 증가하며, 기호성이 향상되고 보존성이 증가한다. 튀긴두부(유부)는 보통두부보다 단단하게 만든 두부를 얇게 썰어서 튀김용 기름으로 110~120℃에서 튀겨 내고, 다시 180~200℃의 기름에 넣어 튀겨서 표면이 황갈색이 될 때까지 튀긴다.

튀긴 두부는 여러 가지 음식에 사용되고 있으며, 조리 전에 미리 끓는 물에 한번 데친 후 사용하면 기름이 제거되어 더욱 맛있다.

5) 인공육

인공육은 탈지대두에서 물 또는 알칼리로 단백질을 추출하여 대두 단백질 섬유를 만든 다음 여기에 조미하고, 착색, 지방 첨가 등으로 육류와 비슷한 맛과 촉감을 가진 식품으로 만든 것이다. 즉, 대두의 양질인 단백질을 이용한 가공식품인 것이다. 요즘 채식을 하는 사람들에게 고기 대용 식품으로 조리되어 많이 이용되고 있다.

(4) 대두발효식품

1) 된장(토장)

된장은 초겨울에 대두를 물에 불리고 삶아 찧어서 메주를 만들어, 겨우내 건조 발효시킨 다음 이른 봄에 깨끗이 씻은 후 소금물에 담가서 숙성시킨다. 숙성시킨 것에서 간장을 떠낸 나머지를 된장이라 한다. 된장은 메주를 쑬 때 사용한 재료의 종류와 양, 숙성 기간, 된장을 담글 때 사용한 소금의 양 등에 따라 풍미와 품질이 달라진다.

된장이 구수한 맛을 가지고 있는 것은 대두 단백질이 분해하여 생성된 아미노산, 전분이 분해하여 생성된 당, 발효과정에서 생긴 젖산, 호박산, 초산, 사과산, 구연산과 같은 여러 가지 유기산 등이 혼합되어 발생하는 맛 때문이다.

된장국물은 산이나 알칼리를 첨가해도 pH가 변하지 않는다. 그 이유는 된장의 주성분인 단백질과 아미노산이 완충제의 역할을 하기 때문이다. 된장은 찌개 외에 맛을 내는 데 사용하고, 비린내 등의 냄새를 제거하기 위해서도 사용한다. 또 야채 등을 된장 속에 넣어서 저장식품을 만들기도 한다.

우리나라에는 옛부터 많은 된장류(토장류)가 만들어지고 식용되었었다. 즉, 된장, 청국장, 즙장(집장), 담북장, 막장, 생황장, 생태장, 팥장, 두부장, 생치장, 비지장 등이 있었다. 그러나 요즘에는 만들어지지 않고 사라져가고 있다. 그래도 아직까지 명맥을 이이가는 된장류(토장류)는 다음과 같다.

① 막장 … 메주와 보리, 밀을 띄워 담근다. 단맛이 많고 수분도 많아 일종의 속성 된장이다. 남부지방에서 주로 만들어 먹는다.

② 담북장 … 콩을 볶아서 껍질을 제거한 뒤 다시 삶아서 청국장을 만들듯이 숙성시켜 양념하여 먹는데 단기간에 만들어 먹을 수 있다. 된장보다 맛이 담백하다.

③ 즙장(집장) … 막장과 비슷하게 담되 수분을 더 많게 하고 무나 고추, 배춧잎을 넣고 숙성시킨다. 산미노 약산 있으며, 밀과 콩으로 쑨 메주를 띄워 초기을 채소를 많이 넣어 담근 것이다. 경상도 · 충청도 지방에서 많이 담그는 장으로 두엄 속에서 삭히도록 되어 있다.

2) 간 장

한국 재래의 간장(조선간장, 청장, 국간장)은 된장과 분리시킨 액체를 말한다. 식염의 함량이 20% 전후이므로 식염과 같이 간장을 캐러멜화시켜 다른 맛을 내기도 한다. 간장은 짠맛 외에 특유한 향미가 있어서 조미료로서 우리 식생활에 중요하다. 맛 성분은 맥아당, 포도당 등의 감미, 초산, 젖산, 호박산(succinic acid) 등의 신맛, 아미노산의 구수한 맛이 혼합되어 있다.

3) 청국장

콩을 삶아서 짚을 넣고 적당히 싸서 40℃ 전후해서 16~18시간 정도 발효시키면 자연계의 납두균이 번식해서 청국장이 된다. 청국장에는 강력한 단백질 분해 효소와 전분 분해 효소가 함유되어 있어서 소화를 돕고, 콩의 단단한 조직은 납두균에 의해 연화되어 소화성이 좋게 된다.

8 ■ 우유와 유제품의 조리

우유는 동물성 단백질원, Ca원 그리고 비타민 등의 다양한 성분으로 영양가가 높고, 우유의 독특한 맛으로 영유아부터 노인까지 널리 애용되는 음료이다.

(1) 우유의 조리

1) 우유의 성분과 특성

우유의 지질의 대부분은 중성지방(triglyceride)이다. 이는 미세한 지방구가 되어 분산해 있는 우유 중의 리포프로테인(lipoprotein)이 유화제로 작용해서 유화액(emulsion)의 상태로 존재하고 있다. 우유의 주요 단백질은 카세인(casein)이며 전 단백질의 75~80%를 차지하고 있다. 그의 등전점은 pH 4.6이고 Ca과 결합해서 카세인 칼슘(casein calcium)이 되고 또 인과의 복합체를 만들어서 콜로이드(colloid) 입자로 분산되어 있다. 우유가 불투명하게 보이는 것은 이 입자에 의해서 빛이 산란되기 때문이다. 카세인 외에 락토알부민(lactoalbumin), 락토글로불린(lactoglobulin) 등의 유청단백질, 지방구 피막을 형성하고 있는 리포프로테인 그리고 효소 등이 있다. 유청단백질은 응유효소(凝乳酵素)에 의하여 응고하지 않고 70~80℃의 가열에 의하여 응고한다.

우유 중의 당질은 4.5%이며, 그 중 99.8%는 유당으로 우유의 감미의 주체인데, 감미도는 설탕의 약 1/5이며 용해도는 0℃에서 10.6%이다.

무기질은 Ca, K, Cl, P, Na, Mg이 중요한 것이다. 우유 중 무기질의 구성과 존재 상태가 복잡하므로 완충작용이 강하고, 우유의 pH는 6.5~6.7이다.

2) 우유의 가열에 의한 변화

① 우유의 피막 … 우유를 개방상태에서 65℃ 이상으로 가열하면 액면에 얇은 피막이 형성된다. 이 피막은 가열로 인하여 우유의 표면장력이 작아져 단백질(lactoalbumin, lactoglobulin)이 우유의 표면에 모여서 변성하여 지방, 무기질 등을 흡착해서 형성된 것이다. 피막 중에 함유된 성분은 우유 중 각 성분에 비하여 단백질은 3%, 지질 2.6%, Ca 2.5% 정도이므로 피막을 버려도 영양의 손실이 그리 큰 것은 아니지만, 피막을 막기 위해서는 주걱으로 저어가면서 가열하고 60℃ 정도까지만 가열하도록 유의해야 한다. 우유의 표면장력은 온도가 높아질수록 감소하는데 40~65℃가 되면 20℃일 때의 3/4이 된다. 이와 같이 표면장력이 저하되면 단백질은 우유의 표면에 모이고 표면이 변성하여 피막을 형성하게 되는 것이다.

② 응고 … 우유단백질은 보통의 가열로 응고하지 않는다. 특히 카세인은 열 안정성이 높다. 그러나 실제 조리에서 다른 재료식품 중의 성분이나 조미료 중의 성분이 우유 중의 카세인과 응고물을 형성하는 경우가 있다.

응고를 방지하기 위해서는 카세인의 등전점인 pH 4.6~4.8 가까이 하지 않는 일이다. 예를 들면, 토마토 수프(tomato soup)인 경우 미숙과보다 완숙과를 쓰고, 토마토의 과육이나 과즙을 먼저 가열해서 산을 휘발시킨 후 60℃ 전후의 더운 우유를 가해 혼합한다. 이로 인해 가열 시간도 단축되고 응고도 방지한다.

③ 풍미의 변화 … 우유를 끓이면 불쾌한 냄새를 내고 저온에서도 장시간 가열하면 특유한 냄새를 낸다. 이것은 β-락토글로불린(lactoglobulin)의 분자간 S-S 결합이 열려서 생긴 SH기와 카세인과의 복합체의 형성, 휘발성 황화물, 황화수소의 발생 때문이다. 그러므로 우유는 되도록 가열하지 않는 것이 좋으며, 부득이한 경우는 60℃ 이하로 짧은 시간내에 데우도록 한다.

3) 우유의 조리성

우유는 다음과 같은 성질을 가지고 있어 조리에 널리 이용되고 있다.

① 유동성이 있어 다른 음식과 잘 섞인다 … 우유는 고형분이 11% 이상인 수용액으로 커피, 홍차 등의 액체와 섞으면 균질한 액체가 된다. 밀가루, 설탕, 코코아 등의 분말상의 고체와도 잘 섞인다.

② 요리를 희게 한다 … 우유가 백색으로 불투명한 것은 카세인이 우유안에서 칼슘 포스포카세이네이트(calcium phosphocaseinate)의 형태로 비교적 큰 교질

입자로 되어 있어서 이것이 빛에 부딪혀서 반사되기 때문이다. 또한 무수한 지방구가 분산되어 있기 때문에 하얗게 보인다.

③ 매끄러운 감촉, 부드러운 맛과 방향을 준다 … 우유는 교질용액이므로 그대로 음용해도 맛이 좋으며 약간의 단맛과 방향도 있다. 조리할 때에는 특별한 조작을 하지 않고도 여러 식품에 혼합, 첨가를 할 수 있고, 수프 등에 있어서는 우유 특유의 매끄러운 감촉과 풍미를 준다. 이때에는 산이나 가열에 의한 바람직하지 않은 변화가 일어나지 않도록 주의해야 한다.

④ 단백질의 겔(gel) 강도를 높인다 … 커스터드 푸딩(custard pudding)과 같이 달걀에 우유를 넣은 난액을 적당한 온도로 가열하면 우유에 들어 있는 칼슘염이나 그 외의 염류의 작용에 의하여 단백질의 겔화가 용이하고 겔 강도도 높아진다. 칼슘염은 나트륨염보다 응집력이 4배나 강하다.

⑤ 조리제품을 보기 좋게 눋게 한다 … 우유를 이용한 과자를 구웠을 때 생기는 과자에 눋게 된 색은 설탕과 우유가 큰 역할을 한다. 이것은 우유의 아미노산과 환원당이 반응해서 갈색의 물질이 형성되기 때문에 생긴다(amino-carbonyl 반응).

⑥ 냄새들을 흡착한다 … 우유에는 미세한 지방구와 카세인 입자가 많이 들어 있어서 여러 가지 냄새를 흡착한다. 이 성질들을 이용하여 생선이나 쇠간을 굽거나 튀기기 전에 우유에 담가 두면 비린내를 없앨 수 있다.

(2) 버 터

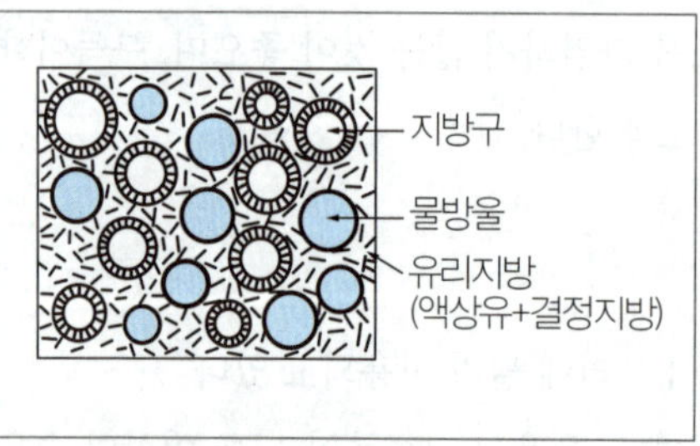

<그림 5-28> 버터의 구조

버터의 주성분은 우유 중의 지방인데, 그 밖에 수분, 소량의 단백질과 유당, 무기질 등을 함유하고 있다. 이와 같이 지방 이외의 성분을 함유하고 있으므로 조리에 있어 일반 유지와 다른 영향을 미친다.

버터의 구조는 <그림 5-28>과 같이 유중수적형(W/O)의 유화의 고체 형태이다. 연속상은 유리지방(액상유+결정지방)이고, 분산상은 지방구와 수적(水滴)이다. 물방울에는 지방 이외에 우유고형분과 식염이 용존해 있다.

버터의 수분은 약 16%인데, 식염은 2% 함유하고 있으면 수분 중의 식염함량은 12.5%가 되어 농후한 식염수가 되므로 미생물의 번식을 막아서 방부의 역할을 한다. 보통의 냉장고에서는 가염버터의 보존성이 무염버터의 보존성보다 높은데 0℃ 이하에서는 그 반대이다.

즉, 무염버터의 수분은 0℃ 이하에서 쉽게 동결하지만 가염버터의 수분은 농후 식염수이므로 쉽게 동결하지 않고, NaCl이 지방에 대해서 화학작용을 일으켜 장기 보존의 경우는 가염버터가 변질하기 쉽다. 그러므로 가염버터를 장기 보존하려면 식염수도 동결하는 −17℃ 이하의 저온이 필요하다. 가염버터는 식탁용, 조리용으로 사용되고, 무염버터는 제과용, 아이스크림용으로 쓰여지고 있다.

버터는 그의 방향과 맛이 좋아서 조리에 많이 이용되고 있다. 버터가 조리에 많이 이용되는 것은 다음과 같다.

① 조미용 … 서양요리에 있어 완성된 소스나 수프에 맛과 향을 내기 위해서 제일 마지막에 버터를 넣거나, 또 농도를 맞추기 위해서 버터를 넣는다. 버터는 음식물에 광택을 주며 점조성을 주기도 한다.

② 식탁용, 샌드위치용 … 식탁용 버터는 빵 등에 쉽게 펴 바를 수 있는 것이 좋다. 버터는 풍미를 주며, 샌드위치 등의 재료의 수분이 빵에 침투하는 것을 막는다.

③ 버터크림(buttercream) … 무염버터에 설탕, 향료 등을 가하여 포립해서 만든 것, 즉 유지를 교반할 때 공기를 포함하는 성질인 크리밍(creaming)과 가소성(plasticity)을 이용한 것인데, 수로 연전성을 가진 무드러운 양과자의 상식에 사용한다. 버터는 교반할 수 있을 정도로 부드럽게 할 필요가 있다. 그러나 한 번 녹은 버터에는 지방구가 보이지 않으며 냉각시켜도 본래대로 돌아가지 않는다. 버터크림을 만들 때에는 그 성질이 변하지 않을 정도로 연화시키면 실패가 적다. 버터는 19℃에서부터 급히 연화하나 23℃ 이상으로 하는 것은 위험하다.

④ 파이(pie) … 파이는 한 층으로 만든 것이나 겹쳐지게 하여 만든 것이건 간에 버터는 중요한 역할을 한다. 버터는 융점이 낮으므로 기온이 높을 때는 취급하기 어려우며, 보통 15℃ 정도가 취급하기 쉽다. 찬 대리석 판 위나 중간이 빈 금속재 파이프에 얼음물을 넣어 차게 하면서 미는 것이 좋다. 이는 밀가루 반죽(dough)의 신전성과 같은 정도로 하여 밀고 접어서 겹쳐진 파이의 얇은 층을 만들기 위해서이다. 버터의 온도와 밀가루 반죽의 글루텐(gluten)의 형성 정도가 문제가 된다.

⑤ 쿠키(cookie) … 버터쿠키(buttercookie) 등에는 버터를 가함으로써 풍미가

좋아지고 연화성(shortness)이 커진다. 연화성은 연함, 부서짐을 주는 성질인데, 버터는 쿠키를 연하게 하거나 파삭파삭하게 한다.

⑥ 루(roux) … 버터를 녹여 사용하는 요리 중 '루'는 밀가루를 버터에 볶는 것으로 밀가루 냄새를 없애 주고 수프나 소스의 점도를 높여 준다. 서양 요리의 기본으로 소스와 수프를 만들 때 자주 쓰인다.

⑦ 뫼니에르(meuniere) … 생선포 뜬 것에 밀가루를 묻혀 버터에서 구워 양면이 황금색으로 된 요리인데, 버터 중에는 지방 이외의 성분이 함유되어 있고 발연점도 낮아 타기 쉬우므로 버터와 샐러드 기름(salad oil)을 반반씩 사용하기도 한다.

(3) 치 즈

치즈는 유즙(乳汁) 중의 대부분의 단백질, 지방, 무기질 그리고 비타민을 함유하고 있는 영양가 높은 식품이다. 치즈는 우유에 유산균을 첨가, 발효시킨 후 우유 효소를 첨가하여 응고한 것이다. 우유 단백질 카세인의 겔이라고 설명할 수 있고, 부패하기 쉬운 우유를 부패하지 않게 만든 저장식품이다.

치즈를 조리에 사용할 경우 주의해야 할 일은 치즈를 녹일 때 지방을 과잉으로 분리시키지 말 것, 다른 재료와 잘 혼합시킬 것, 녹인 치즈에 실 같은 것이 생기지 않도록 하는 것이다. 치즈를 가열하면 실 같은 것이 생기는 것은 가열에 의하여 단백질 분자의 변형이 일어나 치즈 분자가 구형에서 사상으로 되기 때문이다. 이를 방지하기 위해서는 저온 · 단시간의 가열이 좋다. 또 치즈가 건조하면 텍스처(texture), 점성, 풍미가 떨어지므로 건조하지 않도록 주의해야 한다.

치즈는 담백한 맛을 가진 식품으로 매우 좋으며 빵, 면류(마카로니, 스파게티), 곡류(쌀, 옥수수), 흰살 생선, 갑각류(새우, 오징어), 육류(닭고기, 쇠고기, 햄), 약미 성분이 적은 백색 채소(감자, 아스파라거스, 콜리플라워, 양파), 난류, 버섯류 등과 합쳐 쓰이며 맛을 농후하게 한다. 수프, 소스, 끓인 요리, 그라탕, 피자, 샐러드, 과자, 구이 등에 이 특징을 살린 조리법이 많다.

(4) 크 림

우유를 원심분리해서 지방을 많이 함유하고 있는 부분을 분리한 것으로서 우유와 마찬가지로 수중유적형(w/o)의 유화형이다. 크림의 중요한 용도는 거품을 내서 장식용(decoration)으로, 또는 차의 텍스처나 향미를 좋게 하기 위하여 흔히 거품을 내서 사용한다. 수프나 소스의 마지막에 넣음으로써 농도를 맞추고 입맛을 돋우어 준다. 양질의 아이스크림 재료로서도 중요하다.

크림의 분류는 <표 5-43>과 같다.

〈표 5-43〉 크림의 분류

종 류	용 도
하프 크림	지방률 12% 이상, 커피 등의 음료 외에 디저트 등에 쓰인다.
라이트 크림 싱글 크림	지방률 18% 이상, 커피 등 음료에 쓰인다.
휘핑 크림	지방률 35% 이상, 휘프해서 토핑, 나페(napper) 등 케이크용으로 사용된다. 또 조리용으로 쓰인다.
더블 크림	지방률 48% 이상, 고급의 디저트류 등에 사용된다.
클로디드 크림	지방률 55% 이상, 고칼로리이고 소화에 좋으며 환자식으로 쓰인다.

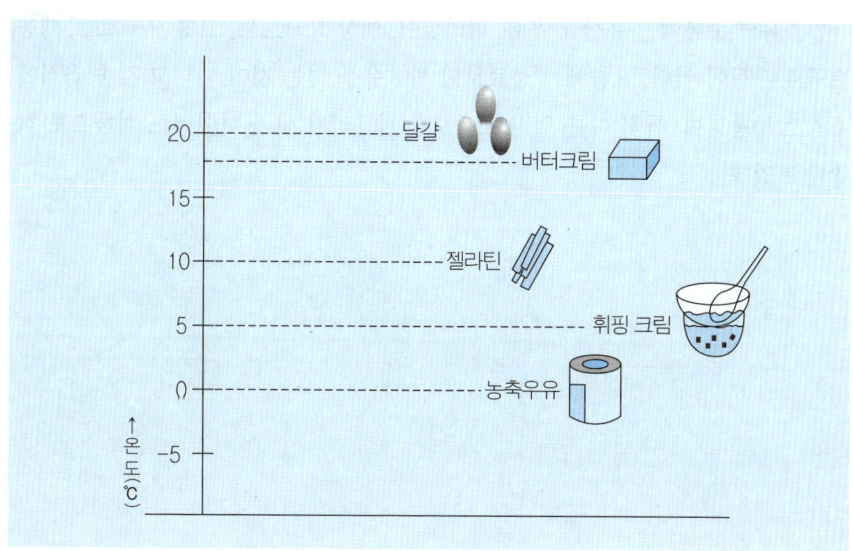

〈그림 5-29〉 재료별 휘핑시 적온

크림에 거품을 낼 때는 다음과 같은 사항에 유의한다.

① 고지방의 크림을 사용할 것

② 저온도(5℃)에서 거품을 낼 것

③ 크림을 운반할 때 진동이 안 되게 할 것

④ 거품내는 속도는 느리지도, 빠르지도 않게 하고 일정하게 할 것

⑤ 설탕의 첨가는 어느 정도 거품이 일어난 후에 할 것

⑥ 크림은 동결저장하지 않을 것

(5) 발효유

발효유는 농축된 탈지유에 젖산균을 첨가하여 배양시켜 만든 우유 응고물로서 고형상 또는 희석시켜서 액상으로 만든 음료 등이 있다. 기호에 따라 설탕과 과일류를 넣기도 한다.

발효유는 젖산균에 의해 유당이 분해되어 만들어진 젖산에 의해 만들어졌기 때문에 저장성이 좋을 뿐 아니라, 인체의 콜레스테롤을 낮춰 주며 정장작용을 하는 등 건강에도 도움을 주는 식품이다.

발효유의 종류에는 유산균 우유, 버터밀크, 액상 요구르트, 고형 요구르트, 냉동 요구르트 등이 있다. 요즘에는 음료로만 발효유를 먹는 것이 아니고 각종 음식에 소스로 사용되며, 특히 다른 일반 소스보다 칼로리가 낮아 다이어트 식품으로 각광받고 있다.

제 3 절 지질계 식품의 조리

1 지질의 특성

(1) 지질의 분류

지질은 다음과 같이 분류한다.

1) 단순지질(simple lipid)

① 중성지방(neutral fats) … 지방산과 글리세린과의 에스테르

㉠ 기름(oil) : 상온에서 액체인 것

㉡ 지방(fat) : 상온에서 고체인 것

② 왁스(wax) … 지방산과 고급지방족 알코올과의 에스테르

③ 콜레스테롤 에스테르(cholesterol ester) … 지방산과 콜레스테롤과의 에스테르

2) 복합지질(compound lipid)

① 인지질(phospholipid) … 지질과 인산 및 함질소화합물로 이루어져 있다.

② 당지질(glycolipid) … 지방산과 당질, 그리고 질소화합물로 이루어져 있다. 이 밖에 유황을 함유하고 있는 술포리피드(sulfolipid), 프로테오리피드(proteolipid) 등이 있다.

3) 유도지질(derived lipid)

지질의 구성성분인 글리세린(glycerin), 지방산, 알코올, 스테로이드(steroid) 등.

(2) 지방산

지질을 구성하는 유기산을 지방산이라 한다. 지방산은 탄소와 수소를 주성분으로 하는 긴 사슬 모양의 화합물로서 한 끝에 -COOH기를 갖고 있다. 이 -COOH기 이외의 탄소가 전부 수소로 포화되어 있는 지방산을 포화 지방산이라 하고, 그 몇 개가 불포화인 것, 즉 이중결합을 가진 것을 불포화 지방산이라 한다.

〈표 5-44〉 지방을 구성하는 주요한 지방산

구 분	탄소수	명 칭	융 점	이중결합 위 치	소 재
포화산 ($C_mH_{2m+1}COOH$)	1	butyric acid	−8		버터
	6	caproic acid	−3.4		버터, 돼지기름, 야자유
	8	caprylic acid	16.7		야자유, 돼지기름
	10	capric acid	31.6		야자유, 돼지기름
	12	lauric acid	44.2		야자유, 고래기름, 월계수
	14	myristic acid	54.2		야자유, 일반 동식물유
	16	palmitic acid	62.9		일반 동식물유
	18	stearic acid	69.6		일반 동식물유
	20	arachidic acid	75.3		낙화생유, 채종유
불포화산 ($C_mH_{2m-1}COOH$)	16	palmitoleic acid	0	△9	어유, 고래기름, 버터, 人脂
	18	oleic acid	12	△9	일반 동식물유, 人脂
	18	vaccenic acid	34	△11	쇠기름, 돼지기름, 버터
	18	linoleic acid	−5	△9, 12	아마유, 면실유
	18	linolenic acid	−11	△9, 12, 15	아마유
	20	arachidonic acid	−49.5	△5, 8, 11, 14	人脂(간, 뇌, 부신 인지질)

지방산은 대체로 탄소수가 많은 것일수록, 포화도가 높을 것일수록 융점이 높다. 불포화 지방산 중 리놀레산(linoleic acid), 리놀렌산(linolenic acid), 아라키돈산(arachidonic acid)은 필수지방산이다.

2 식용유지

식용하는 지질을 총칭해서 식용유지(食用油脂)라고 한다. 일반적으로 상온에서 액상인 것을 기름(oil), 고체인 것을 지방(fat)이라고 한다. 식용유지는 식물성 유지와 동물성 유지로 분류한다.

(1) 식물성 유지

1) 식물유

여러 가지 식물에서 취한 것으로 상온에서 액상이다. 콩기름, 쌀겨기름(미강유), 옥수수기름, 해바라기씨기름, 면실유, 낙화생유, 포도씨기름, 올리브유, 참기름, 들기름 등이 있다. 이들 식물유는 구성 지방산에 불포화 지방산이 많고, 반건성유, 건성유에 속한다. 주로 이중결합이 많은 리놀레산, 리놀렌산, 이중결합이 하나인 올레산(oleic acid)으로 구성되어 있다. 따라서 식물유는 생리적으로 중요한 작용을 하므로 적당량을 섭취할 필요가 있다. 튀김에는 발연점이 높은 식물유를 많이 사용한다.

2) 식물지

상온에서 고형이며 대표적인 것은 열대수의 종자에서 취한 코코아지이다. 코코아지는 초콜릿에 쓰이고 글리세리드(glyceride)의 약 50%가 올레산, 팔미트산(palmitic acid), 스테아르산(stearic acid)으로 되어 있다.

초콜릿은 상온에서는 딱딱하고 체온 이상에서는 녹는 것이 이상적인데 코코아지의 트리글리세리드(triglyceride)가 이에 적합하다. 그 밖에 야자의 열매에서의 야자유, 팜핵에서의 팜유가 있다.

(2) 동물성 유지

1) 우 지

소의 지방조직에서 얻은 지방이다. 상온에서 백색의 고형지이고, 지방산은 올레산, 팔미트산, 스테아르산이 주체이다. 우지의 융점은 42~50℃로 높기 때문에 식으면 백색의 고형이 되어 입에 엉키므로 더울 때 먹는 조리에 쓰인다.

2) 돈 지

돼지의 지방조직에서 취한 지방이며 라드(lard)라고도 한다. 상온에서 백색의 고형지이고, 지방산은 올레산, 팔미트산, 스테아르산이 주체이다. 신선한 라드의 유리지방산은 0.5% 이하이다. 라드의 융점은 34~40℃이며, 우지에 비하여 낮아서 입에서의 촉감이 좋다.

라드는 다른 유지에 비해 쇼트닝 파워가 크고 음식의 맛을 부드럽게 하는 작용이 강해서 제과용과 중국 요리에 많이 이용되고 있으나 특유한 냄새와 균일하지 않고 거친 질감으로 인하여 점차 그 사용량이 감소하고 있다. 일부 라드는 발연점이 낮아 튀김용으로는 부적당한 경우가 있다.

3) 버 터

우유에서 분리한 크림(cream)의 지방을 교반하여 덩어리로 모아서 만든 것으로, 우유 중의 지방을 주성분으로 한 유제품이다. 지방산 조성은 팔미트산, 올레산을 주체로 해서 대부분은 저급 지방산으로 구성되어 있다. 소화 속도가 빠르고 소화율이 97%, 비타민 A를 풍부히 함유하고 있다. 밝은 담황색과 방향, 특유한 맛이 좋아서 각종 조리에 쓰이고 있다.

4) 어 유

어유는 물고기에서 얻어지는 기름으로 EPA, DHA와 같은 고도불포화지방산이 다량 함유되어 있어 자동산화가 잘 일어나기 때문에 직접 식용유지로 사용하지 못하고 수소를 첨가한 경화유로 만든 다음에 사용한다. 즉, 어유나 고래기름 등은 이용가치가 높은 마가린, 쇼트닝의 원료를 제조하는 데 이용한다.

(3) 가공지

천연의 유지를 사용해서 여러 가지로 가공해서 만든 것이다.

1) 마가린

1869년 프랑스에서 버터의 대용품으로 만든 것으로 오랫동안 버터보다 품질이 떨어져 있었으나 근래에 와서는 품질이 현저히 개량되었다.

마가린은 여러 가지 식용유지를 가해서 유화시킨 후 니켈 촉매로 수소를 첨가하여 경화시켜서 만든 가소성 유지이다. 첨가물은 소금, 우유, 유제품(버터, 크림, 탈지유, 발효유, 분유), 착색료, 향료, 유화제, 보존료, 산화방지제, 비타민류 및 Ca이며, 이외의 것은 첨가하지 않도록 규정하고 있다.

마가린의 융점은 임의로 조절을 해서 버터의 물질과 거의 비슷한데, 일단 가열된 마가린을 녹이면 유화상태가 버터보다 나쁘다.

2) 쇼트닝

쇼트닝은 라드의 대용으로 만든 것인데, 라드보다 성상이 좋아서 현재는 라드보다 더 애용되고 있다. 정제한 동식물성 유지, 경화유 등을 니켈 촉매로 수소를 첨가하여 경화시켜서 만든 가소성 유지이다. 구성은 식용경화유 70%, 액체유지 30%인데, 이 구성 비율은 용도에 따라 다르다. 버터와 같은 용도로 쓰이는데 산화분해 등의 변화를 일으키지 않고 안정도가 높다. 쇼트닝은 수분이 포함되어 있지 않고 거의 100% 유지로 구성되어 있으며, 향미 성분이 첨가되지 않아 무색, 무미, 무취의 특징을 가진다.

쇼트닝 파워와 크리밍성이 매우 좋다. 쇼트닝 파워는 조직을 바삭거리고 잘 부서지게 하는 성질로 비스킷, 파이, 크래커 등에서는 필수적으로 이용된다.

3 ■ 조리용으로 좋은 기름

조리용으로 좋은 기름은 다음과 같은 조건을 구비해야 한다.

① 융점이 높지 않은 것이 좋다 … 음식을 먹을 때 기름이 굳지 않고 입안에서 액체상태이어야 맛이 있다. 융점은 지방산의 포화도가 높은 것일수록 높고, 또 분자량이 큰 것일수록 높다. 예를 들면, 포화 지방산만으로 된 것은 탄소수가 10 이상일 때 융점은 40℃를 넘는다. 이와 같은 지방은 조리에 부적당하다. 일반적으로 불건성유가 맛이 없어서 식용유로서는 반건성유를 애용하는 원인의 하나가 여기에 있다.

② 발연점이 높은 것이 좋다 … 발연점이 높다는 것은 유지의 이용 온도가 높다는 것이다. 발연점이 낮으면 낮은 온도에서 발연하면서 인화하기 쉽다. 그러므로 조리시 식품이 타거나 기름이 타서 향미를 떨어뜨리고 색이 나빠진다.

③ 건성유가 아닌 것이 좋다 … 건성유, 즉 포화도가 낮은 기름은 산화 · 중합하기 쉬우며, 조리시 맛이 나빠진다.

④ 충분히 정제된 것이 좋다 … 유지는 정제를 충분히 하지 않은 것은 색이 깨끗하지 않으며, 맛도 나쁘다. 또 정제공정이 불완전해서 섬화물이 남아 있으면 그 속에 수분을 보유해서 이것을 가열할 때 거품을 내는 원인이 되어 화상을 입게 될 때도 있다.

4 ■ 조리에 관계있는 유지의 성질

유지의 여러 성질 중 조리에 관계되는 것은 다음과 같다.

(1) 물에 불용

예로부터 사이가 좋지 않을 때 '물 위의 기름'이라는 표현을 쓰고 있다. 이것은 물에 녹지 않는 것이 기름의 특색 중 하나임을 단적으로 나타낸 것인데, 조리에는 이 성질이 이용되고 있다.

1) 160~190℃의 가열된 기름에서의 튀김과 볶음

식품 중의 수분을 되도록 유지하게 하면서 동시에 식품의 내부까지 지방을 침투시키지 않고 가열하는 튀김과 볶음은, 기름이 물에 녹지 않는 성질을 이용한 것이다.

2) 유　화

프렌치소스(french sauce)를 만들 때와 같이 기름과 물(french sauce인 경우는 식초)을 잘 저으면 기름 방울이 물 속에 분산해서 유화액이 되는데, 젓기를 멈추면 곧 기름과 물의 두 층으로 분리해 버린다. 이때에 레시틴(lecithin)과 같이 유화작용을 하는 제3의 물질을 소량 가하면 안전한 유화가 이루어진다. 유화제는 그 분자 내에 친수기(−OH, −COOH 등)와 소수기(C_nH_{2n+1} 등)를 가지고 있는데, 친수기는 물이나 식초, 소수기는 기름과 각각 결합하여 유화액을 안전하게 만든다.

유화에는 수중유(O/W)형, 즉 물 속에 기름이 녹은 것과 유중수(W/O)형, 즉 기름 속에 물이 녹아 있는 것의 두 가지 종류가 있는데, 버터와 마가린은 W/O형이고, 우유, 유화음료수 등은 O/W형이다(그림 5−30).

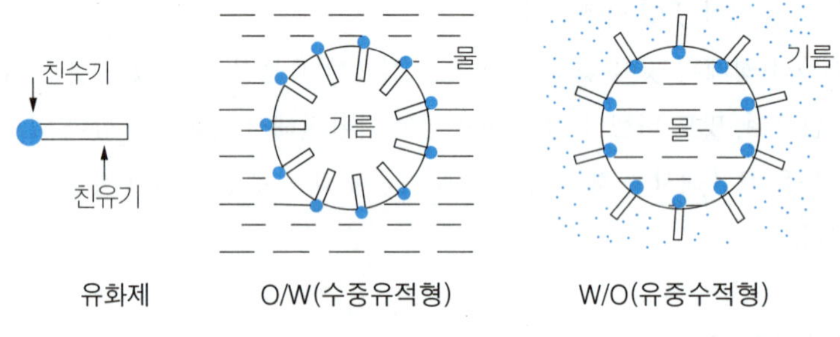

〈그림 5−30〉 유화액의 형태

(2) 가열매체로서 100℃ 이상의 온도를 이용

지방을 가열하면 180~190℃쯤에서 기름 표면으로부터 연기가 난다. 이와 같이 발연하기 시작하는 온도는 지방에 따라 다르다(표 5−45). 같은 유지라도 가열을 되풀이해서 사용하면 발연점은 점점 낮아진다.

일반적으로 튀김 요리와 같이 유지를 가열매체로 할 경우는 발연점보다 약간 낮은 온도를 이용하는데, 그래도 160~220℃인 고온을 조리에 이용할 수 있다.

<표 5-45> 유지의 발연점

(℃)

유 지	발연점	유 지	발연점
낙화생유	150~160	옥수수유	222~232
올리브유	167~175	면 실 유	216~229
대 두 유	195~230	라 드	190
채 종 유	186~227	버 터	208

이것은 다음과 같은 이점이 있다.

① 식품의 가열 시간이 짧으므로 비타민의 손실이 적다.

② 고열을 이용하므로 딱딱한 식품도 연하게 하여 먹을 수 있다.

③ 식품을 고온으로 가열하므로 각종의 방향성분을 낸다. 또 가열매체인 유지 자체도 휘발성인 향미성분을 발생한다.

(3) 열용량이 적다

유지를 튀김이나 볶음에 사용할 때, 열용량이 적은 것이 문제된다. 열용량은 그 부피에 밀도와 비열을 곱한 것으로, 단위체적의 열용량이 적으면 빨리 더워지고 빨리 식는다. 유지의 열용량이 적어서 튀김요리를 할 때 빨리 높은 온도로 가열할 수 있는 이점이 있는 반면에, 튀기려고 하는 식품을 넣으면 유지의 온도가 급격히 떨어지는 결점이 있다. 그러므로 튀김 온도를 되도록 일정하게 보존하기 위해서는 열용량이 큰 두꺼운 무쇠나 유리제 프라이팬을 사용하고, 기름을 많이 넣어 불의 세기를 잘 조절하며, 튀기려는 식품을 조금씩 간격을 두어 넣는 등의 주의가 필요하다.

(4) 유지의 산패

조리에 이용되는 유지나 식품 중의 지방은 반건성유가 많다. 이들 유지는 불포화 지방산을 가지고 있는데, 열이나 광선 등의 영향을 받아서 이중결합 부분이 분자상태의 산소와 결합하고, 이것이 또 자기 촉매적인 작용을 해서 다른 지방산을 산화하는 등의 반응이 계속되어 저급의 알데히드(aldehyde), 케톤(ketone), 알코올, 탄화수소 등을 생성하여 악취를 내게 된다. 이와 같은 변화를 유지의 산패(酸敗)라고 한다. 산패한 유지는 맛이 저하될 뿐 아니라 다량 섭취하면 중독이 되므로 주의해야 한다.

유지의 산패는 온도가 10℃ 상승하면 2배 이상의 속도로 진행하므로, 튀김에 사용하는 기름은 급속히 산화한다. 그러므로 조리에 사용하는 유지는 저온에서 보존해야 한다. 또한 유지의 산패는 광선에 의해서도 촉진되므로 유지 식품은 햇빛을 차단시켜 막도록 한 포장을 해야 한다. 또 구리나 철로 만든 용기는 유지의 산패를 촉진시키므로 유지를 보관하는 용기로 피해야 한다.

(5) 가열에 의한 산화와 중합

지방을 가열하여 온도가 상승하면 연기를 내게 되는데 이때 유지는 열분해를 해서 다음과 같은 변화가 일어난다.

지방 →
- glycerol → acrolein $\left\{ \begin{array}{c} CH_2OH \\ | \\ CHOH \\ | \\ CH_2OH \end{array} \xrightarrow{-2H_2O} \begin{array}{c} CH_2 \\ \| \\ CH \\ | \\ CHO \end{array} \right\}$
- 지방산 → 소분자의 지방산, ketone 등

지방의 구성성분인 불포화 지방산의 이중결합은 산화 · 분해하여 소분자의 케톤, 알데히드 또는 그 유도체가 생성되며, 이것은 글리세롤(glycerol)의 분해로 생긴 아크롤레인(acrolein)과 함께 휘발해서 악취를 내고, 눈이나 목 등의 점막을 자극한다.

불포화 지방산을 많이 함유하고 있는 반건성유는 가열에 의해 열분해와 더불어 산화 · 중합을 일으켜 점도가 높아지고, 흑갈색으로 변해 향취가 현저히 저하된다. 이와 같이 산화 또는 중합 등 여러 가지 반응이 진행되어서 외관상으로나 실용면으로 바람직하지 못한 방향으로 변하는 것을 기름의 열화(劣化)라고 한다. 이와 같은 반응은 미량의 구리나 철 이온으로도 촉진되므로, 조리용 기구의 재료 및 취급에도 주의를 해야 한다. 기름의 열화는 가열 온도, 가열 시간, 기름과 공기와의 접촉 면적, 튀김의 종류 등 여러 가지 조건에 의하여 좌우된다.

건성유는 실온에서도 공기 중의 산소와 반응해서 중합하여 매우 끈적끈적한 농도의 기름이 되는데, 이와 같은 기름의 산화중합을 방지하려면 각종의 산화방지제를 가한다.

(6) 쇼트닝 작용

밀가루 제품에서 유지의 역할은 글루텐의 형성을 방해하여 연화시키는 작용을 한다. 즉, 유지는 밀가루 반죽 내의 글루텐 섬유 표면을 둘러싸서 글루텐이 길게 성장하거나 서로 연결되어 3차원의 망상구조를 형성하는 것을 방해한다. 이러한 성질을 쇼트닝 파워(shortening power)라 하며, 반죽을 연하게 하는 것이다. 쇼트닝 파워는 유지의 종류, 첨가하는 유지의 양과 온도, 반죽에 첨가되는 물질의 종류에 따라 달라진다.

① 유지의 종류 … 불포화 지방산이 포화 지방산보다 쇼트닝 파워가 크다. 불포화 지방산 함량이 높은 식물성유가 좋다.

② 첨가하는 유지의 양 … 반죽에 첨가하는 유지의 양을 증가시키면 수분과 글루텐, 글루텐과 글루텐 사이에 존재하는 지방의 양이 많아지게 되어 쇼트닝 파워가 커진다. 약과나 도넛을 만들 때 유지를 너무 많이 첨가하면 튀기는 과정에서 모양이 유지에 녹듯이 부스러진다.

③ 유지의 온도 … 반죽 내에 존재하는 유지의 온도가 낮으면 잘 퍼지지 못하여 글루텐의 표면을 넓게 둘러싸지 못하므로 쇼트닝 파워는 감소하고, 반대로 유지의 온도가 높으면 더 넓게 퍼져 글루텐의 면적을 덮으므로 쇼트닝 파워는 증가한다.

④ 반죽에 들어 있는 다른 재료 … 반죽에 들어 있는 우유나 달걀 단백질은 유지와 유화상태를 형성하기 위하여 유지의 일부를 사용하기 때문에 글루텐을 둘러싸는 데 필요한 유지의 양이 감소하여 결과적으로 쇼트닝 파워는 감소하게 된다.

5 조리시 지방의 변화

조리시의 지방의 변화는 식품 중에 함유된 지방의 변화와 조리시에 사용한 지방의 변화로 나누어 생각할 수 있다.

(1) 식품 중에 함유된 지방의 변화

1) 용 출

육류나 어류 등은 가열에 의하여 그 중에 함유된 유지가 녹아 나온다. 이와 같이 녹아 나오는 지방량은 식품의 성상, 지방의 함량, 가열 방법, 가열 온도 등에 의하여 다르다. 쇠고기를 오븐에서 굽는 경우 30분간 가열하면 5~10%의 지방이 용출하고, 물에 삶으면 4~5% 정도이다.

2) 분 해

지방을 150~180℃로 가열하면 열분해를 일으켜서 특유한 향미를 낸다. 생선을 구울 때 특유한 향의 주원인은 생선에서 용출된 기름의 분해온도 이상으로 가열되어 화학적으로 분해되어 나는 것이다.

생선이나 고기를 구울 때 용출되어 떨어지는 지방을 다시 발라 구우면 향미를 더욱 좋게 한다. 특히 오븐에서 닭이나 다른 고기를 구울 때 많이 이용한다.

3) 산 화

식품 중에 함유된 지방은 조리시 크게 산화되지 않는다. 그것은 조리 시간이 일반적으로 짧기 때문이다. 즉, 단시간의 가열로는 산화보다는 열분해가 일어난다.

그런데 식품을 장기간 저장 가공하는 경우에는 식품 중 지방의 산화가 중요한 문제가 된다. 불포화 지방산의 함량이 많은 기름을 함유하는 어류의 유지는 장기저장 중 산화하여 유독한 과산화물(peroxide)을 생성한다. 그러므로 어류를 보관 전에 산화방지제를 가하거나 생선을 구워 밀폐된 용기에 담아 냉동 보관하면 된다. 그러나 냉동으로도 장기저장하지 않는 것이 좋다. 산패된 어류는 먹지 않는 것이 안전하다.

(2) 조리용 지방의 변화

식품의 가열매체로서 사용하는 지방은 조리시 다음과 같은 변화를 일으킨다.

① 고온으로 가열되므로 산화되기 쉽고, 중합하기 쉽다. 가열매체로서 사용하는 지방은 조리 후 재료식품과 함께 섭취하게 되므로 산화된 지방은 좋지 못하다. 그러므로 가열조리 중 지방이 산화 · 중합하지 못하도록 하는 조리법의 연구가 필요하다.

② 불포화 지방산을 많이 함유하고 있는 어류를 튀긴 기름은 지방산이 용출하여 급속히 산패된다.

③ 발연한 지방은 인화의 위험이 있다.

④ 튀김시 사용된 재료의 향과 맛이 튀김용 기름에 남는다. 그러므로 한 냄비의 기름으로 여러 재료들을 튀길 때, 재료 중에서 야채, 어패류, 육류(쇠고기 → 닭 →

돼지고기) 순으로 튀겨 주는 것이 기름을 효율적으로 사용하고 식품의 맛도 증가시킨다.

(3) 지방으로 조리된 음식의 특징

① 맛을 향상시킨다 … 지방의 농후하고 부드러운 맛, 특히 가열에 의해 향미를 높인 경우에는 더 맛이 좋아진다. 소위 단맛, 짠맛, 매운맛, 신맛의 4가지 기본 맛에 지방으로 인한 원할미를 추가하는 것도 있을 정도이다.

② 에너지가 높다.

③ 포만감을 준다 … 음식물의 섭취시에는 위에서 머무는 시간이 길므로 만복감을 준다. 지방은 가장 빨리 만복감을 주고 소화도 나쁘지 않으므로 좋다.

④ 조리시 영양분의 손실을 방지한다 … 튀기는 조리법을 이용하면 조리 시간이 단축되어 비타민류의 조리에 의한 손실을 가장 크게 줄일 수 있다.

⑤ 중요한 영양성분을 함유한다 … 필수지방산(linoleic acid, linolenic acid, arachidonic acid)과 지용성 비타민(A, D, E, K)은 지방 중에 용해되어 섭취되며 그 외 다수 미량 영양소가 지방과 함께 섭취되고 있다. 필수지방산이 유효하게 작용하기 위해서는 유지 1g에 0.5mg의 비타민 E가 필요하다. 튀김기름은 거듭 사용하는 경우가 많으므로 산화하기 쉬운 비타민 E는 거의 파괴된다고 할 수 있다. 그러므로 필수지방산과 비타민 E와의 균형이 문제가 된다.

⑥ 향미의 유지에 관여한다 … 기름은 200℃ 이상으로 가열하면 여러 종의 산화 생성물을 만들어 식품의 풍미에 매우 바람직한 영향을 준다. 또 식품의 가열 중에 생기는 휘발성 식품의 향기를 흡착해서 특유의 향미 변화를 일으킨다.

제 4 절 비타민·무기질계 식품의 조리

채소류(vegetables)는 식용할 수 있는 식물의 잎, 싹, 줄기, 뿌리, 괴경(塊莖) 등을 말하며, 과일류(fruit)는 씨방이 성숙한 것으로 꽃받침 또는 꽃받이 등이 변해서 자라 열매가 된 것을 말한다.

채소류와 과일류의 공통적인 특성은 수분 함량이 80~90% 정도로 많고 단백질 함량이 극히 적다. 또한 무기질과 비타민이 풍부하여 몸의 생리 기능을 조절하고 질병을 예방하는 조절식품으로서 큰 의의가 있다.

채소류나 과일류는 나트륨(Na), 칼륨(K), 칼슘(Ca), 마그네슘(Mg) 등의 염류를 많이 함유해서 알칼리성 식품에 속하여 체액을 알칼리로 기울어지게 한다. 채소류나 과일류의 섬유소나 유기산은 장을 적당히 자극하여 변통을 좋게 해 주고, 다양한 색, 풍미, 맛, 향기 및 독특한 텍스처 등으로 식욕을 돋우는 효과가 있다.

채소류는 생으로 먹는 일이 많으므로 특히 세정에 주의하고 위생적으로 취급하지 않으면 안된다. 또 가열하는 경우는 영양소의 손실을 적게 하고 색을 아름답게 보유할 수 있게 조리하는 것이 중요하다.

1 ■ 채소류와 과일류의 분류

(1) 채소류의 분류

1) 과채류

열매를 이용하는 것으로 수분 함량이 높고 당질은 적으며 식물이 성장하면서 강수량과 일조량 등에 많은 영향을 받는다. 가지, 호박, 토마토, 오이 등이 속한다.

2) 근채류

근경은 뿌리줄기를 말하는 것으로, 마늘, 양파, 무, 당근 등 토양으로부터 수분과 영양성분을 흡수하는 뿌리에 영양성분을 저장한 것을 말한다. 특히 토란, 감자와 연근같이 지하 줄기가 비대해진 것을 구경이라고 한다.

3) 엽경채류

엽경채류는 아스파라거스, 죽순, 땅두릅 등의 줄기를 먹는 경채와 배추, 양배추, 상추, 쑥갓 등 잎을 먹는 엽채로 분류한다.

4) 화채류

꽃을 이용하는 채소로서 비타민 C가 가장 풍부한 채소류에 속한다. 브로콜리(broccoli), 콜리플라워(cauliflower), 아티초크 등이 화채류에 속한다.

(2) 과일류의 분류

1) 핵과류

씨방이 발달하여 과실을 맺은 것으로 안에 딱딱한 핵이 있고 그 속에 종자가 있다. 매실, 살구, 복숭아, 앵두, 자두, 아보카도 등이 있다.

2) 장과류

중과피와 내과피로 구성되어 있고 그 속에 종자가 있다. 바나나, 키위, 파인애플, 포도, 무화과 등이 있다.

3) 인과류

꽃받침이 발달하여 성장하면 열매를 맺는 것으로 씨방 안에 씨가 있다. 사과, 배, 감, 귤 등이 있다.

4) 견과류

겉껍질이 단단하고 속에 종실을 감싸고 있는 얇은 막이 있으며, 흡수된 영양분이 종자 내의 저장기관에 모여 발달한 부분을 식용으로 하는 것이다. 잣, 땅콩, 밤, 호두 등이 있다.

2 채소류와 과일류의 특성

(1) 영양성분

1) 수 분

수분을 어떤 식품보다도 많이 함유하고 있다. 이 수분은 액포에 존재하며, 당, 염, 유기산, 수용성 색소, 수용성 비타민 등을 용해시켜 가지고 있다.

2) 탄수화물

채소류는 과일류보다 더 많은 탄수화물을 함유하는 것이 많으며, 이들 채소들이 덜 성숙되었을 때에는 당을 함유하고 있다가 영글어감에 따라 전분으로 전환된다. 채소를 구성하는 세포는 과일보다 섬유소를 더 많이 함유한다.

과일은 상당량의 탄수화물을 함유하며, 탄수화물로는 당류, 전분, 셀룰로오스, 펙틴질 등이 있다. 대부분의 과일은 성숙됨에 따라 전분이 분해하여 당이 되므로 전분이 감소하고 당이 증가한다. 셀룰로오스는 식물의 세포와 조직에 단단한 정도와 질긴 정도에 영향을 주므로 그 함량은 과일의 질감에 영향을 준다.

3) 단백질과 지방

채소류와 과일류는 소량의 단백질과 지방을 함유하고 있다. 이 소량의 단백질과 지방량으로 식물이 성장하는 데는 지장이 없으나 에너지원으로는 의의가 적다.

4) 무기질과 비타민

채소류는 과일류보다 무기질과 비타민이 풍부하다. 푸른 잎이 진한 채소는 철과 칼슘의 함량이 높고, 특히 칼슘은 식물의 산성을 중화한다. 뿐만 아니라 비타민 B 복합체, 비타민 C 및 프로비타민 A의 좋은 급원이다.

등황색인 과일은 프로비타민 A가 풍부하며, 비타민B_1, B_2 등의 비타민류 및 무기염류 등 영양적으로 중요한 성분들을 많이 함유하고 있다. 또한 과일에는 펙틴질이 많이 함유되어 있어 매끈한 촉감을 가지며 잼과 젤리 등으로 가공할 수 있다.

(2) 특수성분

1) 향미 성분

채소류와 과일류의 향미 성분은 당, 유기산, 기타 여러 가지 물질의 상호 복합작용에 의하여 만들어진다.

① 당 … 채소류와 과일류에는 포도당, 과당, 서당 등이 함유되어 있는데, 과일에는 상당히 많이 함유되어 있어 단맛을 느낄 수 있을 정도이며 채소류에는 소량 함유되어 있어 감지가 어렵다.

② 유기산 … 여러 종류의 산이 용해되어 있고, 그 형태는 유리상태, 염의 형태 및 에스테르의 형태로 존재한다. 유기산은 신맛을 내는데, 채소는 유기산의 함량

이 낮고 그 대부분이 염의 형태이므로 신맛이 나지 않는다. 휘발성 유기산은 채소를 끓는 물에 넣고 가열하면 분자량이 작은 것일수록 조리수에 용해되었다가 수증기와 함께 휘발하며, 비휘발성 유기산은 분자가 크며 끓는 물에서 채소를 가열하면 조리수에 추출되어 나오기는 하지만 수증기와 함께 증발하지는 않는다. 그러므로 조리수의 pH를 산성으로 만들어 푸른 채소를 데칠 때 누렇게 변하게 만든다.

③ 향기 성분 … 채소와 과일은 특유의 강한 향기를 가지고 있다. 채소의 경우 백합과에 속하는 양파, 마늘, 파, 부추 등과 겨자과에 속하는 배추, 양배추, 무, 갓, 브로콜리, 콜리플라워 등은 강한 향미를 가지고 있다.

과일의 특유한 향기는 휘발성 물질의 복합적 혼합물에 의한 것이며, 이러한 향기 성분은 과일에는 미량 함유되어 있고 불안정하기 때문에 성분과 그 함량을 측정하기 어렵다. 맛과 향기가 강한 포도, 감귤류, 사과, 바나나 등은 수증기 종류에 의하여 정유(essential oil) 성분을 가진다. 이 정유 성분은 수십여 종의 성분들로 구성되어 있으며, 이들 성분들이 적당히 조합되어 과일의 특징적인 향기를 형성하게 된다.

2) 색 소

채소류와 과일류의 천연의 아름다운 색은 기호성을 지배하고 식욕을 돋우어 주며 또한 식품의 질을 결정하는 척도가 된다. 이들 천연식품의 색소는 불안정하기 때문에 조리, 가공할 때 색을 지니도록 조절하는 것이 중요하다.

① 클로로필(chlorophyll) … 클로로필은 물에는 녹지 않는 성질이므로 푸른 잎 내에서는 복합지질인 인지질과 유도지질인 콜레스테롤에 용해되어 있다. 과일의 이 색소는 성숙되어 익으면서 없어진다.

② 카로티노이드(carotinoid) … 카로티노이드는 클로로필과 마찬가지로 식물세포 내의 지질부분에 용해되어 존재한다. 당근과 같이 카로티노이드 색소만이 함유되어 있는 채소는 쉽게 이 색소를 볼 수 있으나 푸른 채소에서는 클로로필의 진한 푸른색에 가리어져서 푸르게만 보인다. 카로티노이드는 체내에서 비타민 A로 전환하여 비타민 A의 역할을 한다. 그러나 비타민 A로 전환되지 않은 카로티노이드 색소는 체내에서 지방에 용해되어 존재한다.

③ 플라보노이드(flavonoids) … 안토시아닌(채소나 과일의 적, 청, 자색)과 안토크산틴이 있다. 안토시아닌(anthocyanin)은 수용성이므로 식물내에 있을 때에는 액포의 세포액에 존재한다. 이 색소의 특징은 pH에 따라 색이 변한다. 산성에

서는 적색을 띠지만, pH가 높아짐에 따라 자색을 거쳐 청색으로 변한다.

안토크산틴(anthoxanthin) 색소는 거의 무색이거나 담황색을 띠고 수용성이며, 식물세포의 액포에 존재한다. 식물 내에서는 자연계에 유리상태로는 존재하나 일반적으로 당류와 결합된 배당체로 존재한다.

3) 타 닌

타닌(tannin)은 식물 내에 함께 있는 물질을 변화시켜 식품의 색을 변하게 한다. 타닌은 식물의 세포액에 용해되어 존재하며 그 함량이 같은 식물이라도 식물체 부분, 성숙도, 성장 조건에 따라 다르다. 특히 나무같이 단단한 부분, 줄기, 뿌리 등에는 다량의 타닌을 함유하고 있다.

채소와 과일의 쓰고 떫은 맛은 타닌에 기인한다. 감, 바나나, 사과 등은 익기 전에는 타닌의 함량이 많아 쓰고 떫지만 익어감에 따라 타닌이 불용성 물질로 변해서 쓰고 떫은 맛이 소실된다.

3 ■ 버섯류, 해조류의 특성

(1) 버섯류

1) 영양성분

① 수분, 열량, 당질

㉠ 일반성분은 채소류와 비슷하고 수분이 80~90%이다.

㉡ 당질은 고형성분이 주성분을 이루고 만니톨(mannitol)이 많아서 마른버섯 중 12%를 차지하고 그 밖에 트레할로오스(trehalose), 글루코오스(glucose), 덱스트린(dextrin)과 소량의 글리코겐(glycogen)이 있고 전분은 없다. 섬유소가 많아 2%에 이르며 인체 내의 탄수화물의 이용도가 확실히 밝혀져 있지 않아 칼로리 계산이 안 된다.

② 단백질 … 생버섯에는 2%, 건조버섯에는 15~30% 정도 함유되어 있으며 그 반 정도는 비단백태이다. 성분 중에는 글루탐산(glutamic acid), 알라닌(alanine), 페닐알라닌(phenylalanine), 류신(leucine) 등이 함유되어 독특한 풍미가 있다.

③ 지질 … 버섯류의 지질은 매우 적은 편으로 생버섯 0.2%, 건조버섯은 2% 정도 함유, 유리지방산과 불검화물의 비율이 높은 것이 특징이다. 지방산은 주로 리놀레산(linoleic acid), 올레산(oleic acid), 스테아르산(stearic acid) 등을 함유한

다. 불검화물은 에르고스테롤(ergosterol)을 비롯해 스테롤(sterol), 고급알코올 등이 있다.

④ 비타민 및 무기질

㉠ 비타민 A, C는 거의 없고, 비타민 B_1, B_2도 양이 적다. 그러나 비타민 D의 전구체인 에르고스테롤은 마른버섯 중 0.2%에 이르고, 자외선 조사에 의하여 비타민 D의 효과를 나타낸다.

㉡ 버섯의 무기성분에는 칼륨이 많고, 인산, 석회 등이 다음가며, 다른 식물에 비하여 철, 구리, 망간 등 특수성분이 들어 있다.

2) 특수성분

① 5′-구아닐산(guanylic acid, GMP), 글루탐산, 트레할로오스(trehalose), 만니톨 … 식용버섯에 함유된 좋은 맛을 내는 물질

② 레티난(letinan) … 생표고 버섯의 열수 유출로부터 분화, 정제된 다당류의 하나로 종양의 발육을 억제하는 작용

③ 구레스친 … 질 그릇의 배양균에 의하여 취하는 항암물질로 간접적 제암작용

④ 렌티오닌(lenthionin) … 표고버섯에 존재하는 향기 성분인 일종의 알코올

⑤ 리그닌(lignin) … 버섯류 중에 존재하는 식물섬유

⑥ 에리다데닌 … 날것이나 삶은 표고버섯에 존재하는 혈중 콜레스테롤의 농도를 조절하는 작용을 하는 물질, 즉 표고버섯의 품질성분의 특징이며 건조할수록 렌티오닌(향기 성분), 구아닐산(좋은 맛 성분)이 증가하여 영양적으로는 비타민 B_1, B_2의 함량이 많게 된다.

⑦ 색소 … 플라보노이드(flavonoid)계 색소가 많고 산화효소에 의하여 변색한다.

⑧ 독버섯의 유독성분 … 주로 아미드(amide)로서 무스카린(muscarine), 뉴린(neurine), 아마니틴(amanitin) 등이 있다.

(2) 해조류

1) 영양성분

① 탄수화물 … 해조류의 탄수화물은 50% 정도에 이르고, 그 대부분은 해조류의 특유한 점성 다당류이다. 녹조류는 포도당을 주체로 하며, 갈조류는 알긴산

(alginic acid, 탄수화물 중 20~30%)이 주가 되고, 만니톨(탄수화물 10~20%), 라미나린(laminarin, 탄수화물 중 1~10%), 헤미셀룰로오스 등을 함유한다. 다시마 표면의 흰 가루의 단맛이 나는 성분은 만니톨이다.

② 수분 · 칼로리 … 수분이 많아서 90% 정도 함유, 보통 10~20%까지 건조한다. 해조류의 탄수화물은 인체 내에서의 이용도가 밝혀지지 않아 칼로리 계산을 할 수 없다.

③ 단백질 … 다시마, 미역 등의 갈조류에 10%, 홍조류에는 20~30% 정도 함유하고 있다. 전 질소 양의 10~30%는 유리 아미노산이고 다시마에는 글루탐산이 많다. 다시마에는 근혈압 강하 작용이 있는 리신(lysine) 유도체인 라미닌(laminine, 탄수화물 중 1~2%)이 함유되어 있다.

④ 지질 … 1% 정도에 지나지 않고, 그 주체는 트리글리세리드(triglyceride)가 아니고 카로티노이드(carotenoid)계 색소류이다.

⑤ 무기질 … 무기질은 10~30% 정도이고, 무기질의 우수한 급원이다. 무기질 가운데서 나트륨, 칼륨, 칼슘, 인, 철 등을 함유하는 한편, 갈조류, 홍조류에는 요오드, 브롬이 많다. 다시마에는 0.1%의 요오드가 함유되어 있어서 식품 가운데 가장 많다.

⑥ 비타민…비타민 A의 함량이 가장 높고, 특히 김에는 100g 중 20,000~40,000 IU가 함유되어 식품 가운데서 가장 높다. 비타민 B_1, B_2, 니아신(niacin)도 김에 상당히 많다.

2) 특수성분

① 색소 … 녹조류의 색소는 클로로필(chlorophyll), 미역, 다시마 같은 갈조류의 색소는 푸코크산틴(fucoxanthin, 황갈색), 피코페인(갈색), 카로티노이드, 크산토필(xanthophyll) 등을 함유한다. 김에는 클로로필(녹색), 카로티노이드(오렌지색), 피코에리트린(적색)의 색소가 공존한다. 마른김은 전체적으로 검은색을 띠고 있으나 가열에 의하여 녹색이 되는 것은 피코에리트린이 분해되어 청색의 피코시아닌(phycocyanin)이 되어 클로로필의 녹색과 섞여서 나타내는 빛깔이다. 김은 저장 중에 점차 변색이 되어 광택을 잃고 적색이 되는데, 이것은 피코시아닌이 피코에리트린으로 환원되기 때문이다. 이 반응은 습기가 있으면 더 빨리 진행되므로 보관시 마른김은 밀봉해서 습기가 없고 어두운 곳에 저장한다.

② 향 … 해조류는 독특한 향을 가지는데, 갈조류에서는 테르펜(terpene)계, 녹 · 홍조류에서는 함황계 화합물이 주가 되며, 김의 냄새성분은 디메틸 황산

〈표 5-46〉 해조류의 필수아미노산 조성

필수아미노산	미 역	다시마	김	표준단백질
트레오닌	4.7	2.4	4.8	2.8
발린	9.6	3.6	4.6	4.2
류신	8.2	4.7	9.6	4.8
이소류신	5.3	3.9	4.9	4.2
리신	5.5	5.5	5.3	4.2
메티오닌	2.6	–	1.7	4.2
페닐알라닌	6.4	1.7	4.1	2.8
트립토판	4.5	5.4	0.4	1.4

(dimethyl sulfate)이다.

③ 맛 … 해조류의 맛은 추출물에서 나며, 해조류에 있는 당알코올에 의하여 감칠맛을 낸다. 추출물의 주체는 아미노산인데 그 종류와 함량은 해조류에 따라 다르며, 추출물 중의 유리 아미노산은 19~31종이 된다. 모든 해조류에 함유되어 있는 아미노산은 알라닌(alanine), 류신(leucine), 발린(valine), 아스파르트산(aspartic acid), 세린(serine), 트레오닌(threonine), 아르기닌(arginine), 티로신(tyrosine), 프롤린(proline) 등이 있다. 김의 맛 성분은 글리신, 알라닌 등의 아미노산에 의해서이고, 다시마의 맛 성분은 글루탐산이다.

4 지용성 비타민 식품과 조리

(1) 비타민 A와 조리

1) 비타민 A의 조리성

비타민 A의 성질 가운데 조리에 관계되는 것만을 들면 다음과 같다.

① 지용성이다 … 비타민 A는 물에는 녹지 않고, 지방이나 지방의 용제에 녹는다. 그러므로 물에 넣고 끓이는 경우에는 손실되지 않으나 기름을 사용해서 요리할 때에는 지방에 용출되어 손실된다.

비타민 A의 모체인 카로틴(carotene)은 녹황색 채소에 많으며, 역시 지방에 잘 녹기 때문에 지방과 같이 섭취하면 소화 · 흡수율도 높아진다. 비타민 A의 흡수율은 식물에 지방이 적당히 들어 있으면 80~90%이지만 무지방일 때에는 40%로 저하한다.

② 산화하기 쉽다 … 비타민 A는 내열성이므로 산소가 없으면 120℃까지는 분

해하지 않는다. 그러나 고온에서는 급속히 산화된다. 그러므로 끓일 때에는 반드시 뚜껑을 덮어서 산소와의 접촉을 막도록 해야 한다. 기름을 사용하는 볶음이나 튀김의 경우에는 식품의 표면을 유막(油膜)으로 둘러싸기 때문에 비타민의 손실은 적다.

③ 알칼리성에서는 안전하며, 가열해도 분해되지 않는다.

④ 자외선으로 산화되기 쉽다.

⑤ 카로틴은 공존하는 산화효소의 작용을 받기 쉽다. 그러므로 과일이나 채소를 건조할 경우에는 먼저 단시간 가열해서 효소를 불활성화시킬 필요가 있다.

2) 조리시의 손실

프로비타민(provitamin) A인 카로틴의 조리시 변화는 <표 5-47>과 같다.

〈표 5-47〉 채소 조리시 카로틴의 변화

식 품	조 리 조 작	carotene 함유량		손실률(%)
		조리전(mg%)	조리후(mg%)	
시금치	3분간 데친다	8.66	7.79	10
	10분간 데친다	8.66	6.45	25
	5분간 찐다	8.66	8.17	5
	3분간 기름에 볶는다	7.02	6.81	3
	5분간 기름에 볶는다	5.93	5.64	5
배 추	5분간 데친다	7.31	5.81	20
	10분간 데친다	7.31	4.73	35
쑥 갓	3분간 데친다	5.45	5.25	3
	6분간 데친다	5.45	4.64	5
당 근	10분간 삶는다	6.66	6.64	0.3
	30분간 삶는다	4.21	4.06	3.6
부 추	3분간 데친다	6.15	5.03	18
	10분간 데친다	6.15	3.25	46

(2) 기타 지용성 비타민 식품의 조리

1) 비타민 D

비타민 A와 성질이 비슷하며, 열과 산화에 대한 저항력은 더욱 크다. 115℃로 9시간 정도의 가열로는 변질되지 않는다. 그러므로 조리 중의 손실에 대하여는 염려할 필요가 없다.

2) 비타민 E

산화되기 쉬운 지용성이나 지방이 많은 식품의 항산화제로 사용된다. 즉, 비타민 A를 함유한 식품과 같이 섭취하면 비타민 E의 항산화 작용으로 비타민 A의 산화를 막을 수 있다. 비타민 E는 식물성 지방에 함유되어 있는 경우가 많다.

3) 비타민 K

열에 대해서는 안전하나 자외선에 불안정하며, 알칼리에 약하다.

5 수용성 비타민 식품과 조리

(1) 비타민 B_1과 조리

1) 비타민 B_1의 성질

① 수용성이다 … 비타민 B_1은 물에 잘 녹으므로 물에 넣고 끓이면 국물에 유출한다.

② 열에 강하다 … pH 3.5~5.0에서는 100℃까지는 변화하지 않으며, 120℃ 이상으로 가열하면 분해한다. 그러므로 보통 조리에서는 가열로 인하여 분해되지 않는다. 빵을 구울 때에도 약 15% 정도밖에 손실되지 않는다.

③ 알칼리에 약하다 … 비타민 B_1은 산에는 강하나 알칼리에는 약하여 분해한다. 그러므로 중탄산소다 등을 사용할 때에는 주의해야 한다. 또 금속염도 분해를 촉진한다.

④ B_1 분해효소(aneurinase) … 패류, 담수어의 내장, 고사리 등에 함유되어 있으며, 이것은 비타민 B_1의 피리딘(pyridine)핵과 티아졸(thiazol)핵의 결합을 절단하여 B_1을 분해시킨다. 그리고 이것은 가열에 의하여 불활성으로 된다.

2) 조리시의 손실

조리시 비타민 B_1은 평균 60% 손실된다고 한다. 그러므로 조리방법의 연구로 비타민 B_1의 손실을 줄이도록 해야 한다. 다음은 조리방법에 따른 비타민 B_1의 손실량을 측정한 값이다.

① 육류 … 생선과 돼지고기의 조리에 있어서 비타민 B_1의 손실은 <표 5-48>과 같다.

쇠고기 조리의 경우 수분의 손실이 큰 조리법에 있어서는 비타민 B_1의 손실도

<표 5-48> 비타민 B_1의 잔존율(%)

종 류	끓이기(8분)	찌기(10분)	굽기(9분)	튀기기(25분)
연 어	-	90	85	74
아 지	85	90	81	70
고 등 어	79	90	81	89
참 치	60	78	75	66
돼지고기	81	81	74	69

<표 5-49> 쇠고기의 수분 손실과 비타민 B_1의 손실

조리 방법	조리온도 (℃)	식품 내부 온도 (℃)	가열 시간 (분)	B_1 손실 (%)	수분손실 (%)
굽 기	200	80	35	41	47
로스구이(오븐에서)	150	80	270	59	55
찌 기	100	92	81	51	45
스 튜	100	100	45	64	-

크다(표 5-49).

② 채소류의 가열조리 전의 손실

㉠ 조리에 쓰지 않고 버리는 부분에 B_1이 상당량 함유되어 있는 경우가 있다. 예를 들면, 무잎, 시금치 뿌리의 붉은 부분, 호박의 속 등이다.

㉡ 식품을 자르면 공기 중 산소로 인한 산화작용 또는 효소작용을 받아서 B_1이 손실된다. 그러므로 식품을 잘게 자를수록 비타민 B_1은 분해되기 쉽다. 무를 2cm 두께로 자를 경우 비타민 B_1의 손실이 12%인 데 비하여 0.3cm로 자르면 20%로 증가함을 볼 수 있다.

㉢ 식품을 물에 담그면 식품 중 B_1이 물에 녹아 나오고, 물의 온도가 높을수록 그 용출량은 증가한다. 또한 물이 알칼리성이면 용출된 B_1은 파괴된다. 콩을 12.5℃에서 20시간 물에 담가 두면 B_1의 전 잔존율은 92%인데, 2.5%의 중탄산소다액에 담가 두면 B_1의 파괴가 증가하여 잔존율은 77%로 떨어진다.

③ 채소류의 가열조리에 의한 변화

㉠ 끓일 경우 : 비타민 B_1의 상당량이 국물 속으로 용출되는데, 끓이는 시간이 길면 그 용출량도 증가할 뿐만 아니라 파괴량도 증가한다. 채소를 알맞게 끓일 경우 비타민 B_1은 국물 속으로 평균 15% 용출되고, 전체적으로 6%가 파괴된다. 국물까지 이용하면, 끓이는 조리에서의 비타민 B_1의 손실은 비교적 적다(표 5-50).

〈표 5-50〉 채소를 끓일 경우 비타민 B_1의 잔존율

(%)

종 류	식품 중 잔존율	끓인 국물 중 잔존율	계
근 채 류	78.5	15.5	94.0
엽 채 류	80.7	12.0	92.7
과 채 류	75.7	20.4	96.1
콩 류	80.7	13.4	94.1
평 균	78.9	15.3	94.2

식품 중 비타민 B_1의 손실은 식품을 자른 크기에 따라 다르다. 크게 자르면 작게 잘랐을 때보다 끓이는 시간이 길어지므로 작게 자른 것이 손실이 적고 연료도 경제적이다. <표 5-51>은 감자를 크게 자른 것(1개 33g)과 작게 자른 것(1개 10g)에 대하여 비타민 B_1의 잔존율을 측정해 본 것이다.

〈표 5-51〉 감자를 끓일 경우 비타민 B_1의 잔존율

(%)

구 분	끓인 시간	감자 중 잔존율	국물 중 잔존율	계
크게 자른 것	20 분	58.7	16.9	75.6
작게 자른 것	10 분	66.3	18.4	84.7

끓일 때 조미료(소금, 간장, 설탕, 식초)를 친 경우와 조미료를 치지 않은 경우를 서로 비교하여도 비타민 B_1의 손실은 변하지 않는다. 그러나 중탄산소다를 가하여 알칼리성으로 하면 비타민 B_1의 파괴는 증가한다.

㉡ 굽거나 볶을 경우 : 고구마를 구울 때 비타민 B_1의 손실은 거의 없다. 그러나 콩을 볶을 경우 향미가 날 정도로 볶으면 B_1은 70% 이상 파괴되고, 쓴맛이 날 때까지 볶으면 B_1은 완전히 파괴된다. 기름으로 볶을 경우도 눋기 시작하면 B_1의 파괴량은 급속히 증가한다.

㉢ 튀김을 할 경우 : 식품이 부분적으로 고열로 가열되지 않으므로 B_1의 손실은 적다. 채소튀김에 있어서 B_1의 손실을 간추려 보면 기름으로 볶기, 튀기기, 끓이기, 굽기 등의 조리법에 따라 그다지 큰 차이는 없다.

그러나 볶거나 구워 눋게 되면 B_1의 손실은 커지고, 끓일 경우 국물까지 이용할 수 있으면 B_1의 손실은 수% 정도이므로 가장 유리한 조리법이다.

(2) 비타민 B_2와 조리

1) 비타민 B_2의 성질

① 수용성이다 … 비타민 B_2도 수용성인데, B_1보다는 용해도가 적다.

② 알칼리에 약하다 … 비타민 B_2 용액은 중성과 산성에서는 열에 안정하나 알칼리성에서는 B_1과 마찬가지로 파괴된다. 그러므로 중탄산소다 등의 사용은 금해야 한다.

③ 자외선에 약하다 … 순수한 비타민 B_2는 자외선에 극히 약해서 자외선에 의한 분해로 B_2를 정량할 정도이다. 그러나 천연식품 중의 B_2는 인산염이라든지 단백질과 결합되어 있으므로 그다지 민감하게 분해되지 않는다. 우유를 햇빛에 직접 쬐면 비타민 A와 B_2, 그리고 C의 손실이 크다.

④ 내열성이다 … 일상 조리온도에서는 분해되지 않는다.

2) 조리시의 손실

① 시금치에 7.5배의 물을 가하고 가열하였을 경우, 비타민 B_2의 손실은 <표 5-52>와 같다.

〈표 5-52〉 시금치의 조리시 비타민 B_1의 잔존율

(%)

끓인 시간	시금치 중 잔존율	국물 중 잔존율	계
5 분	72	28	100
10 분	60	39	99
20 분	43	55	98

중성 또는 산성액에서 조리할 경우 국물까지 이용하면 비타민 B_2의 손실은 거의 없으나 알칼리성에서는 손실이 많아 5분간 끓이면 40%가 파괴된다.

② 각 육류의 간(肝)을 4분간 여러 가지로 조리할 때 비타민 B_2의 잔존율은 <표 5-53>과 같다.

〈표 5-53〉 간의 조리시 비타민 B_2의 잔존율

(%)

종 류	끓 이 기			굽 기	튀기기	찌 기
	간(肝)	국물	계			
소	89.0	9.1	98.1	90.7	79.8	96.9
돼 지	83.0	14.5	97.5	94.9	73.1	96.4
닭	85.2	11.4	96.6	97.7	80.8	96.3

일반적으로, 쇠고기 조리에 있어서 비타민 B_2의 손실은 비타민 B_1에 비하여 적다.

③ 채소를 조리했을 때 비타민 B_2의 잔존율은 <표 5-54>와 같다.

<표 5-54> 채소 조리시 비타민 B_2의 잔존율

종 류	조리법	수 분(%)	B_2함유량(mg%)	잔존율(%)
콩	냉동	67.2	1.064	
	16분 삶음	66.7	0.714	63.3
양배추	날것	91.9	3.640	
	10분 끓임	93.4	3.030	69.0
	60분 끓임	93.9	2.213	42.7
고구마	날것	65.3	0.152	
	48분 찜	55.7	0.150	97.8

(3) 조리에 의한 니아신의 손실

수용성 비타민 니아신은 조리시 국물에 유출한다. 감자를 삶을 경우 자르지 않고 그대로 끓이면 니아신의 잔존율이 98%로서 손실이 거의 없는 데 비하여, 감자를 작게 썰어서 삶으면 국물 속으로의 용출률이 커진다.

여러 가지로 조리할 경우 니아신의 잔존율은 <표 5-55>와 같다.

<표 5-55> 각 조리에서의 니아신의 잔존율

(%)

종 류	끓이기	굽 기	튀기기	찌 기
돼지고기	47.3	87.7	74.0	87.0
아 지	83.7	93.2	80.7	90.1
감 자	74.5	-	90.4	95.1
시 금 치	36.1	-	-	66.2

(4) 비타민 C와 조리

1) 비타민 C의 성질

① 수용성이다 … 물에 잘 녹으며, 신맛을 띤다. 조리시 물에 용출해서 산화 · 분해된다.

② 수용액은 열에 약하다 … 비타민 C의 결정은 내열성이기 때문에 100℃에서 1시간 정도 가열해도 분해되지 않는다.

그러나 수용액에서는 효소가 있으면 산화되기 쉽고, 특히 고온에서는 급속히 산화된다. 수용액을 실온에서 또는 100℃로 가열했을 경우 비타민 C의 시간적인 변화는 <표 5-56>과 같다.

③ 알칼리성에 약하다 … 비타민 C는 알칼리성에서 산화되기 쉽다. 채소를 가

<표 5-56> 끓일 경우 비타민 C의 파괴 (잔존율 %)

시간 \ 가열온도 \ C의 농도	100 mg% 액		10 mg% 액	
	20℃	100℃	20℃	100℃
10 분	100	96.9	100	70.4
30 분	100	95.9	95.0	59.2
1 시간	100	84.5	92.0	48.0
3 시간	99.8	80.9	88.6	31.6
5 시간	98.3	70.0	80.0	8.2
7 시간	97.8	60.0	72.1	0

<표 5-57> 채소 중 비타민 C의 잔존율

(%)

가열시간	중탄산 소다	환원형 비타민 C			총 비타민 C		
		채 소	국 물	계	채 소	국 물	계
10 분	0	18	64	82	24	67	91
5 분	0.5	17	58	75	24	55	79
5 분	1.0	9	31	40	21	62	83

열할 때에 중탄산소다를 첨가할 경우, 비타민 C에 미치는 영향은 <표 5-57>과 같다.

이 결과로 보아 알칼리성에서는 산화되기 쉬우며, 환원형 비타민 C의 감소는 현저한데도 총 비타민 C의 감소는 별 차이가 없음을 알 수 있다.

④ 금속 이온의 영향 … 금속 이온은 비타민 C의 산화를 촉진시키는 작용이 있다. 구리 이온이 가장 강해서 구리 그릇에 넣기만 해도 산화 작용이 심해진다. 각종 용기에 18.8mg% 농도인 비타민 C액을 넣고 10분간 가열한 후 잔존율을 비교해 보면 <표 5-58>과 같다.

<표 5-58> 각종 용기에서 비타민 C의 잔존율

(%)

용 구	잔존율	용 구	잔존율
대조(對照)	100	알루미늄 냄비	62
비 커	63	철 솥	60
도기(뚝배기)	62	구리냄비	22

⑤ 산화효소(ascorbinase)의 존재 … 식품 중에는 비타민 C의 산화효소를 함유하고 있는 것이 있다. 조리할 때 특히 과일이나 채소를 자르거나 껍질을 벗기면 세포 내의 산화효소의 작용이 활발해져서 비타민 C의 손실이 커진다.

이와 같은 효소를 많이 함유하고 있는 식품은 오이, 호박, 참외, 당근 등이며, 산

〈표 5-59〉 무와 오이즙 중의 비타민 C의 잔존율

(%)

시 간	환원형 비타민 C		총 비타민 C	
	무	오이	무	오이
대조(對照)	100	100	100	100
직 후	86	16	99	81
20 분	–	14	–	81
40 분	–	14	–	73
60 분	66	13	99	73
2 시간	46	–	97	–
3 시간	25	11	88	63

소의 존재 아래에서 비타민 C를 환원형 비타민 C로 산화시킨다.

무와 파 등에는 그 함량이 극히 적어서 오이와 무를 갈아 즙 냈을 경우, 비타민 C의 손실률은 〈표 5-59〉와 같이 큰 차이가 있다.

2) 조리시의 영양소 손실

비타민 C는 수용성이고 가열이나 산화에 약하므로 조리시 특히 주의해야 한다. 가정에서 일반적인 조리에 의한 비타민 C의 파괴율은 평균 74%이다.

식품을 물에 넣고 오래 끓일수록 비타민 C는 국물 속으로 이행하며, 그와 동시에 식품재료 자체와 국물 속의 비타민 C의 잔존율은 감소한다.

그러므로 채소를 가열 조리할 경우 국물의 양을 적게 한다거나 가열 시간을 짧게 한다거나 또는 국물까지 먹게 하는 것이 비타민 C 조리에서 유의해야 할 점들

〈표 5-60〉 채소 조리시 비타민 C의 손실

식 품	조 리 방 법	끓인시간 (분)	비타민 C 량(%)		
			식품 중	국물 중	파괴된 것
양 파	10배의 물을 가함	3	51.0	37.4	11.6
		10	33.4	51.7	14.9
		20	21.4	56.8	21.8
무	반달모양으로 썰고 10배의 물을 가함	10	55.9	33.4	10.7
	채로 썰고 10배의 물을 가함	7	13.9	73.3	12.8
배 추	잎을 가로로 썰고 10배의 물을 가함	15	13.3	44.5	42.7
	잎을 가로로 썰고 20배의 물을 가함	30	13.3	49.5	37.2
양배추	반으로 자르고 20배의 물을 가함	10	36.1~21.1	42.5~55.8	21.4~23.1
	채로 썰고 열탕을 뿌림	–	72.8	–	27.2
호 박	10배의 물을 가함	15	75.3	9.4	15.3
		30	63.0	0	37.0

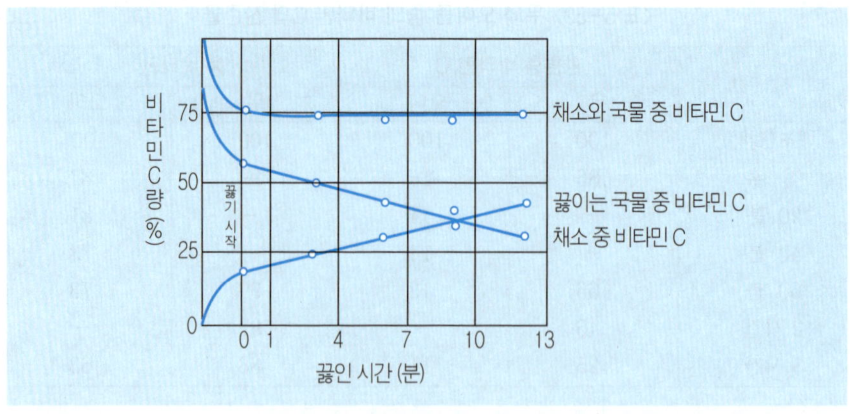

〈그림 5-31〉 채소를 끓이는 경우 비타민 C의 변화

이다. 〈표 5-60〉과 〈그림 5-31〉은 이와 같은 사실을 밝혀 준 실험 결과이다.

전자레인지는 물을 가하지 않고 식품재료를 가열할 수 있으므로 삶는 경우와 비교하면 손실율이 10~30% 감소한다. 믹서(mixer)로 과즙을 만드는 경우에는 과일의 조직이 파괴되므로 조직 중에 함유되어 있는 비타민 C의 산화효소가 활성화되어 비타민 C가 손실된다. 더욱이 갈은 즙에 거품이 생겨 공기와의 접촉면이 넓어지면 비타민 C의 손실은 40~90%에 이른다. 이때에 소량의 소금이나 설탕을 가하면 비타민 C의 산화효소의 작용이 억제되어 비타민 C의 잔존율이 높아진다.

다음의 〈표 5-61〉은 사과를 믹서로 갈아서 주스를 만든 경우 비타민 C의 변화이다.

비타민 C 산화효소는 열에 약하여 100℃에서 1분간만 가열하여도 그 작용을

〈표 5-61〉 사과 주스를 만들었을 때 비타민 C의 변화

	수 온 (℃)	시 간 (초)	산화형 (mg)	환원형 (mg)	환원형 잔존율 (%)
사과 100g + 물 150mL	30.5	30	1.70	0.75	31.6
	30.5	60	1.80	0.65	27.4
	30.5	90	1.93	0.52	21.9
사과 100g + 얼음물 150mL	15.5	30	1.38	1.07	45.2
	18.0	60	1.42	1.03	43.5
	19.5	90	1.55	0.90	37.9
사과 100g + 20% 설탕물 150mL	31.2	30	1.20	1.25	52.3
	31.2	60	1.25	1.20	50.7
	31.2	90	1.60	0.85	35.8
대조사과			0.08	2.37	

상실한다. 그러므로 채소를 삶을 때에는 끓는 물에 넣고 잠깐 동안 가열해서 효소를 순간적으로 소멸시키는 것이 좋다. 그 이유는 저온에서 점차 가열하면 효소의 적정온도(30℃)를 경과하므로 이때 비타민 C의 파괴가 심하기 때문이다.

과일이나 채소 중의 비타민 C는 냉동해도 파괴되지 않는데, 해동할 경우에는 드립(drip) 중에 용출해서 손실된다.

3) 김치류와 비타민 C

비타민 C는 산성에서는 비교적 안전하다. 김치류는 유기산의 발생으로 약한 산성이므로 그 비타민 C는 안전해야 하는데, 실험 결과는 비교적 빨리 감소한다. 오이는 그 자체가 함유하는 비타민 C 산화효소의 영향으로 생각할 수 있으나, 무나 배추 등에서도 마찬가지로 비타민 C의 감소를 보인다. 그 이유는 식염의 작용으로 인한 삼투압의 차이가 생겨 식품재료 중의 수분이 침출할 때 비타민 C도 동시에 침출하고, 세균과 기타의 작용으로 산화 · 분해되는 것으로 생각된다.

〈표 5-62〉 김치류의 비타민 C 함량

식 품 명	비타민 C 함량(mg%)	잔존율(%)
배 추 (녹색부)	1.3	2.2
배 추 (백색부)	10.4	64.5
배 추 (중심부)	8.2	15.3
무	7.5	37.4
오 이	15.4	74.2

6 조리에 관계있는 무기질의 성질

무기원소들은 각각 그 성질이 다르며, 단체(單體)로서보다는 각종의 염류로 이용되는 경우가 많은데, 염류도 그 종류에 따라 성질이 다르다. 그 가운데 조리에 관계가 깊은 성질을 들면 다음과 같다.

(1) 수용성

영양에 관계있는 무기질은 대체로 물에 녹는다. 체내에 있어서의 소화, 흡수, 동화 등의 작용이 액상에서 물을 매체로 하여 이루어지고 있으므로 당연한 것이다.

식품 중의 회분은 쉽게 물에 녹는다. 무기질은 채소의 세포막을 쉽게 통과하여 바깥쪽의 물 속으로 녹아 나오고, 반대로 수분은 세포 속에 침입한다. 이 현상은 냉수보다 뜨거운 물인 경우에 더 심하다. 미역 중의 요오드는 미역을 물에 담가 놓기만 해도 약 20%가 물에 녹아 나오고, 가열하면 60%나 녹아 나온다.

(2) 삼투압

용질이 용매에 녹으면 용질의 농도에 비례하여 삼투압이 상승한다. 물에 녹기 쉬운 염류나 식품 중 각종의 성분, 즉 소당류나 식염 등의 무기염류도 삼투압의 상승작용을 한다. 채소에 소금을 뿌리면 세포 밖의 염도가 세포 안보다 크므로 세포액이 식물세포의 막을 통하여 밖으로 침출해서 채소는 숨이 죽는다.

생선에 소금을 칠 경우에도 마찬가지로 어육세포에서 세포액이 삼투압의 차로 인하여 스며 나오고, 동시에 소금이 생선의 세포 속으로 침입한다. 전골 요리를 할 때 간장을 넣으면 고기나 채소 속의 수분이 갑자기 나와서 빨리 끓게 되는 것도 삼투압 현상에 의한 것이다.

삼투압 현상과 동일한 이유에서, 수용액의 끓는점이 순수한 물에 비하여 상승하고, 그 어는점이 강하하는 것을 들 수 있다. 그러나 조리의 경우 식염은 끓는점에 영향을 줄 정도로 다량 사용하지 않지만, 설탕은 영향을 미칠 정도로 다량 사용하는 경우가 있다.

(3) 색소의 고정

2가 또는 3가의 금속이온은 식물색소 등을 고정해서 변색을 방지하는 작용이 있는데, 보통 사용하고 있는 것은 Cu^{2+} 또는 Fe^{2+}으로 완두콩 통조림을 만들 때 황산구리 용액을 소량 가한다든지, 검정콩을 끓일 때 헌 못을 넣는다든지, 가지 요리에 쇳조각 등을 넣는 것은 이들의 색을 아름답게 유지하기 위한 것이다.

(4) 단백질을 응고시키는 작용

단백질을 응고시키는 데는 이온가가 큰 편이 좋다. 그러므로 보통 Al^{3+}을 이용하기 위해 명반을 사용한다. 예를 들면, 과일이나 채소의 설탕조림을 만들 때 명반을 넣는다. 또 2가인 Ca^{2+}, Mg^{2+}에도 이와 같은 작용이 있어서 두부를 만들 때 두유에 이들 금속 이온을 작용시켜 콩단백질을 응고시키는 것을 볼 수 있다.

(5) 금속의 이온화

금속은 물에 녹으면 이온화해서 용출하는 성질이 있다. 그 능력은 알루미늄이 크고, 아연, 철, 니켈, 주석, 납, 구리, 은의 순으로 약해진다. 이 순서의 앞에 있는 금속과 뒤에 있는 금속이 동시에 물속에 있으면 앞의 금속은 녹고, 뒤의 금속 이온은 금속면에 석출해 나온다. 이를테면 알루미늄 냄비에 철 칼을 넣어 두면 알루미늄 이온이 물속으로 용출하고, 물속에 녹아 있던 철 이온은 칼 겉에 석출한다.

금속이 이온화해서 물속으로 용출하는 양은 극히 미량이지만, 미각이나 외관 또는 영양가에 미치는 영향이 크다.

① 미각에 영향을 미친다 … 과일을 깎을 때 철로 만든 칼을 쓰지 않고 은도금한 것이나 대나무로 만든 것을 쓰는 것은 철 이온이 과일의 맛을 저하시키기 때문이다. 철이나 구리 이온으로 인한 금속 맛은 불포화 지방산의 산화생성물(불포화 ketone)에 의한 것으로 생각된다.

② 외관을 해친다 … Fe^{3+}이나 Cu^{2+} 이온은 산화효소의 작용을 촉진하는 경우가 많다. 과일이나 채소를 자르면 티로시나아제(tyrosinase) 등의 작용으로 인하여 자른 부분이 흑변하는데, 철로 만든 칼을 사용하면 흑변이 심하다.

③ 영양가를 떨어뜨린다 … 비타민 C 등은 Cu^{2+} 이온이 존재하면 빨리 산화된다. 구리로 만든 냄비에서 끓이는 경우 다른 냄비를 사용하는 경우보다 2~3배나 빨리 산화된다.

④ 살균력 … Ag^{+}, Cu^{2+} 이온은 특히 살균력이 강하여 구리 그릇이나 은그릇에 담은 물은 잘 썩지 않는다. 특히 놋쇠 그릇은 살균력이 강하다.

7 ■ 조리에 의한 무기질의 손실

(1) 조리에 의한 칼슘의 손실

식품 중 칼슘의 조리에 의한 손실은 <표 5-63>과 같다. 식염이 공존하면 칼슘의 용출량이 많아지는데, 이것은 Na^{+} 이온이 칼슘과 식품과의 결합을 약하게 하기 때문이다. 식품의 종류와 조리법에 따라 칼슘과 철의 손실량은 <표 5-64>와 같다.

<표 5-63> 조리법에 의한 칼슘의 손실

(%)

식 품 명	침수(30분)	끓임(30분)	1% 식염수에 끓임
배 추	4	38	45
양 배 추	2	21	57
파	2	41	61
시 금 치	1	8	11
무	1	18	34
당 근	1	15	25
양 파	3	18	28
연 근	23	59	63
호 박	3	28	32

<표 5-64> 칼슘과 철의 손실

식 품 명	조 리 법	잔존율 (%)	
		Ca	Fe
당 근	날 것	100	100
	압력냄비에서 3시간 끓임	91.3	89.2
	물을 충분히 넣고 끓임	79.3	76.5
	물 1/2C 넣고 끓임	87.8	94.1
	물 없이 오븐에서 구움	96.0	96.1
감 자	압력냄비에서 3시간 끓임	86.7	81.2
	물을 충분히 넣고 끓임	78.9	78.7
	물 1/2C 넣고 끓임	86.1	84.3
	물 없이 오븐에서 구움	94.3	89.1
완 두	압력냄비에서 0.5시간 끓임	96.1	93.3
	물을 충분히 넣고 끓임	88.4	85.8
	물 1/2C 넣고 끓임	92.7	91.0
	물 없이 오븐에서 구움	100.4	95.5
시 금 치	압력냄비에서 1시간 끓임	83.5	86.7
	물을 충분히 넣고 끓임	73.5	78.0
	물 1/2C 넣고 끓임	81.1	85.5
	물 없이 오븐에서 구움	88.4	89.0

(2) 기타의 무기성분

그 중 중요한 실험 결과 몇 가지를 들면 <표 5-65>, <표 5-66>과 같다.

이와 같이 철분의 용출은 시간과 더불어 증가하며, 그 양은 50~70%에 이른다. 특히 요오드의 용출은 가열 조리 후 손실률이 매우 높은 것을 볼 수 있다. 그러므

〈표 5-65〉 끓이는 경우 철분의 용출 (100g중의 mg)

식 품 명	날 것	끓인 시간		
		10분	20분	30분
굴	1.56	1.01	0.73	0.66
게	12.75	3.55	3.50	3.10
쇠고기	4.09	2.95	2.71	2.70
감 자	1.05	0.53	0.48	0.43
양배추	3.43	2.73	2.63	2.63
죽 순	3.59	0.90	0.84	0.78

〈표 5-66〉 끓이는 경우 요오드의 용출 (100g 중 γ)

식품명	조리전	조리후	손실률
다시마	69.35	13.75	65.75
굴	33.30	5.70	82.88
새 우	11.90	2.54	75.28

로 신선한 재료를 구입하여 생식을 한다면 요오드 손실량이 낮아질 것이다.

8 채소류의 조리

(1) 생 식

채소의 생식은 영양면과 입 안에서의 텍스처(texture)면에서 권장될 만하다. 원형질막은 반투과성이 되어 물 또는 묽은 식염수에 넣으면 세포 안으로 물이 투입되어 세포가 긴장한 상태로 된다. 무, 오이, 양파, 셀러리 등을 물에 담그는 것은 자극 성분이나 불미 성분을 용출시키기 위해서만이 아니라 물을 세포 안으로 침투시켜서 싱싱하게 만들어 씹히는 맛을 돋우기 위해서이다.

한편 소금을 뿌리던가 진한 식염수에 담그면 세포 안의 물이 세포 밖으로 방출되어 세포는 수축하고 축 늘어진다. 배추 등을 절이는 것이 이것이다. 채소에 1~3%의 소금을 첨가하면 15분 동안에 약 30% 정도의 물이 방출되고 그 후는 방출량이 감소한다.

생채소의 샐러드는 먹기 직전에 소스로 무치는데, 그 이유는 소스 중의 식염에 의하여 채소에서 물이 생겨 질척해지는 것을 예방하기 위해서이다.

채소의 써는 방법은 먹기 좋고 외관을 고려해서 크기와 모양을 정하도록 한다.

(2) 가 열

채소 가열조리에는 먼저 삶은 후 조미하는 경우와 조미액에 넣어 가열하는 경우가 있는데, 삶는 요령은 제4장 제3절에 전술하였다.

조미한 국물에 채소를 넣고 가열할 때에는, 일반적으로 처음에는 조미를 흐리게 한 후 국물을 넉넉히 붓고 서서히 끓인다. 처음부터 진한 조미액으로 가열하면 삼투압의 관계로 세포 안의 수분이 밖으로 나와서 식품조직이 단단해진다. 가열조리 중 채소의 아름다운 색이 변색되지 않도록 배려를 해야 하는데, 예를 들어 가지의 보라색인 나수닌(nasunine)을 유지하려면 기름에 볶던가 튀겨서 고온으로 재빨리 가열하는 것이 좋다.

(3) 김치류

김치에는 여러 종류가 있는데 특유의 풍미를 가지고 식욕을 증진시킬 뿐 아니라 채소의 보존식품으로서의 가치도 지닌다. 일반적으로 김치는 짠맛과 신맛 그리고 매운맛이 조화를 이룬 음식이라고 할 수 있는데, 그 밖의 미생물의 작용에 의해서도 복잡한 맛을 낸다.

김치는 1998년 5월부터 1999년 3월에 걸쳐 코덱스(Codex)위원회의 전문분과위원회인 코덱스 식품회, 코덱스 분석 및 시료채취방법 분과위원회 및 코덱스 식품첨가물 분과위원회에서 세부규정에 대한 심의 및 승인 절차를 완료했고, 2000년 제20차 코덱스 가공 과채류 심의를 거쳐 2001년 7월 코덱스 총회에서 김치 코덱스 규격으로 채택되었다. 이처럼 우리나라 대표음식인 김치는 세계적으로 영양과 조리과학적인 면에서 우수성이 인정되었다.

1) 김치의 역할

① 식욕의 증진 … 미생물의 작용에 의하여 유기산, 알코올, 에스테르 등이 생겨 특수한 향기가 있어서 식욕이 증진되고 소화액의 분비도 잘 된다.

② 섬유소의 섭취 … 김치는 채소가 주원료이므로 섬유소가 많이 함유되어 있다. 특히 겨울철에는 섬유소의 중요한 급원이 되고, 장의 운동을 자극하여 배변을 도와서 변비를 예방하고 체내의 콜레스테롤 수치를 낮춘다.

③ 소화작용의 촉진 … 김치에는 아밀라아제(amylase), 리파아제(lipase), 프로테아제(protease) 등이 함유되어 있어서 이들 효소에 의하여 소화가 촉진되며

또 김치의 미생물 중에는 소화와 정장작용을 돕는 것도 있다.

④ 비타민 · 무기질의 급원 … 비타민 A, B_1, C의 급원이 되며 또한 무기질의 함량이 많다. 소금의 급원이기도 한데 너무 짜게 담가서 일상식인 김치로 인하여 염분의 과잉섭취가 되지 않도록 주의하는 것도 또한 중요하다.

2) 김치 담그기의 이론

채소의 세포는 제일 밖에 세포막이 있고 그의 안쪽에 원형질막이 있다. 세포막은 특수한 경우를 제외하고 물과 물에 용해되어 있는 물질을 거의 투과시키는데, 원형질막은 완전하지는 않지만 반투과성막이다. 그러므로 물은 쉽게 통과되는데, 수중에 용해되어 있는 물질은 잘 통과하지 않는다. 한편 원형질막의 내부에 있는 세포 속에는 세포막이 있으며 이 중에는 많은 물질이 함유되어 있어서 세포액에는 수압이 생기고 원형질막의 장력은 세포막을 밖으로 민다.

이와 같은 채소에 소금을 뿌리면 채소에 묻어 있는 물에 녹아서 고농도의 식염수가 된다. 세포는 침투압이 보다 높은 액에 잠기면 세포액의 물은 외액으로 침투하여 세포액의 부피가 줄고 세포는 수축한다. 그러나 어느 한도를 넘으면 세포액은 그 이상 수축하지 않게 되고 세포는 죽어서 원형질막의 반투과성이 없어져 물이외의 물질도 통과하기 쉽게 되고 비로소 소금도 채소로 침입할 수 있게 된다.

오이에 소금을 뿌려서 탈수량을 측정한 결과는 <그림 5-32>와 같다.

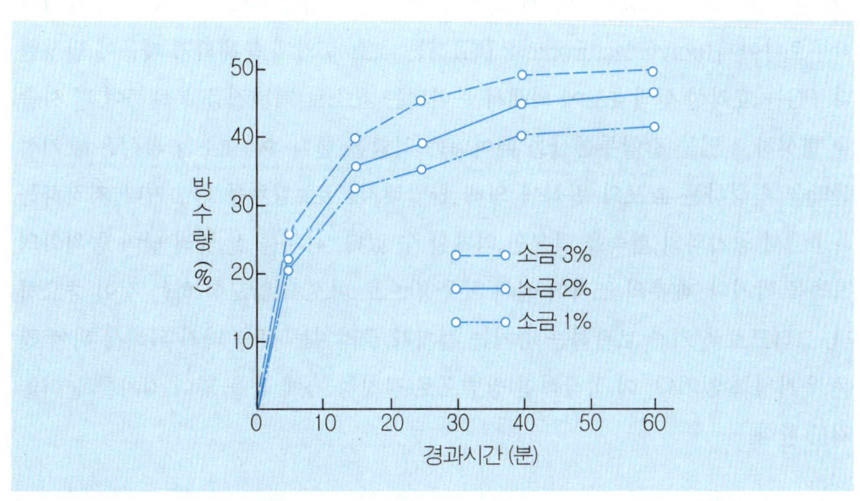

<그림 5-32> 소금의 사용량과 오이의 방수량

3) 김치와 미생물

김치의 향미는 소금 이외에 산, 알코올, 에스테르 등에 의하여 이루어지는데, 이것은 미생물 또는 미생물이 생산하는 효소의 작용에 의한다. 따라서 이들 향미물질 생성에 관여하는 미생물이 적당량 존재하느냐, 아니냐가 김치의 품질을 좌우하게 되는 것이다.

김치의 미생물의 주체는 유산균(乳酸菌)이다. 유산균은 생육과정에서 유기산을 생산하는데, 이 유기산은 단순히 풍미만을 좋게 하는 것이 아니고 김치의 pH를 낮추어서 부패성 세균과 그 밖의 유해균의 생육을 억제하여 김치의 숙성 및 저장성을 돕는다. 세균은 pH 4.5 이하에서는 생육 불가능한 것이 많고 pH 4.0 이하가 되면 거의 생육이 저지된다. 그러나 효모는 pH 2.5 정도까지 생육하고 곰팡이는 pH 1.5 정도까지도 생육하므로 유산균이 생산하는 유기산은 효모나 곰팡이의 생육을 저지할 수는 없다. 효모는 김치 속에서 알코올을 생산해서 김치의 풍미에 도움을 주는 작용을 한다.

그 밖의 유용미생물은 전분의 당화, 당질의 알코올 발효에 관여하여 김치의 감미와 방향에 도움을 준다. 그러나 이들 유용미생물도 과도하게 증식하면 산패의 원인이 되므로 적당한 조건이 필요하다.

① 변패현상 … 발효과정이 지나쳐 과숙현상으로 식품의 가치를 잃게 되는 것을 말한다. 즉, 김치가 푹 시는 것을 말한다.

② 연부현상 … 김치의 연부현상은 김치의 질감이 아삭거리지 않고 물러지는 것으로, 김치의 기호성을 나쁘게 만든다. 이러한 현상은 채소의 펙틴질이 폴리갈락투로나아제(polygalacturonase: PG)라는 효소에 의해 분해되기 때문에 발생한다. PG는 호기성 산막효모에 의해서 분비되는 효소로 펙틴질을 분해하여 긴 사슬을 형성하고 있는 갈락투론산을 떼어내는 역할을 한다. 이 효소의 활성은 호기성 산막을 형성하는 효모의 번식에 의해 활발해지므로, 김치를 담그거나 저장하는 과정에서 공기와의 접촉을 막으면 억제할 수 있다. 김치를 잘 눌러 담아 공기와의 접촉을 막거나, 배추의 조직이 김치 국물 밖으로 나오지 않도록 하는 것이 중요하다. 그러므로 장기간 보관하는 김치는 김치가 물러지는 것을 막기 위해서 위에 많은 우거지를 얹거나, 더 적극적인 방법으로 김칫독 속에 돌을 넣어 김치를 눌러놓기도 한다.

4) 김치의 향미

김치의 향미는 이산화탄소, 산, 에스테르, 황화합물, 당, 아미노산 등이 복잡하게 혼합되어 이루어진 것이다.

<그림 5-33>은 오이를 식염농도 5%, 10%, 15%인 용액에 담가서 실온 20℃에 두었을 때 유기산의 생성상태를 측정한 결과이다.

<그림 5-33>에 의하면 평균 20℃의 실온에서 1주일에 0.7% 정도의 유기산이 생성되고, 발효는 거의 완료된다.

김치의 숙성 중에 많이 생성되는 유기산은 젖산, 초산뿐 아니라 주석산, 구연산 등이 있으며, 김치가 숙성함에 따라 종류 및 양이 변한다. 김치의 숙성이 진행되면서 생성되는 유기산에 의해 산도는 증가하고 pH는 점차 감소하게 되는데, 일반적으로 pH가 4.0 부근이 되었을 때 가장 맛있는 상태라고 한다.

김치의 감미와 지미는 아미노산과 당에 의하며, 이들은 미생물의 생육과 효소작용(sucrose, maltase, amylase, protease)에 의하여 다당류나 단백질에서 생성된다. 당에는 맥아당, 서당, 포도당 등이 있다.

김치용으로는 순도가 낮은 소금을 권하는데, 그 이유는 불순물 중에 함유된 Mg나 Ca이 식물조직에 포함하고 있는 펙틴과 결합해서 Mg염과 Ca염을 만드는데, 이것은 경도(硬度)가 알맞아서 씹는 맛을 좋게 한다. 이와 같은 목적으로 달걀껍데기를 이용한다든가 $CaCO_3$, $CaSO_4$를 첨가하는 경우가 있는데, 이렇게 함으로써 Ca의 강화도 된다.

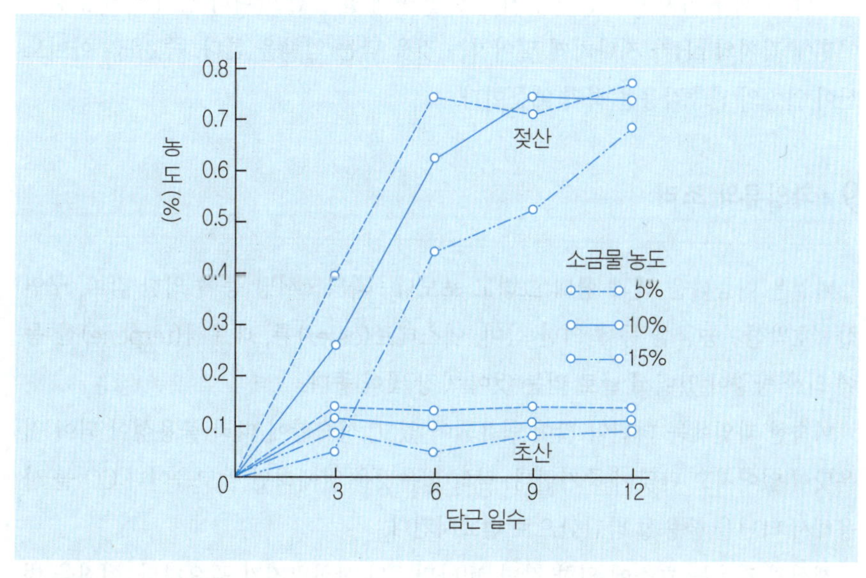

<그림 5-33> 오이지를 담갔을 때 유기산의 생성(20℃)

5) 김치 숙성에 따른 영양성분의 변화

김치에 들어 있는 영양성분 가운데 가장 중요한 것은 비타민 C이다. 김치 발효 초기에 비타민 C는 일단 감소하지만 곧 회복하여 김치가 맛있게 익을 때까지 계속 증가하다가 이 시기를 지나면 다시 감소하는 양상을 보인다. 이처럼 김치의 숙성 적기에 최고의 비타민 C 함량을 보이는 것은 배추 속에 함유되어 있던 포도당(glucose)과 갈락투론산(galacturonic acid)으로부터 비타민 C가 생합성되기 때문이다. 또 가장 맛있는 시기 이후에 비타민 C가 감소하는 것은 김치 발효에 관계하는 미생물들이 비타민 C를 이용하기 때문이다.

그 외에 비타민 B_1, 비타민 B_2, 니아신 등도 김치 담근 직후에 약간 감소했다가 증가하기 시작해 맛이 가장 좋은 시기에 최고를 이룬 다음 다시 감소하는 양상을 보인다. 김치 숙성 중에 이들 비타민의 함량이 증가하는 것은 재료의 조직 속에 있는 비타민들이 효소에 의해 용출되거나 미생물 등에 의해 합성되기 때문이다. 그 외에 고추와 배추 등에 함유되어 있는 카로틴은 산에 불안정하므로 발효가 진행될수록 점차 감소한다.

김치 담글 때 젓갈을 넣을 경우 유리 아미노산의 종류와 양이 많이 생성되므로 김치의 맛이 좋아지고 영양도 좋아진다. 김치는 유리 아미노산 중 리신(lysine), 아스파르트산(aspartic acid), 글루탐산(glutamic acid), 발린(valine), 메티오닌(methionine), 이소류신(isoleucine), 류신(leucine) 등의 함량이 높은 것으로 알려졌다. 특히 유리 아미노산은 김치의 맛을 좋게 할 뿐만 아니라 김치의 숙성 중기 이후에 김치의 pH가 지나치게 떨어지는 것을 막는 역할을 한다. 즉, 유리 아미노산이 일종의 완충작용을 하기 때문이다.

9 과일류의 조리

과일은 아름다운 색과 형태 그리고 포도당 · 과당 · 서당 등에 의한 감미, 구연산 · 호박산 · 능금산 등에 의한 산미, 에스테르(ester)류, 테르펜(terpene)산 등에 의한 방향이 있어서 날로 먹는 것이 가장 맛이 좋다.

미숙한 과일에는 타닌이 많이 함유되어 있고, 성숙함에 따라 불용성이 되어 떫은맛이 없어지고 단맛이 증가한다. 감의 떫은맛을 없애려면 알코올이나 CO_2를 사용해서 타닌을 불용성 타닌산으로 변화시킨다.

생식의 경우는 효소에 의한 갈변, 비타민 C의 산화방지가 필요하다. 껍질을 벗긴 사과나 배는 식염수에 담가서 갈변을 방지하고, 믹서(mixer) 등으로 과즙을

<표 5-67> 과일의 성숙과 펙틴질의 변화

펙틴질	과일 중의 상태	조리시의 성질
protopectin ↓	과일이 미숙일 때 Ca, Mg의 소금이 되어 cellulose와 결합하여 세포의 모양을 유지함.	• 물에 녹지 않음. • 젤리를 만들지 않음. • 뜨거운 물로 처리하든가 묽은 산을 가하고 가열하면 pectin이 됨.
pectin ↓	과일이 성숙하면 효소의 작용으로 protopectin이 분해하여 pectin이 되고 과일이 물러짐.	• 수용성, 알코올을 가하면 침전함. • 당과 유기산의 존재하에 젤리를 생성함.
pectin산	과일이 과숙하면 pectinase에 의하여 pectin이 분해되어 pectin산이 됨.	• 물에 녹지 않음. • 젤리를 만들지 않음. • pectin은 과숙에 의해, 또 산에 의해 pectin산이 되므로 장시간의 가열은 gel을 약하게 함.

만드는 경우는 식염의 첨가로 효소작용을 억제시킨다. 비타민 C를 함유하고 있는 레몬즙의 첨가로도 효소의 활성을 저지시킬 수 있다.

저장 등을 목적으로 하는 가열조리의 대표적인 것이 잼(jam), 젤리(jelly), 마멀레이드(marmalade)이다. 가공품으로는 건과, 통조림, 병조림, 설탕조림 그리고 과즙, 과일주가 있다. 채소나 과일의 조직 중 함유되어 있는 펙틴은 셀룰로오스(cellulose)와 함께 이들 식품의 텍스처에 영향을 미친다.

펙틴은 과일이 성숙함에 따라 <표 5-67>과 같이 변화한다.

채소나 과일은 저장 중에 연화하는데 이것도 펙틴질의 변화 때문이다. 사과를 저장하는 경우 <그림 5-34>에서 보는 바와 같이 저장 초기에 프로토펙틴(protopectine)이 감소하고 펙틴산이 증가하여 경도가 저하한다.

펙틴(펙티닌산)은 카르복실(carboxyl)기가 메틸에스테르(methyl ester)화해서 메톡실(methoxyl)기로 된 것이다. 완전히 메틸화되면 메톡실기의 함량은 16.32%가 되는데, 메톡실기가 7% 이상인 것은 하이메톡실펙틴(high methoxyl pectin)이라 하고, 일반적으로 펙틴(pectin)이라고 해서 시판된다. 7% 이하인 것은 로메톡실펙틴(low methoxyl pectin)이라 한다.

하이메톡실펙틴은 산성(pH 2.8~3.4)에서 당을 55% 이상 가하면 겔(gel)화하므로 잼, 마멀레이드, 젤리 등에 이용한다. 산은 펙틴 입자의 해리를 막고 망상구조를 형성하며, 당은 그의 보수성으로 망상구조를 유지하는 역할을 함과 동시에 펙틴 분자간의 다리 역할을 해서 많은 수소결합에 의하여 겔 구조가 안전을 유지하도록 한다.

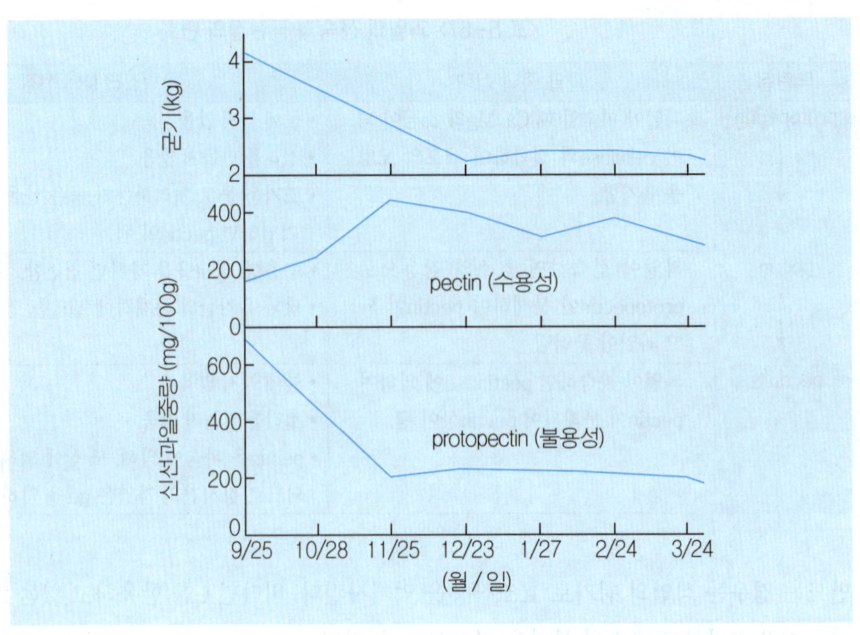

<그림 5-34> 사과 저장 중 굳기, pectin질의 변화(4℃)

10 ▪ 한천, 젤라틴의 조리

(1) 한천의 조리

한천은 소화성이 없는 식물성 다당류로서 우뭇가사리를 주원료로 만든 것으로 저열량식이로 많이 이용되며, 각종 응고제, 양갱 및 미생물 배지로 이용된다. 소화가 되지 않고 변통을 좋게 하기 때문에 변비치료로 쓰이기도 한다.

1) 한천의 성분

한천은 홍조류(우뭇가사리, 김 등)의 세포벽 구성성분으로, 주성분은 다당류인 갈락탄(galactan)으로 D, L-갈락토오스(galactose)를 함유하는 아가로오스(agarose)와 아가로펙틴(agaropectin)의 2가지 성분으로 구성되어 있다. 그 중 아가로오스가 70%를 차지하며 겔(gel)화 작용이 뛰어난 반면 아가로펙틴은 약하다.

2) 한천의 성질

한천은 물에 녹지 않으나 흡수, 팽윤시켜 가열하면 녹으며, 녹은 용액을 차게 하면 젤리상으로 된다. 0.1~0.2%의 저농도에서도 겔 형성을 하며, 산에 의해 조금 가수분해되나 영양가는 거의 없다.

① 흡수 · 팽윤 … 한천은 해조류에서 추출한 한천용액을 굳혀서 탈수 · 건조해서 만든 예로겔(yerogel, 건조겔)이다. 각한천, 세한천, 입상한천, 분말한천의 형태로 가공되어 사용되며, 물에 불리면 흡수 · 팽윤한다. 흡수 · 팽윤도는 한천의 종류, 수질, 수온, 침수 시간에 따라 달라지는데, 수질은 중성이 최대이며 알칼리성, 산성의 순이다.

각한천, 세한천에서는 건물(乾物)의 20배, 입상한천에서는 10배를 흡수한다. 흡수량이 80% 달하는데, 각한천, 세한천은 1시간, 입상한천은 5분 정도의 침지 시간을 필요로 한다.

② 가열 · 용해 … 흡수 · 팽윤한 한천에 물을 가해 가열하면 각한천의 내부는 녹기 쉬우나 표면 및 각 부분은 잘 녹지 않는다. 충분히 침지시킨 것이 잘 녹는데 조리상은 80% 정도 흡수 · 팽윤한 것이면 충분하다. 또 입상한천이나 분말한천은 거의 침지 시간을 고려할 필요가 없다. 한천 농도가 낮을수록 쉽게 녹으며 2% 이상이 되면 극히 녹기 어렵게 된다. 그러나 과즙, 우유, 설탕, 팥앙금 등 첨가물을 가하면 물에 대한 한천 농도를 2% 이상으로 하지 않으면 안될 경우가 있다. 이 경우 한천은 2% 이하가 되도록 물을 가해 가열, 용해시켜 소정의 농도가 되도록 끓이면서 농축시키는 것이 좋다.

③ 응고 … 가열 · 용해된 한천용액은 냉각시키면 일정 온도 부근에서 급히 점도가 증가하고 점차 망목구조를 형성하여 유동성을 잃고 겔화한다. 한천용액의 냉각시의 온도 저하와 겔화해 가는 겔의 젤리 강도를 나타냄과 동시에 겔이 탁해져 가는 정도의 변화를 나타냈다.

<그림 5-35>에서는 젤리 강도의 증가보다는 탁해지는 정도의 증가가 조금 빠르다. 어느 정도의 젤리 강도를 위해서는 한천분자가 결집할 수 있는 집합체가 다

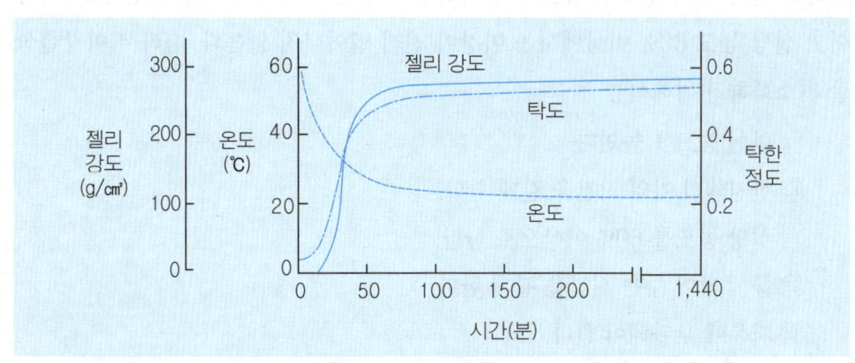

〈그림 5-35〉 한천용액을 냉각했을 때의 젤리 강도와 탁한 정도

〈표 5-68〉 한천 농도의 응고 온도, 융해 온도, 젤리 강도

한천농도(g/100)	응고개시온도(℃)	응고온도(0℃)	융해온도(℃)	젤리강도(dyne/㎠)
0.5	35~31	28	68	1.8×10^5
1.0	40~37	33	80	2.2×10^5
1.5	42~39	34	82	2.4×10^5
2.0	43~40	35	84	6.7×10^5

시 전체적으로 결합해서 망목구조를 형성해야 한다.

한천 색깔의 탁한 정도의 증가는 한천분자가 집합체를 만듦으로써 응고가 충분히 일어나고 있는 것을 나타내고 있다. 이 탁한 현상은 교질입자에 의해 빛이 회절 산란되므로 빛의 통로가 한꺼번에 빛나 보이는 틴들현상(tyndall phenomenon) 때문이다.

한천의 응고 온도는 확실히 정하기 어려우며, 한천 농도에 따라 상당히 다르다. 농도가 높을수록 높은 온도에서 빨리 응고하며 겔의 강도도 크고 융해 온도도 높다. 또한 한천은 열가역적인 겔을 형성한다. 한천 겔의 강도는 파단에 대한 저항의 크기를 나타내는 양으로서 젤리 강도를 나타냈다. 한천 농도가 증가함에 따라 젤리 강도는 크게 증가된다. 한천 겔의 탄성률은 대강 농도의 2승에 비례하여 증가한다.

④ 이장(syneresis) … 응고된 겔은 시간이 경과함에 따라 방수(放水)를 나타내는 일이 있다. 겔을 이루고 있는 망목구조가 서서히 수축함으로써 망목구조 사이에 있던 액체(자유수)가 분리되기 때문인데 이 현상을 이장(離漿)이라고 한다.

한천 농도가 높고 가열 시간이 길수록 강도가 크기 때문에 이장량은 적은 것을 볼 수 있다. 또 틀에 넣은 채로 방치하면 시간이 긴 쪽이 젤리 강도가 높게 되고 이장량은 적어진다.

특히 설탕 첨가시 설탕 농도가 증가하면 이장량은 적어지는데, 한천 1% 이상이고 설탕 농도 60% 이상에서는 이장이 전혀 일어나지 않는다. 따라서 이장현상을 최소화하기 위해서는

㉠ 한천 농도를 높인다.
㉡ 한천액의 가열 시간을 길게 한다.
㉢ 설탕 농도를 60% 이상으로 한다.
㉣ 틀에 넣어 두는 시간을 길게 한다.
㉤ 저온에 보관해야 한다.

⑤ 설탕의 영향 … 한천 겔은 젤리나 양갱에 설탕을 가하면 단단하고 점성과 탄

력이 증가하며 또 투명감도 준다.

⑥ 기타 첨가물의 영향 … 한천 겔에는 설탕 외에 과즙, 우유, 팥앙금, 난백포 등을 첨가한다.

㉠ 과즙 : 한천용액은 과즙을 가해서 가열하면 가수분해를 일으켜 겔이 약화되며 부서지기 쉬워진다. 한천용액을 60℃ 정도로 식혀서 과즙을 가하는 것이 풍미의 면에서나 젤리 강도를 지니는 면에서 좋다. 과즙을 가한 겔은 첨가하지 않은 겔보다 강도가 낮다. 이것은 과즙 중에 현탁하는 과육 등 미세한 입자가 한천 겔의 구조를 어느 정도 약하게 하기 때문이다.

㉡ 우유 : 우유를 가한 한천 젤리는 우유의 양이 많을수록 젤리 강도는약해진다. 이것도 우유의 지방이나 단백질이 한천 겔의 구조를 저해하기 때문이라고 본다.

㉢ 팥앙금, 난백포 : 물양갱, 난백포립양갱을 만들 때 팥앙금이나 난백이 분리되기 쉽다.

또 젤리에 과일을 넣어 응고시킬 때 과일이 가라앉아 버리는 수가 있다. 이것은 한천용액에 대해서 팥앙금이나 과일은 비중이 크므로 가라앉기 쉽고 난백의 거품은 비중이 작으므로 떠오르기 쉽기 때문이다. 즉, 겔(gel)화하는 동안 비중의 차이 때문에 분리가 일어난다. 물양갱은 틀에 붓는 온도와 팥앙금, 설탕의 농도에 영향을 받아 분리를 일으킨다. 팥앙금 농도, 설탕 농도가 높을 때는 80℃로 틀에 흘러 넣어도 분리되지 않으나 팥앙금 농도가 낮을 때는 40℃로 틀에 부어도 분리된다. 팥앙금 농도 25~30%, 설탕 농도 20~50%가 물양갱으로서 사용되고 있으나 한천의 응고 온도를 고려해서 40℃ 정도로 틀에 붓는 것이 좋다. 단 외부 기온이 낮을 때는 넣는 동안에 온도 저하가 크므로 5℃ 정도 높이는 것이 좋다.

3) 한천을 이용한 음식

대부분 다량의 설탕을 첨가한 후식으로 이용한다. 과일 젤리, 양갱 등을 만든다.

① 과일 젤리 … 과일 젤리는 한천에 물을 가하여 흡수시킨 후 설탕을 가하고 가열 용해한 다음 60℃ 정도에서 일정량의 과즙을 모양틀에 넣어 냉각 응고시켜서 만든다.

② 양갱 … 한천에 물을 가하여 30분 정도 침지시킨 다음 가열하여 용해시킨 후 설탕을 가하여 끓인다. 끓으면 팥앙금을 가하고 다시 끓여 틀에 넣고 응고시키는데, 팥앙금과 한천이 분리하지 않도록 40℃를 유지하면서 응고시킨다.

(2) 젤라틴의 조리

1) 젤라틴의 성분

젤라틴은 콜라겐(collagen)을 가수분해해서 얻는다. 콜라겐은 동물의 결합조직, 건(tendon), 뼈, 가죽, 비늘 등에 물이나 묽은 산에서 끓여 이들 중에 함유되어 있는 콜라겐을 분해, 분리, 정제해서 식용 젤라틴을 얻는다. 또한 젤라틴의 형태는 입상, 분상, 봉상, 판상 등이 있다.

젤라틴은 불완전단백질로서 소화되기 쉬우나 아미노산 조성은 양호하지 않다. 트립토판 등의 함량이 결핍되므로 영양가는 낮다. 젤라틴 분자는 크기에 차이가 있으며 큰 것은 분자량 10만에 달하는 것도 있다. 열 가역적인 겔을 만드나 한천 겔과는 텍스처가 상당히 다르다. 입 속에 넣으면 바로 녹고 매끄러워서 젤리상의 냉과 등에 쓰인다.

2) 젤라틴의 성질

① 흡수 · 팽윤 … 젤라틴은 흡습성이 있으므로 물에 담그면 흡수, 팽윤된 후 가열하면 용해된다. 젤라틴의 종류, 침수 온도에 따라 흡수 · 팽윤에 차이가 있으나 침수 시간 20~30분에 젤라틴 중량의 6~10배의 물을 흡수한다. 특히 장시간 침수하면 무한히 팽윤한다. 조리상은 약 10배 정도의 물에 침수하나, 과즙이나 우유 등을 다량 첨가하고 싶을 때는 4~5배의 물에 침수시킨다. 분말 젤라틴은 약 5분, 판상 젤라틴은 20~30분 정도 침수시키면 좋다.

② 가열 · 용해 … 흡수 · 팽윤한 젤라틴은 40℃에서 쉽게 녹으므로 과열되지 않도록 주의한다. 또한 중탕으로 하는 것이 과열이나 증발을 피하게 되어 있다. 우유를 첨가한 젤리를 만드는 경우, 젤라틴과 우유를 함께 가열하면 조그만 덩어리가 생길 수 있으므로 우유를 따뜻하게 하여 불에서 내리고, 팽윤한 젤라틴을 넣어 녹이는 것이 좋다.

③ 응고와 융해 … 동물성인 젤라틴의 응고와 융해는 식물성인 한천과 다르다.

㉠ 온도 : 젤라틴의 응고 온도 및 융해 온도는 한천에 비해 상당히 낮다.

일반적으로 3~15℃에서 응고한다. 젤라틴 젤리의 젤라틴 농도는 기온이 낮을 때는 3%, 높을 때는 4~5% 정도이므로 응고시키는 데는 얼음을 사용하거나 냉장고에 넣을 필요가 있다. 또 융해 온도는 낮으므로 실온이 높을 때에는 식탁에 내기 직전에 냉장고에서 꺼내어 될 수 있는 한 빨리 먹음으로써 붕괴를 방지해야 한다. 또 입에 넣으면 융해하며 매끄러운 식감을 준다.

㉡ 농도 : 젤라틴의 젤리 강도는 젤라틴의 종류에 따라 다르며, 냉각 온도나

냉각 시간에 의해 다르다. 젤라틴 겔의 젤리 강도는 젤라틴 농도의 2승에 비례한다. 농도를 2배로 하면 젤리 강도는 4배로 되고, 농도를 3배로 하면 젤리 강도는 거의 9배로 된다. 그러므로 설탕을 첨가하면 젤라틴 겔의 젤리 강도와 탄력성이 증가한다. 또 실온에 방치한 경우 젤리의 융해는 설탕 첨가량이 증가함에 따라 감소한다.

㉢ 시간 : 농도 및 온도에 따라 응고 시간이 다르고 최대한의 경도에 이르는 시간이 다르다. 일반적으로 온도가 낮을수록 빨리 최대의 경도에 도달하게 된다.

④ 첨가물질에 의한 영향

㉠ 산 : 젤라틴 용액에 과일즙, 토마토주스, 레몬주스, 식초 등 과즙이나 산을 첨가하면 젤라틴의 응고를 방해한다. 약간 사용할 경우에는 응고물이 부드러워지나 지나치게 사용하면 응고를 방해하고 심하면 응고하지 않는다.

㉡ 염류 : 산과는 반대로 단단한 응고물을 형성하게 된다. 소금은 물의 흡수를 막아 겔의 견고도를 높인다고 한다. 증류수나 연수에 비하여 경수에 의해서 빨리 응고되며 단단한 응고물을 형성한다. 우유를 첨가하면 우유 중의 염류가 응고를 돕는다.

㉢ 설탕 : 다량의 설탕은 겔의 강도를 감소시키며, 설탕 농도가 증가할수록 감소된다.

㉣ 효소 : 파인애플 중에 포함된 브로멜린(bromelin)은 젤라틴을 분해하여 겔화력(gelling ability)을 없앤다. 그러므로 겔화를 크게 방해하여 응고하지 않으므로 통조림 파인애플이나 생파인애플을 사용할 경우에는 2분 정도 가열한 후 사용한다.

⑤ 젤라틴의 기포 형성 … 젤라틴 액은 등전점에서 기포력이 최고에 달하는데 이때 탄력성, 점착성이 높아진다. 거품을 내면 원래 용적의 2~3배로 커져서 공기를 포함하게 되는데, 교반하는 시기에 따라 기포의 용적이 크게 영향을 받는다. 만일 용액이 묽을 때 교반하면 필요 없는 노력이 소모되고, 따라서 굳어지는 농도를 형성하는 데는 오랜 시간 교반을 해야 한다. 또한 시간을 너무 늦게 잡아서 젤라틴이 지나치게 굳은 단계에서 교반을 시작하면 용적이 매우 작아지고 전체적으로 잘게 부서진 고체화된 젤라틴이 생기게 된다.

교반이 가장 좋은 단계는 용액이 묽은 당밀 또는 생난백과 같이 되었을 때이다. 이때 용액을 스푼에서 떨어뜨리면 용기 안에 있는 용액 표면에 많은 기포가 생긴다. 부분적인 액화나 틀 밑바닥에 맑은 층이 생기는 것을 막기 위해서는 전체가 상당히 굳어질 때까지 교반을 계속한다. 거품낸 크림(whipped cream)을 젤라틴 기포에 첨가하려면 우선 젤라틴이 부분적으로 굳어져야 한다. 그렇지 않으면 기포가 파괴되기 쉽다.

⑥ 젤리 계면의 접착 … 2색 젤리와 같이 층을 가진 젤리를 만들 경우, 하층 표면이 10℃일 경우 상층 젤리의 온도가 25℃ 이하에서는 2층의 계면이 접착하지 않고 또 상층 젤리의 온도가 75℃ 이상에서는 하층의 젤리가 융해하여 계면이 섞여 버린다. 즉, 하층 젤리의 표면이 10℃의 경우 상층 젤리는 25~75℃까지인 것이 좋고, 하층의 표면 온도의 상승에 따라 상층의 온도는 저하되어야 한다. 그러나 하층 표면이 20℃에서는 어떠한 온도의 상층 젤리를 넣어도 상 · 하 계면은 섞이게 된다.

3) 젤라틴과 한천의 병용

젤라틴 젤리는 입속에서 녹기 쉽고 감촉이 좋으나 상온에서 붕괴되기 쉽다. 그러나 한천 젤리는 실온에서 붕괴되는 것은 아니나 입속에서 녹지 않으며 씹히는 맛에서 뒤떨어진다. 또 이장(syneresis)되기 쉬운 결점도 있다. 젤리틴 1~4%, 한천 0.3~0.9%의 병용겔에서는 응고 온도, 융해 온도 모두 거의 한천만으로 만든 것의 경우에 가까우나 젤라틴 4% 경우는 응고, 융해 온도가 약간 낮아진다. 그러나 젤라틴의 융해 온도는 75~78℃이므로 입속에서 융해한다고 하는 것은 아니다. 같은 정도의 젤리 강도를 가진 젤라틴 · 한천 젤리에서는 한천 농도가 높은 쪽이 변형이 적다고 할 수 있다. 또 이장률은 젤라틴 농도의 증가에 따라 감소한다.

4) 젤라틴을 이용한 음식

조리시에 응고제로 사용하면 용적을 증가시킬 수 있으므로 저열량 식품에 이용되며, 후식이나 샐러드 등에 많이 이용한다. 유화제나 결정방해물질로는 아이스크림, 냉동후식(frozen dessert), 마시멜로(marshmallow) 등에 이용된다.

① 후식

㉠ 과일 젤리(plain fruit jelly) : 과일즙, 설탕, 젤라틴을 섞은 다음 과일 썬 것을 섞어서 굳힌 것이다.

㉡ 스펀지 앤드 스노(sponge and snow) : 젤라틴과 난백을 같이 잘 저어서 과일이나 커스터드소스(custard sauce) 등과 곁들여 내놓은 것이다.

㉢ 스페인식 크림(spanish cream)과 바바리언 크림(barbarian cream) : 맛

과 질감이 아주 좋고 영양이 많은 후식이다. 스페인식 크림은 부드러운 커스터드(soft custard)와 젤라틴, 거품낸 난백을 같이 굳힌 것이다. 바바리언 크림은 과일즙, 커스터드, 거품낸 크림(whipped cream), 거품낸 난백을 함께 굳힌 것이다.

㉣ 시폰 파이 필링(chiffon pie filling) : 커스터드, 젤라틴, 거품낸 난백, 거품낸 크림을 함께 섞은 것이다.

② 샐러드 … 젤라틴, 과일즙, 채소즙, 채소 썬 것 등을 넣고 굳혀서 샐러드로 이용한다.

③ 족편 … 족편은 소의 족에 함유된 결합조직인 콜라겐에 물을 가하여 천천히 가열하여 젤라틴으로 변화시켜 굳힌 것이다. 족편은 화력의 강약, 가열 시간 등에 따라 제품의 견고도가 일정하지 않고, 제품의 가격은 비싼 편이다. 양지머리나 사태 등을 가열하여 고기 국물을 만든 후 젤라틴을 10~12% 첨가하여 굳히는 방법도 있다.

참고문헌

김상순 · 이성우, 영양식품화학, 수학사, 1976
김상순 외 3인, 식품저장학, 수학사, 2000
김주성 · 이규한, 영양생리학, 수학사, 1986
김형수 · 김용휘, 식품학개론(개정판), 수학사, 2001
문수재 · 이기열, 기초영양학(개정판), 수학사, 1986
박일화, 식품과 조리원리, 수학사, 1986
이순애, 조리학(상), 수학사, 1974
이현기, 영양화학(개정판), 수학사, 2002
장지현 외 2인, 식품위생학(개정판), 수학사, 2002
조덕현 외 3인, 식품화학, 수학사, 1983
허필숙, 조리과학, 수학사, 1986
강신주, 최신영양학과 식품학, 형설출판, 1976
김숙희, 어떻게 무얼 먹지, 정우사, 1976
장건형, 영양가계표산, 관문사, 1974
이서래 · 신효선, 최신식품화학, 신광출판사, 1978
이혜수, 영양학, 교문사, 1975
현기순, 식생활관리, 교문사, 1975
현기순 · 이혜수, 조리학, 한국방송통신대학, 1973
김관우 외, 식품화학, 광문각, 1998
배영희 외, 조리응용을 위한 식품과 조리과학, 교문사, 2003
강근옥 외 4인, 조리과학 - 이론 및 실험, 도서출판 효일, 2004
김혜영, 고봉경, 식품 조리과학, 도서출판 효일, 2004
박영선, 이정숙, 조리과학, 도서출판 효일, 2000
김소미 외, 우리 생선이야기, 효일문화사, 2002
모수미 외, 조리학, 교문사, 2001
손태화 외, 식품가공학, 형설출판사, 1999
유영상 · 이윤희, 식품학 및 조리원리, 광문각, 2001
유영상 · 노정미, 조리학, 와이제이 학사방송교육본부, 1993
이진순 외, 새로운 조리원리, 지구문화사, 2002
이혜수 · 조영, 조리원리, 교문사, 2003
이혜수 외, 조리과학, 교문사, 2003
조리교재발간위원회, 조리 체계론, 한국 외식정보, 2002
송재철, 식품재료학, 교문사, 1994

노정미 · 박병렬, 서양조리실무, 문지사, 2001
유영상 외 5인, 실천영양학, 광문각, 1998
정형숙 외 3인, 새로운 조리과학, 지구문화사, 2000
안승요 외, 식품화학, 교문사, 2003
한국조리과학회, 조리과학용어사전, 교문사, 2003
한명규, 최신 식품학, 형설출판사, 2002
송주은 외 2인, 최신 조리원리, 백산출판사, 2001

松元文子, 調理學, 光生館, 1975
下田吉人 외 3인, 調理と化學, 朝倉書店, 1977
下田吉人 외 3인, 調理と物理 · 生理, 朝倉書店, 1977
河野友美, 調理科學, 化學同人, 1976
元山 正, 調理科學ノ ー 第一出版, 1977
中浜信子, 調理の科學, 三共出版, 1976
後藤たへ, 調理科學とその實驗法, 光生館, 1977
小池五郎 외 2인, 榮養學, 朝倉書店, 1973
吉岡政七 · 長谷川榮一, 新榮養化學, 南江堂, 1970
石橋源次 외 5인, 營養士のための總合實驗, 槇書店, 1973
林寛 외 3인, 食品 · 營養學實驗書, 理工學社, 1973
生活の化學研究會編, 生活の化學, 化學同人, 1972
市野一磨 외 4인, 食品科學, 産業圖書, 1974
山西貞, 食品學, 光生館, 1974
小池五郎 외 2인, 新榮養講座(食品學 I), 朝倉書店, 1973
小池五郎 외 2인, 新榮養講座(食品學 II), 朝倉書店, 1973
有本邦太郎 · 高木茂明, 食品科學, 光生館, 1973

Lillian Hoagland Meyer, Food chemistry Reinhold Pub. Co., 1966
Ruth M. Griswold, The Experimental Study of Foods Houghton Mifflim Co., 1962
N. N. Porter, Food Science Avi Pub. Co. 1968
M. Pyke, Food Science & Technology, John Murray, 1968
A. L. Winston & K. B. Winston, Analysis of Foods, Wiley, 1957
William Horwitz, Methods of Analysis of the AOAC 12th Ed., Association of official analytical chemists, 1975
Albert L. Lehninger, Principle of Biochemistry, Worth Publisher. Inc., 1982
Harold McGee, On Food and Cooking, A Fireside Book, 1997
Kay Yockey Mechas & Sharon Lesley Rodgers, Food Science, fourth edition, McGrow-Hill, 2002
Marion Bennion & Barbara Scheule, Introduction Foods, twelfth edition, Pearson Education Inc., 2004
Owen R. Fennenma, Food Chemistry, third edition, Marcel Dekker, Inc., 1996
Peter Barhan, The Science of Cooking, Springer, 2000

찾아보기

ㅇ

ㅈ

ㅊ

ㅋ

ㅌ

ㅍ

ㅎ

A

B

C

D

E

F

G

H

I

J

L

저자 소개

유영상 (劉永祥)
서울대학교 약학대학 졸업
한양대학교 대학원 식품영양학과 이학박사
일본나라여자대학 초빙교수
동국대학교 사범대학 가정교육과 교수
현 동국대학교 사범대학 가정교육과 명예교수

저서 : 조리학, 식생활과 건강, 실천영양학,
과학적인 식생활관리, 식이요법 등

노정미 (盧正美)
동국대학교 사범대학 가정교육과 졸업
동국대학교 대학원 가정학 박사
현재 국립 원주대학 교수

저서 : 조리학, 서양조리실무, 서양조리,
과학적인 식생활관리, 실천영양학 등

조 리 과 학

₩ 16,000

2006年 7月 25日 印刷
2006年 7月 30日 發行

著 者 유 영 상 · 노 정 미
發行者 李 泳 鎬
印 刷 대 덕 문 화 사

서울特別市 瑞草區 瑞草3洞 1586-4 (우편번호 : 137-876)

發行處 修 学 社

登錄 1953. 7. 23. No. 16-10
電話 (代)584-4642 FAX.521-1458
http://www.soohaksa.co.kr

ISBN 89-7140-228-8 93590